JN291813

メンテナンストライボロジー

社団法人　日本トライボロジー学会　編

養賢堂

"メンテナンストライボロジー"
発刊に寄せて

　全くの偶然ですが，この本は絶好のタイミングで刊行されることになりました．

　編集委員会を設置したのが2000年だったということですから，ずいぶん時間がかかったようでもありますが，たくさんの人に協力してもらって本を出そうとすると，だれかが"ペースメーカー"になって刊行がずるずる遅れる，お恥ずかしいことにそれがむしろふつうなのです．ほかの学会ですが，苦しまぎれに"彫琢の限りをつくし"と序文に書いた編集委員長もいました．

　ま，そうこうしている内に，メンテナンスをめぐる環境が変わったのです．

　日本のプラントは，いまや危機的な状態にあります．

　それを象徴するのが，製造プラントにおける事故の多発です．高圧ガス保安法に関係する事故の発生数を見ますと，1975年から1999年までは，年間100件前後で推移してきました．ところが2000年には前年に比べ35％増し，2001年には56％増し，2002年には45％増しと，突如急増を始めたのです．

　その大きな原因として，設備の老朽化と保全費の減少，この二つを挙げることができるでしょう．

　わが国の製造業は，新しい設備をフルに使って"ものづくり王国"を築いてきたはずでありました．ところが1975年を境に，製造設備の平均年齢が日米で逆転していたのです．経済産業省のまとめた資料によりますと，アメリカの設備の平均年齢が7年台でとどまっているのに対し，日本の設備はその後確実に高齢化を続け，2003年には12.2年に達してしまった．

　一方，日本プラントメンテナンス協会の調査によりますと，わが国の設備保全費の総額は，1990年代には8兆円台をキープしていました．ところが2001年には7.9兆円になり，以後減少を続けて，2003年度

には7.3兆円まで落ちたのです．

　1年前だったら，こういう"デスパレートな"状況でこの文章を書かなければならなかったでしょう．"いくら良いことを教えてもらっても先立つものがない．だから事故がふえるし，その処理で手一杯なんだ"，現場はそういう状況でした．

　危機的状況がクリアーされたわけではないのですが，うれしいことにごく最近，曙光が射したのです．

　2006年に日本プラントメンテナンス協会が行った調査によりますと，2004年度におけるわが国の設備保全費総額は，8.5兆円に回復しました．対前年比で16％の増加なのです．もう一つ，2005年11月20日の日本経済新聞は，"企業設備「高齢化」止まる"というトップ記事を載せました．わが国の"設備年齢は12.04年で，昨年12月末よりわずか0.0003年分だが低下した"というのです．これは大きなターニングポイントだと思います．

　しかし，単純に喜んでばかりもいられません．曙光が射したとはいっても，危機的状況からの脱却はこれからの努力にかかっています．いままでどおりの仕組みで，いままでどおりの技術を使ってメンテナンスをしていればいいという時代では，もはやないのです．設備に起因する事故・災害は，いったん起これば社会に及ぼす影響が巨大なものになり，そのような事態に対して企業の負うべき社会的責任は，ますます重くなりつつあります．メンテナンスにも，そのための新たな仕組み，新しい技術が求められているのです．

　このような時期に，メンテナンス技術の一環であるトライボロジーについて，成書が刊行される意義はとても大きいと思います．この本が活用されて，わが国のメンテナンス技術が，さらには製造業が，いま一段の飛躍を遂げることを祈っています．

　2006年10月

　　　　日本トライボロジー学会　メンテナンストライボロジー研究会

　　　　　　　　　　　　　　　　　初代主査　　木村　好次

序

　メンテナンスにおけるトライボロジーの関わりは非常に大きいものがあります．しかも，これからのモノつくりでは生産とメンテナンスを車の両輪としてライフサイクルコストのミニマム化を図ることが重要で，モノつくりにおけるメンテナンスの重要性が増しています．そのような状況下ではメンテナンスにおけるトライボロジーの関わりはますます大きくなるものと思われます．

　しかし一般には，メンテナンスの重要性に関しても，メンテナンスにおけるトライボロジーの重要性についても余り普遍的な事実となっていないのが現状です．メンテナンスそのものの重要性については，平成9年の閣議において，今後の重要課題としてメンテナンス振興が指摘されています．それを受けてメンテナンスに関するいろいろな検討が行われましたが，その過程で現時点におけるメンテナンスにおける大きな課題として共通に認識されてきたのが，メンテナンスが学問的に体系化されていないことでした．またトライボロジーの観点から言うとメンテナンスにトライボロジーが十分に活かされていないということも大きな課題と考えられてきました．

　このような課題に一石を投じたい，そのような願いを込めて本書は企画されました．メンテナンスに関心のある若い技術者や研究者，これからメンテナンスを学ぼうとする学生諸君を対象として，大学のテキストとして使用に耐えうる内容で，メンテナンスの学問体系を構成することを本書の編集意図としました．従って，内容は，各項目で必要とされる基礎的な事項を網羅し，より専門的な内容については，しかるべき専門書を引用文献あるいは参考文献として網羅し，それらを紹介する形でカバーしました．

　本書は単なるメンテナンスとしての体系化だけではなく，各項目で関

連するトライボロジー的な考え方，データに言及することで，メンテナンスとトライボロジーの体系化，つまりメンテナンストライボロジーの体系化を図っています．

　本書の企画は（社）日本トライボロジー学会第2種研究会「メンテナンストライボロジー研究会」の議論の中から生まれました．2000年11月に編集委員会がスタートし，この領域の専門家諸氏に執筆を依頼することで具体化されていきました．ご執筆くださった方々に深甚の謝意を表します．

　それが，ここまで出版が遅れ，執筆くださった方々も出版を危ぶまれたのではないかと思います．このことは，偏に編集委員長の責によるもので，関係各位には深く陳謝いたします．

　おわりになりましたが，各章の取りまとめをしてくださった編集委員の方々，中でも編集委員会の取りまとめをお願いした是永敦幹事を始め各章の責任編集委員の方々，膨大なエネルギーを費やして編集の実務を担当してくださった嶋田薫氏をはじめとする養賢堂編集部の皆様に心から御礼申し上げます．

2006年10月

編集委員長　　似内 昭夫

「メンテナンストライボロジー」編集委員会

（註：所属は委員会発足当時のもの）

委員長	似内 昭夫	玉川大学 工学部 機械工学科
委　員	市川 雪則	社団法人 潤滑油協会 技術センター
	加納　眞	日産自動車株式会社 材料研究所
	君島 孝尚	石川島播磨重工業株式会社 技術企画部
	是永　敦	独立行政法人 産業技術総合研究所 機械システム研究部門
	四阿 佳昭	新日本製鐵株式会社 設備技術センター
	鈴木 隆司	株式会社オーパスシステム
	鈴木 政治	財団法人 鉄道総合技術研究所 有機材料
	土谷 正憲	協同油脂株式会社 技術本部
	冨永 英二	日石三菱株式会社 潤滑油部
	服部 仁志	株式会社東芝 研究開発センター
	吉岡 武雄	東京農工大学 工学部 機械工学科
	若林 利明	香川大学 工学部 材料創造工学科

「メンテナンストライボロジー」執筆者
(註:所属は執筆当時のもの)

岩淵 明	岩手大学	滝 晨彦	岡山理科大学
小川 武史	青山学院大学	竹本 幹男	青山学院大学
兼田 楨宏	九州工業大学	多田 吉男	川崎製鐵株式会社
加納 眞	日産自動車株式会社	中原 綱光	東京工業大学
菊池 正晃	東芝エレベータ株式会社	中村 隆	名古屋工業大学
北岡 嘉彦	王子製紙株式会社	似内 昭夫	玉川大学
君島 孝尚	石川島播磨重工業株式会社	野沢 重和	株式会社日立空調システム
木村 睦	日石菱油エンジニアリング株式会社	橋本 勝美	出光興産株式会社
木村 好次	香川大学	服部 仁志	株式会社東芝
倉橋 基文	大同特殊鋼株式会社	塙 征二郎	株式会社アローズ
黒部 昌徳	東芝機械株式会社	半澤 隆	協同油脂株式会社
小西 徹	新日本石油株式会社	平塚 健一	千葉工業大学
是永 敦	産業総合技術研究所	松尾 良作	トヨタ自動車株式会社
四阿 佳昭	新日本製鐵株式会社	松本 善政	三洋貿易株式会社
下田 修吉	出光興産株式会社	水本 宗男	株式会社日立製作所
杉浦 重泰	全日本空輸株式会社	村上 保夫	日本精工株式会社
杉村 丈一	九州大学大学院	山本 和夫	油研工業株式会社
杉山 六夫	ジャパン・アナリスト株式会社	山本 浩二	株式会社エヌエフ回路設計ブロック
鈴木 和彦	岡山大学	山本 隆司	東京農工大学
鈴木 政治	財団法人 鉄道総合技術研究所	吉岡 武雄	東京農工大学
鈴木 直人	日本石油化学株式会社	若林 利明	香川大学工学部
高木 実	出光興産株式会社	渡邊 朝紀	財団法人 鉄道総合技術研究所
高橋 秀和	イーグル工業株式会社	渡部 幸夫	株式会社東芝

目　次

第1章　メンテナンストライボロジーの概要

1.1　メンテナンスとは何か 1
1.2　メンテナンスはなぜ重要なのか 2
1.3　トライボロジーとは何か 3
1.4　メンテナンスとトライボロジー 5

第2章　トライボ損傷と故障物理

2.1　故障物理とは 7
　2.1.1　故障メカニズム・故障モードと故障の発生 7
　2.1.2　故障のメカニズム 9
2.2　摩擦・摩耗・焼付き 10
　2.2.1　摩擦 10
　2.2.2　摩耗 11
　2.2.3　焼付き 13
2.3　疲労損傷 16
　2.3.1　疲労損傷 16
　2.3.2　転がり軸受における疲労損傷 19
　2.3.3　歯車における疲労損傷 21
2.4　漏れ現象 24
2.5　キャビテーションエロージョン 26
　2.5.1　キャビテーションエロージョンの機構 26
　2.5.2　すべり軸受のキャビテーションエロージョン 26
2.6　その他の故障物理 28
　2.6.1　延性破壊 28
　2.6.2　脆性破壊 29
　2.6.3　水素脆性 30
　2.6.4　応力腐食割れ 31
　2.6.5　疲労破壊 32
　2.6.6　焼割れ 33
　2.6.7　電食 36
　2.6.8　腐食 37

第3章　メンテナンス方式とトライボ設計

3.1 メンテナンス方式 …………………………………………………………41
　3.1.1 予防保全 ……………………………………………………………42
　3.1.2 事後保全 ……………………………………………………………44
　3.1.3 改良保全 ……………………………………………………………44
　3.1.4 保全予防 ……………………………………………………………44
　3.1.5 保全方式の選定 ……………………………………………………45
3.2 信頼性設計 …………………………………………………………………48
　3.2.1 システム信頼性理論の基礎 ………………………………………48
　3.2.2 システムの構造と信頼度 …………………………………………51
　3.2.3 フォールトツリー解析による信頼度計算 ………………………58
3.3 保全性設計 …………………………………………………………………59
　3.3.1 保全の分類 …………………………………………………………59
　3.3.2 アベイラビリティ …………………………………………………60
　3.3.3 修理を伴う系のアベイラビリティ解析 …………………………62
　3.3.4 故障モード，影響解析（FMEA）…………………………………64
3.4 トライボ設計 ………………………………………………………………65
　3.4.1 機械要素とトライボロジー ………………………………………65
　3.4.2 トライボ設計の考え方 ……………………………………………66
　3.4.3 潤滑システムのトライボ設計 ……………………………………73

第4章　潤滑剤とメンテナンス

4.1 潤滑剤の概要 ………………………………………………………………84
　4.1.1 潤滑油 ………………………………………………………………84
　4.1.2 グリース ……………………………………………………………95
4.2 潤滑方法 ……………………………………………………………………103
　4.2.1 潤滑油系の給油システム …………………………………………103
　4.2.2 グリース系の給脂システム ………………………………………110
4.3 オイルマネジメント ………………………………………………………113
　4.3.1 オイルマネジメントの目的 ………………………………………113
　4.3.2 潤滑油の劣化と診断 ………………………………………………114
　4.3.3 汚染管理 ……………………………………………………………131
　4.3.4 漏れ管理 ……………………………………………………………136
　4.3.5 油種統一の考え方 …………………………………………………140

第5章　設備診断とトライボロジー

- 5.1 設備診断とトライボロジーの考え方 …………………………… 147
  - 5.1.1 トライボ損傷進行のメカニズム ………………………… 147
  - 5.1.2 設備診断技術の重要性 …………………………………… 149
- 5.2 異常診断法 ……………………………………………………… 150
  - 5.2.1 信号処理法 ………………………………………………… 150
  - 5.2.2 振動診断 …………………………………………………… 152
  - 5.2.3 AE診断 …………………………………………………… 154
  - 5.2.4 フェログラフィ法 ………………………………………… 156
  - 5.2.5 SOAP法 …………………………………………………… 158
  - 5.2.6 その他 ……………………………………………………… 161
- 5.3 傾向管理 ………………………………………………………… 162
  - 5.3.1 傾向管理の考え方 ………………………………………… 162
  - 5.3.2 余寿命予測 ………………………………………………… 164
  - 5.3.3 傾向管理の実際 …………………………………………… 166

第6章　メンテナンストライボロジーの実際

- 6.1 プロセスライン ………………………………………………… 170
  - 6.1.1 製鉄所 ……………………………………………………… 170
  - 6.1.2 発電所 ……………………………………………………… 174
  - 6.1.3 自動車工場 ………………………………………………… 179
  - 6.1.4 化学工場 …………………………………………………… 185
  - 6.1.5 製紙工場 …………………………………………………… 190
- 6.2 輸送用機器 ……………………………………………………… 195
  - 6.2.1 自動車 ……………………………………………………… 195
  - 6.2.2 船舶 ………………………………………………………… 205
  - 6.2.3 航空機 ……………………………………………………… 210
  - 6.2.4 エレベータ・エスカレータ ……………………………… 216
- 6.3 その他 …………………………………………………………… 220
  - 6.3.1 工作機械 …………………………………………………… 220
  - 6.3.2 メカトロニクス機器 ……………………………………… 224
  - 6.3.3 空調機用圧縮機 …………………………………………… 227

索　引 ………………………………………………………………… 237

第1章　メンテナンストライボロジーの概要

1.1 メンテナンスとは何か

　身近な例からはじめよう．
　自転車を買ったとする．ぴかぴかの新品をとばす気分は最高だが，その快適さはいつまでもは続かない．タイヤの空気がだんだん抜けていくのは当たり前だし，道ばたの駐輪場に入れておけばほこりをかぶる．チェーンの油が切れてくるし，あちこち錆が出る．ブレーキはちびてくるし，タイヤもすり減り，たまにはパンクすることだってある．
　こういう，使い手にとって好ましくない変化を，一般に劣化と呼んでいる．劣化は避けられないから，ときどきタイヤに空気を入れ，ほこりを拭い，油を差し，錆を落とし，ブレーキを調整し，タイヤの補修ないし交換をする必要がある．こういう，劣化に対抗して自転車の快適さを維持するのが，自転車のメンテナンスである．
　少々堅苦しく定義すれば，メンテナンスとは"あるシステムが，それに要求されている機能を維持できるように，そのシステムの状態を管理すること"ということになる．ここでシステムというのは，上の例の自転車のように，メンテナンスの対象となるものの意味であり，要求される機能とは，乗り心地，ペダルの軽さ，ブレーキの効きなどを総合したものを指す．
　ここでメンテナンスが，"システムの状態を管理すること"と定義さ

れていることに注目してほしい．部品の修理・交換など，個々の作業をメンテナンスと呼ぶこともある．しかし，ものが世に出てから捨てられるまでの一生をメンテナンスの対象とし，そのライフサイクルにわたって，安全性，信頼性，経済性などの面から最適な管理をしようというのが，最近の考え方である．したがってそれは本来，ものが世に出るまでのプロセス，すなわち生産と，同じくらいの広がりをもつ分野なのである．

1.2 メンテナンスはなぜ重要なのか

近年，メンテナンスの重要性があらためて認識されるようになった．
その理由の第一は，身の回りを見ても分かるように，われわれが膨大な人工物にとりまかれて暮らすようになったことである．それらの人工物は放っておけば劣化するから，必然的にメンテナンスをしなくてはならない．すなわち，メンテナンスの対象となるものがものすごく増えたのだ．第二の理由として，そのような人工物の増加によって，空間的にも資源的にも，われわれは地球の有限性に直面することになり，大量生産・大量消費というライフスタイルが成立しなくなってきたことが挙げられる．その結果，すでに手にしたものを大事に使わなくてはならなくなり，好むと好まざるとにかかわらず，メンテナンスにより強く依存せざるを得なくなったのである．

このような事情は，メンテナンスの経済的な意義を大きなものにしている．2000年に行われた調査[1]によれば，わが国における機械システムのメンテナンス・コストは，1999年の1年間で総額15.8兆円と推定されている．この値は製品出荷額の5.4％を占め，GDPの3.1％に達していて，社会の成熟とともにさらに増大していくと思われる．

このような状況にありながら，メンテナンスが工学の対象として取り上げられることは，きわめて少ないのが現状である．なぜか．

その理由は三つあると思われる．第一は，もともと工学が，生産を主要な対象として発展してきたことである．特に，資源に乏しいわが国としては，ものを作って輸出しなければ生きてゆけず，まずはそれだけで精一杯だったのだ．第二は，例えば化学プラントの設備管理とか旅客機の整備とかいうふうに，それぞれの対象ごとに固有の分野としてメンテナンスが発展し，横断的に取り上げられるには至らなかったことである．そして第三に，後述される故障物理にしても設備診断にしても，基礎となっている現象，原理などは，工学一般のそれと共通するところがほとんどであり，他の分野の知見を適宜組み合わせるだけである程度メンテナンスが片づいた，という面も否定できない．

しかし，そうはいかない，という現象が，最近あちこちで見られるようになった．自転車の例はともかく，プラントにしても旅客機にしても，システムが巨大に，かつ複雑になり，つまらない故障が原因でそれらが機能を停止する，あるいは人命に影響をおよぼす災害に発展する可能性を，もはや無視することができない．高い安全性・信頼性をたもちながら，どうすれば経済的なメンテナンスが行えるのか，メンテナンス工学の体系的な展開が，どうしても必要になってきたのである．

1.3 トライボロジーとは何か

さて次はもう一つのキーワード，トライボロジーである．

トライボロジーという用語は知らなくても，摩擦・摩耗，あるいは潤滑などという言葉を知らない人はいないだろう．そういう，固体の摩擦面で生ずるさまざまな現象を取り扱う工学の学際領域に，1966年につけられた名前である．

トライボロジーに期待されるものは，次の三つである．第一は摩擦の制御であって，無駄に失われるエネルギーを減らすために摩擦を小さ

くしたい，というニーズが大部分であるが，ブレーキやクラッチのように，摩擦係数を一定の値に制御したい，という場合もある．第二は，摩耗に代表される摩擦面の表面損傷の軽減である．劣化を引き起こす物理化学的な変化を故障物理と呼んでいるが，破壊，腐食と並んで，トライボロジカルな損傷は主要な劣化形態になっている．第三は，摩擦面に起因する周囲への影響の軽減である．これにはブレーキノイズのような摩擦音，クラッチのシャダーなどの摩擦振動，発生する摩耗粉による管路の詰り，あるいは潤滑剤による環境汚染など，さまざまなものがある．

　これらトライボロジカルな問題を，トライボロジカルに解決しようとすると，ツールは三つしかない．第一は摩擦面の設計で，摩擦面の巨視的・微視的形状によって，潤滑形態，摩擦熱の放散，摩耗粉の発生などが，がらりと変わる可能性がある．第二は摩擦面材料で，ゴムのような軟らかなものから，硬いものではダイヤモンドコーティングまで，用途・必要な特性に応じ，選択される摩擦面材料は多岐にわたっている．そして第三は潤滑剤であって，もっともポピュラーなのが潤滑油であるが，計算機のハードディスクとヘッドの間では空気が潤滑膜を作っているし，グラファイト，二硫化モリブデンのような固体も，潤滑剤として使われている．

　問題に応じて，どのツールでいくのが最適か，そしてどのような設計にし，材料を使い，潤滑剤を選ぶか，そのへんが技術としてのトライボロジーのポイントであり，そのバックグラウンドとして，工学としてのトライボロジーの学際的な広がりがあるわけだ．

　付け加えておくと，上に"トライボロジカルに解決"と書いたのにはわけがある．問題はトライボロジカルなものでも，機械全体の設計を変えるとか，あるいは冷却方式を変更するとか，摩擦部とは別のところで解決する可能性を，常に考慮しておかなくてはならない．

1.4 メンテナンスとトライボロジー

　前節に述べたように,トライボロジカルな損傷は主要な劣化形態の一つであり,メンテナンスのいわばハードの面で,トライボロジーの関わりは大きい.その反面,トライボロジーの実際的な寄与は,メンテナンスに関連する部分が大変大きいのである.

　はじめは,メンテナンスにおけるトライボロジーの重要性の例.もう15年以上前になるが,さまざまな製造業の事業所219箇所を対象に,プラントのメンテナンス技術に関する調査[2]が行われたことがある.その中の,設備診断の対象部位に関するデータを見ると,首位が軸受で49.6％,歯車,弁,ロール,金型などを含めると,トライボロジカルな要素が悠々過半数を占めているのである.

　次に,トライボロジーにおけるメンテナンスの重要性のデータを見よう.こちらはさらに古いが,トライボロジーの実践が完全に行われた場合に予想されるわが国の節減額を,1966～68年の数値をもとにして見積もった例[3]がある.それによると,摩擦の減少によるエネルギー節減効果をはじめ,年額2兆円ほどの節減効果が期待されることになっている.ところがそのうち,保全費・部品交換費の節減,破損により生ずる波及効果の節減,稼働率・機械効率の向上による設備投資の節減,耐用年数の延長による設備投資の節減の4項目は,直接メンテナンスに関連していて,その節減額は合わせて1.8兆円,トライボロジーによる節減効果全体の90％にのぼっている.

　メンテナンスとトライボロジーの関係は,このように深い.にもかかわらず,その深さがあまり認識されていないように思われる.これは,故障物理において,ばっちりした疲労破壊のデータベースはあるのに,トライボロジカルな損傷のデータベースに利用できるものがないこと,またトライボロジーの研究が,より高性能を発揮する摩擦面の設計,材

料・潤滑剤の開発に向かっていて,メンテナンスのニーズに対応していないこと,などが原因になっているのだろう.それぞれ理由のあることではあるが.

参考文献

1) 2000年度メンテナンス実態調査報告書,(社)日本プラントメンテナンス協会(2000).
2) 製造プラントのメンテナンス技術―設備診断技術―に関する調査研究報告書,(社)日本プラントメンテナンス協会(1985).
3) 潤滑実態調査報告書,機械振興協会技術研究所(1970).

第2章 トライボ損傷と故障物理

2.1 故障物理とは

　故障物理という言葉は"機械設備が故障にいたるメカニズムを物理的にあるいは化学的に，工学的に解明しようとするものであり，故障現象の解析に用いられる理論の総合的な名称"といえる．
　故障物理はメンテナンストライボロジーにとって有力なツールであり，故障物理により解明された結果をメンテナンストライボロジーに，あるいはメンテナンスにいかに有効に生かすかが今後の課題である．

2.1.1 故障メカニズム・故障モードと故障の発生
　機械設備に発生する故障にはどのようなものがあるのかを理解することがメンテナンストライボロジーにとって非常に重要なことである．機械設備にどのような故障が発生するかということをJISでは故障のメカニズム（failure mechanism）といい，次のように定義している．
　「物理的，化学的，機械的，電気的，人間的原因などで，対象に故障を起こさせる過程」
　機械設備などに故障を起こさせる要因は，機械設備が持っている機能，強度，内部欠陥などの内在する要因，内因と，荷重，速度，電流，電圧など，外部にある要因，外因とが絡み合って発生する．外部にある要因をストレス（stress）といい，荷重，速度，電流，電圧などの作動条件から生じるストレスを動作ストレス，温度，湿度，放射線など周囲

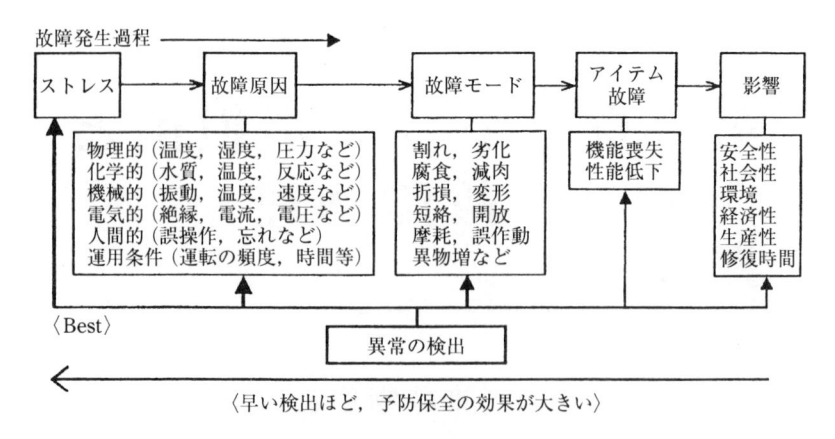

図 2.1 故障のメカニズム〔出典:文献 1)〕

の環境から生じるストレスを環境ストレスという.

　図 2.1 にストレスから故障が発生する流れを示す.このストレス,故障の原因から故障モードへ進むプロセスを学問的に解明しようとするのが故障物理である.故障の原因が学理的に説明され,その故障の主たる原因が突き止められることによってその設備の寿命延長の方策を立てることができればメンテナンスにとって大きな力となる.

　ここで故障モード(failure mode)とあるのは,故障の現れ方のことで,JIS では次のように定義される.

　「故障の形式による分類,例えば,断線,短絡,折損,摩耗,特性の劣化など」

　機械設備が本来もっている強度とストレスの関係を表すストレス-強度線図は図 2.2 のように考えられる.設計の過程で,機械設備に付与される強度は,ストレスに対して安全係数がかかった余裕をもった状態で設計される.機械設備を長時間使用すると,その強度は図のように徐々に低下し,強度の分布曲線がストレスの分布曲線とオーバーラップする部分が現れる.このような状態になると機械設備に故障が起こる.

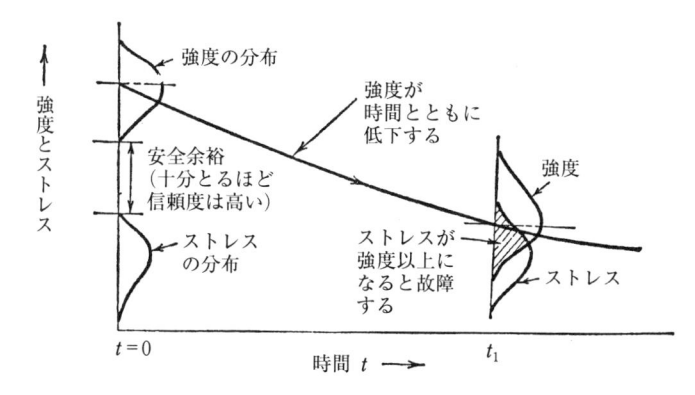

図2.2 ストレスと強度のモデル〔出典：文献2)〕

2.1.2 故障のメカニズム

故障のメカニズムには次のような現象が考えられる．
（1）材料の破壊現象
　・延性破壊
　・脆性破壊：遅れ破壊，水素脆性，応力腐食割れ，焼割れ
　・疲労破壊
（2）摩耗現象
　・機械的摩耗：凝着摩耗，アブレシブ摩耗，塑性流れ，疲労摩耗，フレッチング，エロージョン
　・化学的摩耗（腐食摩耗）
　・メカノケミカル摩耗，ケモメカニカル摩耗
（3）漏れ現象
　・接面漏れ
　・浸透漏れ

　一般に故障物理で取り上げられるのは（1）の材料の破壊現象であるが，メンテナンストライボロジーでは摩耗現象や漏れ現象のようなトライボ現象も対象にして故障全体を体系化している．それぞれの現象については以下の各節を参照されたい．

2.2 摩擦・摩耗・焼付き

2.2.1 摩擦

摩擦とは，すべりや転がり運動する物体に対して接触面において運動を妨げる向きに力が発生することであり，摩擦力とはそのときの力である．摩擦力を面に対する垂直荷重で割った値を摩擦係数という[3]．潤滑とは摩擦面間に存在する別の物質（潤滑剤）により摩擦係数が低下する現象である．面間物質が流体の際，内部に発生した圧力によって2面間が引き離されながら摩擦する場合を流体潤滑，摩擦面に吸着した分子膜のせん断に系が置き換えられる場合を境界潤滑と呼ぶ．一方ことさら潤滑剤を加えていない場合の摩擦を乾燥摩擦と呼んでいる．

乾燥摩擦についてアモントン・クーロンの法則と呼ばれる，以下の三つの経験則が知られている．

(1) 摩擦力は垂直荷重に比例する．
(2) 摩擦力は見掛けの接触面積に依存しない．
(3) 動摩擦力は静止摩擦力よりも小さく，すべり速度に依存しない．

ただし，これらは材料，摩擦速度，荷重，雰囲気など摩擦条件によって変化し，厳密には成り立たない場合も多い．

金属の乾燥摩擦の原因は凝着力と掘り起こし力に大別される[4]．凝着力とは原子間力，分子間力に起因した引力であり，見掛けの接触部よりもはるかに小さい真実接触部において作用している．その場合，摩擦力とはその部分の結合のせん断破壊抵抗である．掘り起こし力とは硬い突起が柔らかい材料内部に侵入し，柔らかい材料を変形させながら進む際に突起前面に発生する変形抵抗である．

境界潤滑の場合，吸着分子膜を挟んだ接触となり，凝着力，せん断抵抗が減少し，摩擦力が低下する．流体潤滑の場合，固体接触が回避されるため摩擦係数は低下する．摩擦係数は，おおむね次の通りである．

(1) 乾燥摩擦；0.1〜1（ただし真空中ではさらに高くなる）
(2) 境界潤滑；0.01〜0.1
(3) 流体潤滑；< 0.01

2.2.2 摩　耗

　摩耗とは，摩擦に伴う表面部分の逐次減量であり，通常，2固体から独立した物質（摩耗粉）の生成を伴う．しかしながら広義に解釈して表面部分が摩擦面に付着する現象（移着）や，さらには摩擦によって表面が変形する場合も摩耗と呼ぶことがある[5]．

　摩耗はその機構から次の4種類に大別される．すなわち
(1) 凝着摩耗
(2) アブレシブ摩耗,
(3) 疲労摩耗
(4) 腐食摩耗
である[6]．

　凝着摩耗では凝着した真実接触部の破断に伴い，摩耗粉が発生する．これは金属同士のすべり摩擦において最も一般的にみられる形態である．一方，アブレシブ摩耗では硬い突起（砥粒）が柔らかい材料内部に侵入し，移動することにより摩耗粉を生成する．砥粒があらかじめ固定されている場合を二元アブレシブ摩耗，遊離している場合を三元アブレシブ摩耗と呼んでいる．凝着摩耗，アブレシブ摩耗はそれぞれ摩擦の凝着項および掘り起こし項に対応している．つまりこれらの摩耗粉生成過程は摩擦力発現過程の延長上にある．疲労摩耗は転がり摩擦の際，多数の繰返し荷重によって内部クラックが進展し，表面部分がはく離する形態である．腐食摩耗では摩擦面を取り巻く雰囲気との化学反応により表面部分の機械的強度が低下し，その部分の脱離が生じる．

　単位荷重，単位摩擦距離あたりの摩耗体積は比摩耗量と呼ばれ，異なる材料や条件における摩耗率の比較に用いられる．各種金属に対する

炭化ケイ素砥粒による二元,三元アブレシブ摩耗と各種金属同士の凝着摩耗の,乾燥状態と境界潤滑下での比摩耗量を図2.3で比較する[7]．これらは次の特徴をもつ．

(1) 二元アブレシブ摩耗の比摩耗量は三元アブレシブ摩耗，凝着摩耗のそれに比べて1桁以上高い．
(2) 凝着摩耗の比摩耗量は金属の硬さに無関係であるが，アブレシブ摩耗においては，対する金属の硬さに反比例する．
(3) 凝着摩耗においては潤滑剤の存在は摩耗を低下させるが，アブレシブ摩耗においては摩耗を増大させる．

特に(3)は，摩耗に対して潤滑が正反対の効果をもつことを示しており，摩耗対策のためには重要である．

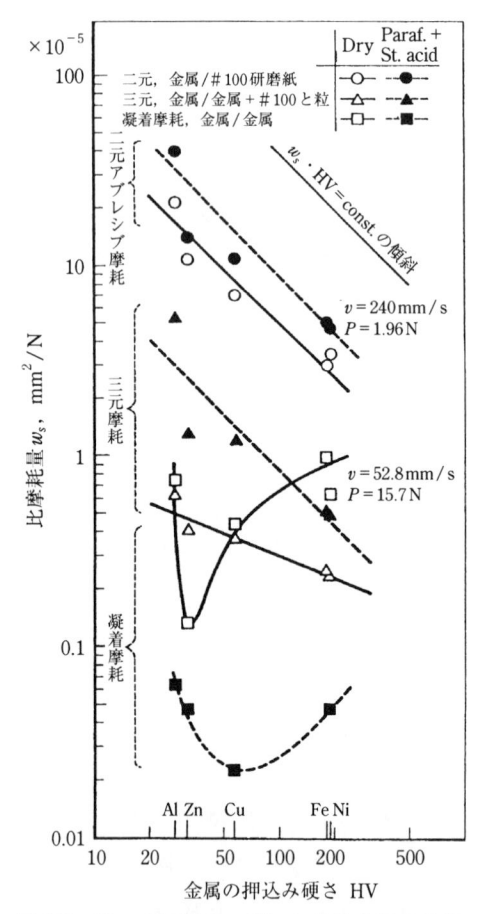

図2.3 種々の摩耗モードにおける金属の比摩耗量〔摩擦条件 二元アブレシブ摩耗のとき（ピン/回転円板式）：$P=1.98$ N，$v=240$ mm/s，三元摩耗および凝着摩耗（カラー/回転円板式）：$P=1.57$ N，$v=52.8$ mm/s〕

凝着摩耗は2摩擦材間の凝着力を起因とするので，凝着しやすい組合せにおいて摩耗が多くなる．一般に，最も多いのは同種材の摩擦の場合であり，相互溶解度の低い組合せほど摩耗が少ない[8]．また，摩擦面にお互いに相手材が移着し，摩耗粉も両摩擦材の混合組成をとるこ

とも特徴的である[9].

凝着摩耗において，摩耗量が多く，比較的大型で金属状の摩耗粉が排出される型をシビヤ摩耗，摩耗量が少なく，多くの場合細かい酸化物摩耗粉が排出される型をマイルド摩耗と呼んでいる．摩擦条件のわずかな違いによって摩耗の形態が遷移し，比摩耗量が桁違いになる[10].

荷重と摩擦距離の積を材料の硬さで除した量は体積の単位をもつ．そこで実際の摩耗体積とその値との比をとり，その無次元数を摩耗係数と呼んでいる．歴史的にはそれは真実接触部において界面が摩耗粉として脱落する確率として導入されたが，現在ではそれは比摩耗量と同様，耐摩耗性の指標として用いられている[11].

2.2.3 焼付き

トライボ損傷の一つである焼付きは，一般に潤滑下で生じる場合が多いため，その防止策を講じるためには潤滑についての知識が必要となる．そこで，まず潤滑について概説する．

潤滑はその作用機構によって，流体潤滑，境界潤滑，固体潤滑に大別される[12, 13]．流体潤滑は，しゅう動2面が流体膜で完全に隔てられて低摩擦が実現される理想的な潤滑形態であり，重要な潤滑剤の物性は粘度 η である．すべり軸受を例にとると，すべり速度を V，軸受にかかる単位幅あたりの荷重または面圧を p としたとき，軸受の摩擦係数 μ や膜厚は軸受特性数 $\eta V/p$ が大きいほど高くなる．最小膜厚 $h_{\min}$ としゅう動2面の合成粗さ σ（2の自乗平均粗さから求められる）との比 $\Lambda = h_{\min}/\sigma$ を膜厚比と呼び，流体潤滑状態ではおおむね $\Lambda > 3$ である．

一方，軸受特性数が小さく，流体力学的な作用による潤滑膜が十分に形成されない場合は，表面の微細突起同士の接触が生じて摩擦係数が高くなるが，しゅう動面間に吸着膜や反応膜などのせん断抵抗の低い膜を形成することによって，摩擦の増大を抑えることが可能である．これを境界潤滑と呼び，潤滑剤の固体表面への吸着しやすさや酸化などの化学反応が重要である．二つの潤滑形態の中間として，流体膜と境

界膜が混在するような状態は混合潤滑と呼ばれている．一般に，$\Lambda<3$ で混合潤滑となり，さらに境界潤滑では膜厚比が1以下となる．

　液体の潤滑剤ではなく，せん断抵抗の低い固体粒子をしゅう動面間に介在させたり，低摩擦材料のコーティング膜を施したりして固体同士の摩擦自体を下げる潤滑を固体潤滑と呼ぶ．

　潤滑されたしゅう動面が，巨視的な凝着や溶着によって元の表面粗さを留めないほど激しい損傷を受ける現象を総称して焼付き（やきつき）と呼ぶ．焼付きは摩擦係数や振動の急激な増大を伴い，2面の固着により相対運動が停止することもある．

　焼付きを表す用語は機械要素の種類や損傷の形態によって様々である．歯車や，カム・タペット，ピストン・シリンダなどのすべり接触面に生じる焼付きやそれに伴うアブレシブ摩耗をスカッフィングないしスコーリングと呼ぶ．歯車のスコーリングのうち表面のあれが激しいものをゴーリングということもある．また，転がり軸受の転動面の焼付き全体をスミアリング，冷間圧延でのロールとストリップの間に生じるものをヒートスクラッチなどと呼ぶ．これらの損傷形態は，ハンドブック等[14, 15]に豊富に掲載されている損傷例の写真を参照されたい．

　焼付きが発生するメカニズムについては諸説があるが，一般に潤滑状態の遷移現象と考えられている．例えば，作動初期には流体潤滑状態にあったすべり軸受で，潤滑油の温度上昇により粘度が低下して流体膜が局所的に破断したり，異物の混入によって面あれが生ずると，Λ が低下して2面間の直接接触が起こる．その結果，摩擦係数が上昇して摩擦熱が増大し，さらに粘度が低下する悪循環に陥る．この過程で固体表面の塑性流動や摩耗によって幾何学的ななじみが生じたり境界潤滑膜が形成されれば，摩擦係数の上昇が抑制されて焼付きは起こらないが，温度上昇と表面損傷の悪循環が急速に進行すると焼付きに至る．作動初期に境界潤滑状態にある場合も，何らかの原因により境界膜の破断が起こって摩擦が上昇し，面あれや温度の上昇などによって境界膜

が十分に修復できなくなった場合に焼付きを生じうる．

このように焼付きに至る過程には，潤滑状態や接触の過酷度，温度上昇，表面の変形や摩耗の挙動などが複雑にかかわっている．とりわけしゅう動面の温度が重要な因子であり，温度がある臨界値に達したときに焼付きが発生するとの考えが広く支持されている．臨界温度としては，吸着膜が境界潤滑機能を失う転移温度を採用することが多い．

しゅう動面の作動状態に基づいた焼付き発生の条件として広く用いられているのは pV 値である．面圧 p とすべり速度 V の積 pV，ないしはこれに摩擦係数 μ をかけた μpV は，摩擦による単位時間，単位面積あたりの発熱量を表し，これがある臨界値に達すると焼付きが起こるというものである．

図2.4は，しゅう動面の安全作動範囲を面圧 p とすべり速度 V を座標として模式的に描いたもので，限界線①〜④のいずれを越えても潤滑状態の遷移が起こって焼付きが発生しうる．発熱量に基づく限界は曲線①である．曲線②は許容最小膜厚を表し，この線を越えると Λ が小さくなり，高温では油膜破断が焼付きにつながる危険性が高まる．直線③はしゅう動面材料の許容面圧を表し，これを越えると固体表面層の著しい塑性流動が起こり，高温下では材料が軟化して激しい面あれを生じる．固体潤滑ないしは無潤滑の状態でも，この面圧限界によって焼付きが生じる[16]．曲線④は潤滑剤の劣化による限界を表す．

しゅう動面の粗さは，流体潤滑や混合潤滑において膜厚比を低下させる働きのほかに，境界潤滑膜の形成と破断に大きく影響する[17]．表面の微細突起が

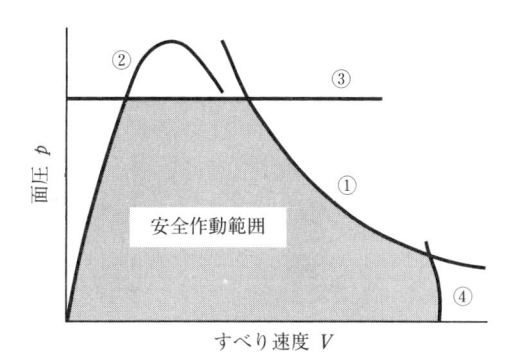

図2.4 しゅう動面の安全作動範囲

大きくかつ勾配や曲率が大きいと，著しい塑性変形によって境界膜を維持することが困難になり相手面との凝着を引き起こす．一方，表面粗さが小さすぎると，潤滑油を保持するための凹凸の谷が不十分となったり，生成摩耗粉の逃げ場がないため面間にかみ込まれて焼付きが発生しやすくなる．このように，表面粗さは単に凹凸の大小を表す合成粗さ σ の値だけでなく，表面の微細凹凸の形状も考慮に入れて評価されなければならない．

以上からわかるとおり，焼付きに至る過程は様々で複雑であるが，適切な潤滑設計，しゅう動面の強度と表面粗さの設定，異物混入の阻止や生成摩耗粉の除去などを行えば防止することが可能である．

2.3 疲労損傷

2.3.1 疲労損傷
(1) 疲労損傷について
1) 疲労破壊とトライボ要素の疲労損傷

一般に，材料は方向の変動する繰返し応力のもとでは，静的強度よりも低い応力（弾性限以下の場合もある）によって破壊する．このような現象を材料の疲労，あるいは疲労破壊という．機械や機械要素では，安全率をできるだけ小さくし，可動部分の速度を増大させることが重要課題となるが，この場合，機械的性質のうちでも疲労強度が重視される．トライボ要素では，構成部材の巨視的な分断を連想させる「疲労破壊」よりも「疲労損傷」という用語が慣用的に用いられる．それは，トライボ要素の表面あるいは表面下に繰返し応力による局部的な破壊が生じると，その後の継続使用が不可能になる場合が多いこと，いいかえれば，機械要素が全体形状を保持してはいるが，材料の疲労による局部的な破壊によって本来の機能を喪失して使用に耐えなくなる（損傷する）場合が少なくないからであろう．転がり軸受のフレーキングや

すべり軸受の変動荷重による軸受合金のはく離，歯車のピッチングなどの歯面損傷や歯元の折損，カムなどの表面損傷の類がこれらの典型である．

2) 疲労破壊の特徴

応力振幅 S と破壊までの繰返し数 N との関係は図2.5 [18] のように表される．これを S-N 曲線，疲労曲線あるいはウェーラ（Wöhler）曲線という．鉄鋼類では繰返し数 $10^6 \sim 10^7$ 回の付近で曲線が図2.5のように水平になる場合が多い．したがって，疲労破壊の場合，ある応力振幅以下では無限に繰り返しても破壊しないこの限界応力振幅（耐久限度，あるいは疲労限度）に注目する．

また，疲労破壊では一定の応力振幅 S に対する破壊までの繰返し数 N のばらつきが極めて大きい．これは，疲労破壊強度が材料の微視的組織に敏感であるということと密接に関連しているとされており，そのため，データ整理に対して，1本の鎖の強度が構成する環の中のいちばん弱い要素によって支配されるという破壊機構の最弱リンクモデル（weakest link model）の概念に基づいて導かれるワイブル分布が採用されることが多い．

疲労破壊に至るまでの塑性変形の様相は，顕微鏡的領域に局所化している点に特徴があり [19]，繰返し応力のもとで金属がすべり面から突き出したり（extrusion），すべり面に沿って入り込んだり（intrusion）することが観察されおり [20]，材料表面のこの非可逆的なすべり変形による微細な凹凸部分に疲労き裂（fatigue crack）が形成されると考えられている [21]．

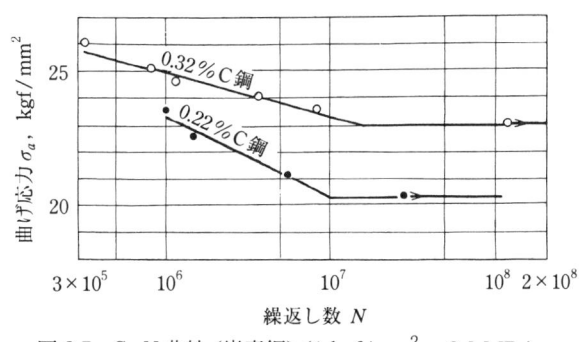

図2.5　S-N 曲線（炭素鋼）（$1\ \mathrm{kgf/mm^2} = 9.8\ \mathrm{MPa}$）

トライボ要素の疲労損傷と一般材料におけるこれらの特徴との関連については，トライボ要素における材料の内部組織の特質，外部負荷の形態の特殊性（き裂発生に直接関与する表面に，外力としての垂直方向圧縮力と接線方向荷重が作用する場合が多いこと）を十分考慮しなければならない．

3) 疲労破壊の影響因子と疲労き裂の発生・進展挙動

材料の疲労強度は材料組織に敏感であり，特に介在物等をはじめとする不均一性の影響を大きく受ける．したがって，疲労破壊を防止するためには，部材中にすべりが生じるような応力やひずみの集中箇所を可能な限り作らないようにし，熱処理による強化に際しては，組織内に疲労破壊の起点となりうる軟質部やある種の介在物を残さないようにすることが重要である．材料の疲労限度はある程度の強度レベルまでは，引張強さ，降伏点，硬さなどに比例的に上昇する[22]．疲労に及ぼす残留応力の影響は明瞭に認められており，引張残留応力があれば疲労限度が減少し，圧縮残留応力があれば疲労限度が増大する．歯車などで歯面にショットピーニングを施すことによって寿命を増大させるのは，この圧縮の残留応力の効果をねらったものである．

材料の局部に発生した疲労き裂が，その後の応力の繰返しによって拡大進展して全体的な破断に至るため，疲労破壊は通常，き裂の発生と進展過程に区分して取り扱われる．しかしながら，両者の境界がどこにあるかを定めることは実際には困難である．

機械要素では，使用限界としての寿命を予知することが重要であるが，転がり軸受では広く採用されている寿命計算式が存在する．一般に疲労破壊ではき裂の発生・進展挙動を勘案して，寿命予測の計算式の導入にあたって，疲労破壊のマイナー（Minor）則（ある一定の負荷 S_i での寿命を N_i とすると，S_1 で n_1 回，S_2 で n_2 回のように多段重複負荷が働くときには $\Sigma(n_i/N_i)=1$ となると疲労損傷が生じるとする）やマンソン・コフィン（Manson-Coffin）則（き裂の伝播速度がき裂周辺の塑性

ひずみと材料の破壊靱性により決まる，すなわち $C(\mathrm{d}A/\mathrm{d}N)=(\gamma/D)\zeta$, ここで，$A$：き裂長さ，$N$：繰返し数，$\gamma$：き裂先端の塑性ひずみ，$D$：材料の靱性，$\zeta$：実験定数）などが利用される[23]．

2.3.2 転がり軸受における疲労損傷

転がり軸受は産業の米として，あらゆる機械に組み込まれ使用されている．回転運動を精密に案内しながら，その回転エネルギーをできる限り小さい損失で伝達する機械要素として必要不可欠のものである．

転がり軸受に損傷が生じると，機械が作動不能になるような不具合を発生する場合がある．しかし，転がり軸受はその選定を誤らず，取扱いや潤滑上の配慮を十分にし，軸またはハウジングをよく検討することにより，転がり軸受本来の寿命まで長期間にわたって使用することができる機械要素である．

選定や使用条件が不十分である場合，転がり軸受は意外に早く損傷し使用に耐えられなくなることがある[24]．この早期損傷は，転がり軸受本来の寿命である転がり疲れによるフレーキング寿命（軸受寿命）と異なり，故障と呼ばれ軸受寿命と区別している[25]．

本項では，疲労損傷モードに限定して，フレーキングとピーリングについてその原因と対策を紹介する．

（1）フレーキング（はく離）

フレーキングとは，内輪・外輪の軌道面または転動体の転動面が転がり疲労によってうろこ状に剥がれる現象である．転がり疲れ損傷は，スポーリング，ピッチング等の言葉で呼ばれることもある．フレーキングは，「避けることのできない損傷」として位置づけられ，他の損傷と区別して「寿命」と呼ばれている．図2.6に損傷例を示す．

フレーキングは他の損傷と異なり，潤滑，荷重，振動などの複合要因によって発生する場合が多く，原因を一つに絞り込むことが難しい．しかしながら，軸受が適正な潤滑，適正な荷重で使用されている場合には，早期破損が発生する確率が極めて低いことから，対策は潤滑と荷

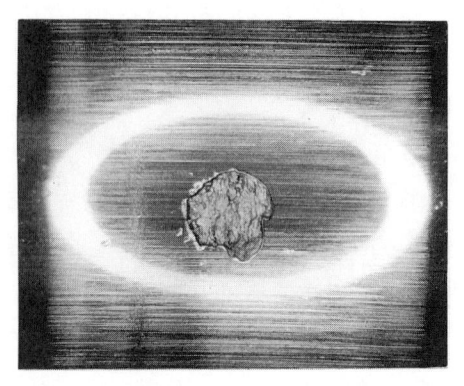

図2.6 フレーキング

重が適正であったかを確認することから始まる.

フレーキングに関しては，内部起点型と表面起点型の分類が確立し，それぞれについて対策（長寿命化）が図られている[26]. いずれの場合においても，軸受設計の面から接触面圧および発熱量の低減は前提条件であるが，これらに加え材質面からの対策として，内部起点型に対してはフレーキングの起点となる材料内部の欠陥（主に非金属介在物）の低減[27]，表面起点型に対しては軌道表面の欠陥部（線きず，異物による圧痕など）での応力集中の緩和[28]が図られている.

また，近年回転速度の高速化に伴い，振動やハウジング剛性が軸受寿命に影響を与えることが明らかとなってきており，新たな寿命要因として研究が進められている[29].

（2）ピーリング

ピーリングは，軽微な摩耗を伴ったくもりのある面を呈している. くもり面には，表面から5〜10μm程度の深さまで微小なクラックが多数発生し，微小フレーキング（微小はく離）が広範囲に起きる. ピーリングが進行すると，表面部が薄く剥がれたような状態になる. 図2.7に損傷例を示す.

ピーリングは表面疲労の一種であり，潤滑不良や潤滑剤へ

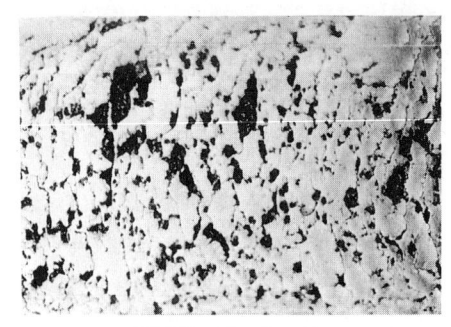

図2.7 ピーリング

の異物の侵入に起因する軌道面・転動面の面あれ，または相手転がり部品の面粗さが悪い場合に発生する[30]．潤滑状態が良くないことが必須条件であり，これに異物・表面粗さという要因が重なってピーリングに至る．また，接触面圧があまり高くなく，疲労層が表面下数十μmという比較的浅い範囲に限られており，微小はく離の深さが10μm以内であることが特徴である．

対策としては，適正な潤滑あるいは相手転がり部品の表面粗さの改善が挙げられる．

2.3.3 歯車における疲労損傷

歯車における最悪の事態は歯が折損することである．現実にしばしば歯の折損事故が見受けられるが，その原因の大半はトライボロジー上の問題である．しかも，事故に気づいたときには，損傷発生の真の原因がすでに隠されてしまっていることも多い[31]．このように時間とともに損傷形態が変化することは，損傷原因の違いにより採用すべき事故対策が異なるので，メンテナンス上極めて重要である．

歯車の疲労損傷は歯元の曲げ疲労と歯面の表面疲労の２種に大別される．このうち歯元の曲げ疲労は，有限要素法などを用いた応力解析手法の発達から，設計段階で予知でき[32]，基本的な過ちを犯さない限り防止できる．一方の歯面疲労は，まだ設計信頼度が低く，十分な予防措置をとることが必要である．

歯面疲労の種類として，ピッチング，マイクロピッチング，スポーリング，ケースクラッシングが知られている．歯車は接触面圧が高く，歯面間のすべり速度も高いので，スカッフィング（焼付き）や凝着摩耗が発生しやすいが，EHL潤滑油膜の形成など潤滑技術の向上に伴ってこうした損傷を防止できるようになり，代わって歯面疲労の問題が起きるようになった[33]．

歯面疲労は表面を起点とする場合と，少し内部を起点する場合の２通りに大別される[34]．前者では，歯面粗さの突起部同士が干渉し合う真

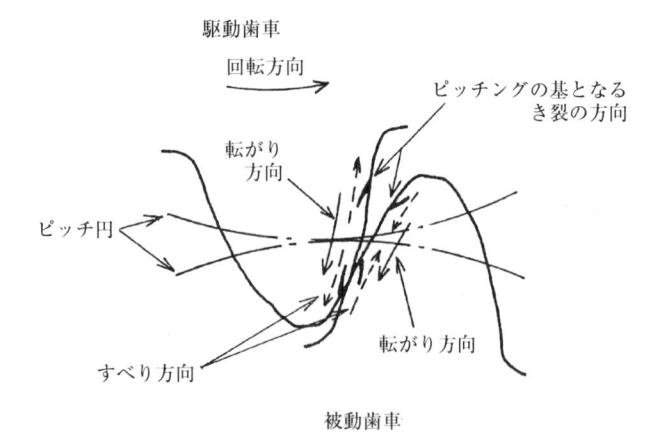

図2.8 歯面疲労によるき裂の方向

実接触点でき裂が発生する．この表面にできたき裂は一般に図2.8に示すように歯面のすべり方向と逆向きに内部に向かう．そして，歯面粗さの突起部をえぐり，小さなピットとなる．これがマイクロピッチングであり，表面硬化した歯車ではこの現象が継続して起きるために，重大な結果を招くことがある．マイクロピッチングは個々には小さいが，多発して密集するとその部分が金属光沢をなくし，くもった状態を呈しフロスティングなどと呼ばれる．さらに進むと歯面が荒れ，スカッフィング状態となり，歯形は劣化し，何らかのきっかけで容易に振動を誘起し，その動的荷重の増加から歯の折損に至ることも多い．この場合，歯が折損しても，その発端であるマイクロピッチングは歯面に全く痕跡をとどめていないことに注意しなければならない[35]．

調質鋼などのように塑性変形しやすい材料でも同様なき裂が発生する．ただし，歯面粗さの突起部はなじみのため，ある程度滑らかになり，き裂が突起部をえぐってマイクロピッチングで終わるという割合は少ない．代わって，駆動，被動両歯車の歯元側にピッチングと称する大きなピットを発生させる．これは，き裂内に浸入した油が，歯面のかみあい時にき裂内に封じ込められると，その油のためにき裂が進展する

と考える Way の仮説[36]で説明されている．ピッチングも継続して発生した場合にはマイクロピッチングと同様な経過をたどる．ただし，局部的にピットが発生し尽し，歯面全体が穏和な当たりになり，新たなピットの発生が見られなくなることがある．この場合にはピットが発生していても歯車装置の性能に影響を与えることはなく，そのピットを初期ピッチングと称し，そのまま継続して使用される[37]．

ピッチングやマイクロピッチングは歯面の粗さ同士の干渉を緩和させるために粗さを小さくしたり，油膜を厚くすること，あるいは表面を強くすることにより防止できる．しかし接触面圧を上げるにも限度がある．接触応力が材料の破壊応力を越えることはできない．接触応力は圧縮場であるが，せん断応力が破壊を招く．図 2.9 は接触による歯面内部の応力分布状態（右図実線の τ_{45}）と，材料の強度分布（図では表面硬化材料を想定しており，破線の s）の関係を示したもので，せん断応力が材料強度を上回った地点でき裂が発生，進展し，やがて表層が抜けて大きなはく離片を脱落させる[38]．このようにしてできたピットをスポーリングという．特に，見た目で歯面の硬化層が饅頭の皮をはがされるように脱落する場合をケースクラッシングと称する．これらの損傷形態は図 2.9 をもとに，材料強度を接触応力以上に上げることで防止できる．

表面硬化処理した場合で材料強度は硬度に比例すると仮定する

せん断応力 τ_{45}　材料強度 s

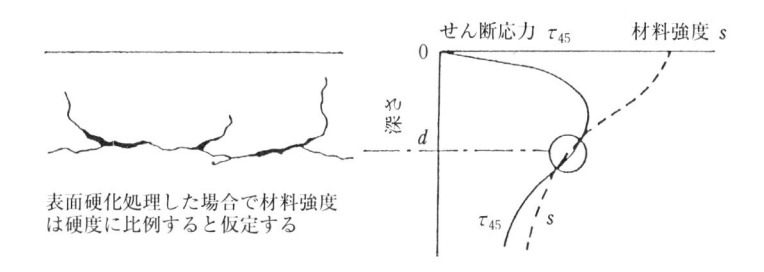

図 2.9　スポーリング発生の模式図

2.4 漏れ現象

機械システムを構成するポンプ，バルブ，アクチュエータ，パイプ継手部分などからの作動流体の漏れは，当該システムの性能・機能・信頼性に直接的影響を及ぼすのみならず，環境汚染の元凶ともなる．また，機器しゅう動部からの潤滑油の漏れ，機器内への外界異物の侵入を防止することは，機器の特性維持，トライボ損傷の防止，省資源の面からも大切である．

流体の漏れを防止または軽減する装置，あるいは外部から固形異物や流体の侵入を防止することを目的として用いられる機械要素を密封装置（シール）と呼ぶ．しかし，その密封機構[39]は全てのシールに対して必ずしも判明しているとはいえず，密封装置の損傷あるいは機能低下の検知技術も確立されてはいない．

漏れは，シール部分の狭いすきまからの接面漏れとシール材質内を流体が貫通する浸透漏れに大別される．後者に対しては，密封流体および動作環境を勘案して最適材質を選択することによって対処せざるを得ない．したがって，通常は，前者を想定して，機器の種類，密封流体を含めた作動条件に応じて多くのシールが開発されている（表2.1参照）．同一機能をもつシールであっても，材質，形状は極めて多岐にわたることに注意すべきである[39]．

さて，運動用非接触シールでは，密封面間にマクロなすきまが存在するため，密封面の損傷は発生しにくいが，すきま内に連続した流体膜が形成されるため必然的に漏れが発生する．一方，接触シールは，漏れを皆無にすることを目的としたものであるが，密封面のすべり接触は密封面の損傷を誘起することになるため，密封作用と潤滑作用という互いに相矛盾する要件を同時に満足せねばならない．

シールからの漏れの原因は，以下のようにまとめられ，保全活動はこ

表2.1 密封装置（シール）の分類

静止用シール	間接接触形シール（ガスケット）		非金属ガスケット セミメタリックガスケット 金属ガスケット	
	直接接触形シール			
運動用シール（パッキン）	接触シール	自己シール形	リップパッキン	オイルシール Uパッキン Vパッキン
			スクイーズパッキン	Oリング Xリング
		単純圧縮形	グランドパッキン	
		浮動形	ピストンリング セグメントシール	
	非接触シール	すきま制御形	メカニカルシール 浮動ブシュシール	
		すきま固定形	ラビリンスシール 固定ブシュシール ビスコシール 遠心シール 磁性流体シール	
	膜遮断形シール		ダイヤフラム ベローズシール	

れらの点を考慮したうえで実施する必要がある．
(1) 設計に起因するもの
　　シール材料選択の不適合，装着部の動特性への追従不適合，など．
(2) シールの装着に起因するもの
　　装着部分の寸法不適合，装着部分の表面性状，表面粗さの方向性，装着時起因シール面損傷または変形，取付け不良，など．
(3) 使用条件，使用期間に起因するもの
　　密封面の損傷，シール材質の劣化による機械的特性の低下，密封流体の汚損，固形異物の侵入，など．
(4) シールの保管期間，保管状態に起因するもの
　　シール材質の経年劣化，雰囲気起因シール材質の劣化，など．

2.5 キャビテーションエロージョン [40,41)]

2.5.1 キャビテーションエロージョンの機構 [42,43)]

　液体中から空洞（気泡）の発生は，熱を加えたときの沸騰だけでなく，常温で圧力を下げても起こり，圧力低下による気泡の発生をキャビテーションという．その気泡には，液体中に溶解していた気体が拡散により空洞に放出して生成した「気体性キャビテーション」と気泡が液体分子の蒸気で満たされている「蒸気性キャビテーション」がある．気体の放出あるいは溶解は拡散現象であるので気体性気泡の成長と消滅には時間を要するが，蒸気性キャビテーションの場合は蒸気圧以上に圧力が回復すると瞬時に消滅する．気泡周囲の圧力が均一なときは気泡周囲の液体はその中心の1点に向かって衝突することになり，不均一の場合は圧力が高い方から低い方に向かってマイクロジェットが生じ，そのジェットが壁面に衝突する．気泡消滅時の液体の衝突（水撃）圧力 p は，衝突直前の液体の流速を v，液体の密度を ρ，液体中の音速を a とすれば，$p=\rho a v$ となり，音響インピーダンスと呼ばれる ρa が大きいほど衝撃圧力は大きくなる．音速 $a=(K/\rho)^{1/2}$（K：体積弾性率）より，音響インピーダンス $\rho a=(\rho K)^{1/2}$ となり，液体の衝撃圧力 p は金属の表面を変形あるいは疲労破壊させるに十分な圧力となる．そのような衝撃圧力による破壊現象をキャビテーションエロージョン（壊食），あるいはキャビテーションダメージ（損傷）といい，同じ疲労現象のピッチングあるいはそれが進行したスポーリングに似た，細かい穴の集合体の損傷形態になる．気体性キャビテーションの場合は，気泡の存在が体積弾性率を減少させ，その結果音響インピーダンスを減少させるので，逆にエロージョンを防止する方に働く．

2.5.2 すべり軸受のキャビテーションエロージョン

　潤滑油中の溶解気体の量は水の場合の約5倍（8～12％）[44)] もあり，

かつ蒸気圧は水に比べて桁違いに小さい（40℃の粘度が10 cSt 程度の鉱油でも 0.1 Pa 程度と水より 4 桁小さい）．そのために，潤滑油では気体性キャビテーションになりやすい．また，鉱油の音響インピーダンスは水より 2 割程度小さく，さらにかくはんや油圧ポンプなどにより生じた気体性気泡も水中より消滅しにくい．そのため，実際の潤滑油の音響インピーダンスはさらに低い．また，気泡は必ず壁近くにあるが，2 面間の気泡の消滅速度は 1 面壁付近の気泡のそれより遅いといわれている．さらに，一般の潤滑油は鉱油をベースに，高分子や化学的に活性な様々な添加剤が入っているので，気泡の気液界面では界面活性物質の単分子膜を形成し，それが蒸発抑制と表面粘弾性による気泡成長・消滅の抵抗になる可能性がある．したがって，同一材料に対しては油の場合は水よりもキャビテーションエロージョンが起こりにくいといえる．一方，軸受やシールに使われる材料は比較的疲労強度の低い軟質なものが多いので，蒸気性キャビテーションが生じれば，エロージョンは起こる．

　流体機械での負圧発生は，流体が加速されて圧力が流体の慣性エネルギーに変わるときに起こるが，狭い軸受すきま内の流れでは慣性力が無視できる粘性流れになるので，負圧は下流にいくに従ってすきまが広がる「逆くさび作用」か，2 面間が離れる「負のスクイーズ作用」によって生じる．逆くさび作用は定常的であるので気体性キャビテーションになりやすく，エロージョンは起こりにくい．一方，非定常の負のスクイーズ作用の場合は溶解気体の放出が間に合わないために，蒸気性キャビテーションになりやすく，圧縮比が高く変動荷重が大きい中速および高速ディーゼルエンジンのすべり軸受上面のランド部にエロージョンが生じることがあり，「吸入キャビテーション」と呼ばれる[45]．

　一方，軸受すきまから正のスクイーズによって狭いすきまから広い油溝へ吐出されるときは，絞りから放出され場合と同様に流体の慣性と噴流渦により「吐出キャビテーション」と呼ばれる[45] ものが生じるこ

とがあり，高速ディーゼルの主軸受下側の円周溝に，あるいは激しいときには軸受面にまでエロージョンが及ぶことがある．また，給油孔付近の流れが油膜の急激な圧力変化により変化し，そのときの流体の慣性により「流れキャビテーション」と呼ばれるエロージョンが生じることがある[45]．さらに，中速ディーゼルエンジンのクランク軸を支持している主軸受では油溝から給油された油がクランク軸に設けられた穴を通してクランク機構の大端軸受およびコネクティングロッド軸受へ給油するようになっているため，軸の給油孔が溝の終端部で急に塞がれたときに軸穴中の流体が油柱分離により，「衝撃キャビテーション」[45]と呼ばれる円形状あるいはハの字形[46]のエロージョンが中速ディーゼルの主軸受の円周油溝終端部の少し上流側に生じることがある．

中・高速のディーゼルエンジン以外にも，希にガソリンエンジンでもイグニッションタイミングが狂ったとき，あるいは変動荷重を受ける斜板型油圧ピストンポンプのスリッパにも生じた例がある．

2.6 その他の故障物理

2.6.1 延性破壊

静的な力による破壊が大きな塑性変形の後に生じることを延性破壊という．延性破壊は一般に安定な破壊挙動を示し，外力が新たな仕事をしないと破壊が進行しない．ただし，延性材料の大部分が降伏するような大きな力が作用すると，延性不安定破壊を生じる．

一般の構造用金属材料の場合，延性破壊が生じた破面には，微小空洞（ボイド）が合体して形成されるディンプルというくぼみが観察される．ボイドは材料中の非金属介在物や第二相粒子を核として発生し，作用する応力の増大に伴う塑性変形量の増加に比例してその大きさを増し，合体に至る．したがって，延性破壊までの塑性変形量は材料中の介在物，第二相粒子の大きさや量に依存する．このようなディンプル形成

機構に起因して，平均的なディンプルの寸法は第二相粒子の平均間隔とほぼ一致することが知られている．ディンプルの形状は延性破壊時の応力状態にも依存する．単軸引張応力のもとで，破壊形態が引張型となる場合は等軸ディンプルとなる．一方，二軸応力のもとで破壊形態がせん断型となる場合や，切欠やき裂底のように巨視的には破壊の形態が主応力に垂直な引張型であっても他の主応力が関与している場合には，一方向に引き伸ばされたディンプルが観察される．これらをそれぞれせん断ディンプルおよび引裂きディンプルと呼ぶ．

高純度の金属の場合，核となる第二相粒子が存在しないため，ボイドは形成されず，すべり（塑性）変形の結果として表面積だけが増大する．表面と破面は区別できず，破壊した材料全体がすべり模様で覆われる．これがすべり面分離破壊である．

以上のような微視的破壊機構に基づき，単軸引張負荷を受けて延性破壊した巨視的破面形態が変化する．材料の延性が高くなるに従い，カップアンドコーン形破壊，ダブルカップ形破壊，チゼルポイント破壊およびのみの刃破壊と変化する．

2.6.2 脆性破壊

静的な力による破壊が，塑性変形をほとんど伴わずに生じることを脆性破壊という．破壊に要するエネルギーが小さいので，外力が新たな仕事をしなくても破壊が進行する不安定破壊となる場合が多い．したがって，構造物に致命的な損傷を与えることが多く，危険な破壊形態である．

脆性破壊においてもわずかな塑性変形が関与することもあり，脆性破壊の微視的様相は必ずしも単純ではない．しかし，一般的にはへき開破壊である．へき開破壊の微視的破面様相を観察すると，結晶粒程度の寸法のへき開ファセットで構成され，ファセット内には特徴的なリバーパターンと呼ばれる川状模様が見られる．リバーパターンは，破壊が各結晶粒における単一のへき開面で生じず，平行する幾つかのへ

き開面で進行するため段差ができて形成され,破壊の進行に伴い河川が支流を合流させるのと類似の模様を呈する.これによって,局所的なき裂の進展方向を知ることができるが,必ずしも巨視的なき裂進展方向と一致しない.一方,幾分塑性変形を伴ったへき開破壊や,リバーパターンは観察されるが,へき開面に沿った破壊であるか明確でない擬へき開破面などの観察されることもある.また,延性の乏しい材料はき裂先端のひずみ集中によって浅いディンプルを破面上に残したき裂進展を容易に起こす場合がある.

鉄鋼材料の脆性破壊は,延性-脆性遷移温度と呼ばれる温度を下回ると極めて顕著に発生する.これを低温脆性という.また,ひずみ速度の増大に伴っても脆性破壊が生じやすくなる.さらに,300℃付近で延性が低下する現象を青熱脆性,金属中に吸収された水素により延性の低下やき裂が発生する水素脆性,高温時効による不純物元素の粒界偏析により生じる焼戻し脆性などがある.

2.6.3 水素脆性

水素脆性は,H^+(水素イオン)またはH(これらを拡散性水素という)が,金属中に拡散して脆化させることをいい,引張応力が作用していると脆性破壊をもたらす.特に高強度鋼(高張力鋼や低合金鋼で体心立方系材料)は,ごくわずかの水素によって脆性破壊を起こしやすくなり,強度が高くなるほど突発的な破壊を起こすので深刻な問題である.一方,面心立方系材料は多量の水素を吸蔵するが,脆化は鋼ほど顕著ではない.

水素がどんなメカニズムで鋼を脆性破壊させるかは良くわかっていないが,粒界破面や介在物(MnSなど)を起点とする脆性破面が見られることから,拡散性水素はこれらの場所にトラップされ,高い水素ガス圧(H_2ガス)を発生させ,格子を脆化させていると考えられている.水素イオンは,溶液中に含まれているほか,腐食におけるカソード(陰極)反応でも発生する.

はく点割れと呼ばれることもあるが，応力がなくても介在物のまわりに円状の小さな割れが発生する．引張応力が作用している場合に切欠き部に発生する微小な初期割れは，静水圧の高いところ，すなわち切欠き底からやや内部に入ったところで発生する．一定の時間が経過した後突然破壊するので，遅れ破壊（delayed fracture）と呼ばれることもある．

強度の低い鋼中に拡散した水素は，表面下で水素ガスとなって材料を膨らせるが，これは水素ふくれ（blister）と呼んでいる．現象によって色々な名前がついているのも特徴である．

温度が高い場合には，水素ガスも金属中に拡散し，炭素と反応してメタンガスを生成し，破壊の原因となるが，この現象は水素侵害（hydrogen attack）と呼んで区別している．水素脆性の原因となる水素ガスは，加熱すると外に逃げるので可逆性があるというが，メタンガスは逃げにくいので水素侵害は非可逆現象である．

2.6.4 応力腐食割れ

応力腐食割れは，SCC（Stress Corrosion Cracking）と呼ばれることが多いが，これほどメカニズムのわかっていない環境劣化割れ現象はない．

SCCは，合金と，合金に特有な環境，引張応力の3条件がそろったときに発生する．応力と腐食の共同作用が必要と考えられているので，応力腐食割れ呼ばれているが，割れは結果として割れのようにみえる細い損傷が発生したと考えてもよかろう．

オーステナイトステンレス鋼の塩化物イオン（Cl^-）によるSCC（化学プラント）や，高温水によるSCC（原子力発電）は，現在最も大きな問題である．不働態被膜と呼ばれる薄い保護被膜をもつ金属（ステンレスやチタンなど）で発生しやすい．不働態被膜をもたない金属でも，不働態被膜を作る環境に置かれるとSCCを起こすようになる．後者の例は，炭素鋼の硝酸塩SCC（厚い酸化鉄被膜が生成）に見られる．

一説には，引張応力によって不働態被膜が壊れ，この部分から金属が

金属イオンとして溶出（アノード溶解）した結果，割れのような損傷がもたらされると考えている．この意味において，活性経路腐食（Active Path Corrosion, APC）型 SCC と呼ばれ，カソードで発生する水素が原因となる水素脆性破壊と区別することがある．最近では APC-SCC にも脆性破壊が関与しているという説も提唱され，メカニズムはますます混沌としてきた．SCC の進展速度は $10^{-6} \sim 10^{-9}$ m/s 程度で，水素脆性割れ（数百 m/s）に比べればかなり遅い．

　粒内型 SCC と粒界型 SCC があるが，環境と応力によって変化する．オーステナイトステンレスでは，粒界にクロム炭化物が生成したとき粒界型 SCC が発生しやすく原子力発電プラントで大きな問題である．圧縮応力を残留させたり，環境と材料の組合せを避ければ回避できる．

2.6.5 疲労破壊

　疲労破壊は，静的破壊が生じる力よりもかなり小さい力が繰り返し作用することによって生じるものであり，疲労き裂発生，き裂進展および急速破壊の過程をたどる．疲労き裂発生は，材料表面に不可逆な塑性変形が発生し，突出しおよび入込みと呼ばれる表面の微視的凹凸が発達して生じる．発生初期の疲労き裂はすべり帯に沿って成長し，第Ⅰ段階き裂と呼ばれている．第Ⅰ段階き裂は，やがて荷重軸と垂直な方向に進展を開始し，第Ⅱ段階き裂に移行する．第Ⅱ段階き裂は，力の繰返しに伴ってその先端が塑性鈍化と再鋭化を繰り返して進展し，ストライエーションと呼ばれる縞模様を破面上に残す．第Ⅱ段階き裂が成長すると最大の力が作用したときの応力拡大係数 K が増大し，その限界値である破壊靱性値 K_{Ic} に達すると，急速破壊に至る．一方，延性の高い高靱性材料では，K が K_{Ic} に達する以前に，リガメント（き裂面を除く実断面）が塑性崩壊を起こして急速破壊に至る場合もある．疲労破壊を生じる部材は，急速破壊の直前まで変形が極めて小さく，疲労破壊の進行を検出することは難しい．このため，急速破壊が突然に生じて構造物の事故を引き起こすことが多い．長期にわたって使用す

る機械や構造物の設計には，信頼性確保のために疲労破壊を防止する対策が不可欠である．

疲労強度評価は，おおむね破断寿命が10万回以下の低サイクル疲労と10万回を越える高サイクル疲労領域に大別され，それぞれ繰返しひずみ振幅と繰返し応力振幅を基準にして破断寿命の評価を行う．高サイクル疲労強度の評価では，それ以下の応力振幅で疲労破壊を生じない疲労限度が設計において重要であり，1000万回の繰返し数で破断するか否かにより求められていた．最近，高強度鋼や表面処理材料の場合に上述の疲労限度が消失する超高サイクル疲労領域の存在が明らかとなり，新たな疲労強度評価法の確立が望まれている．この場合，疲労き裂は材料内部から発生し，その機構は十分に解明されていない．

2.6.6 焼割れ

回転機械の液体密封として使われるメカニカルシールでは，耐摩耗性，長寿命を目的としてセラミックスや超硬合金がしゅう動部材として使われる．過酷な条件ではそのしゅう動部材が割れることやしゅう動面に微細なき裂が発生し密封性が保てなくなることがある．

図2.10は液体密封用のアルミナしゅう動リングに発生したき裂の例で，グラファイトと接触するしゅう動面よりも内側からき裂が発生している[47]．小宮らが行った熱応力解析の結果を図2.11に示す．高温となるしゅう動面は圧縮応力であるが液体と接触する内面，特にしゅう動面に近い下端では強い引張応力となり，き裂発生が十分予想される．引張応力の集中する角の面取りの効果，熱衝撃抵抗に優れた材料の選定が指摘されている．

図2.12はしゅう動材料として超硬合金とアルミナを組み合わせたとき

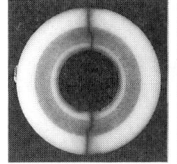

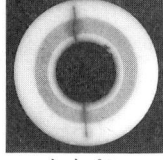

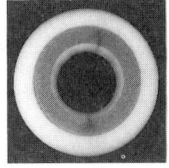

図2.10 アルミナしゅう動リングに発生したき裂の例
〔出典：文献47〕

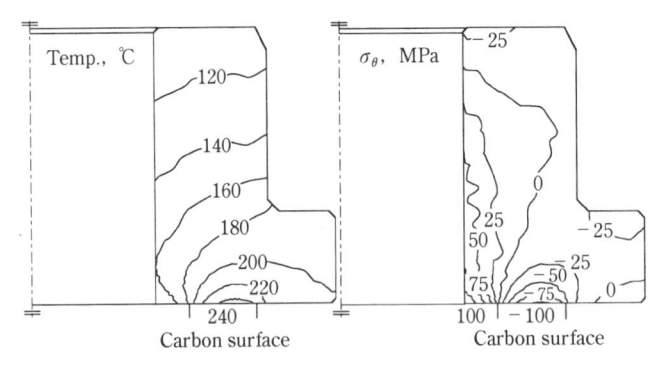

図 2.11 アルミナしゅう動リングの熱応力解析〔出典：文献 47）〕

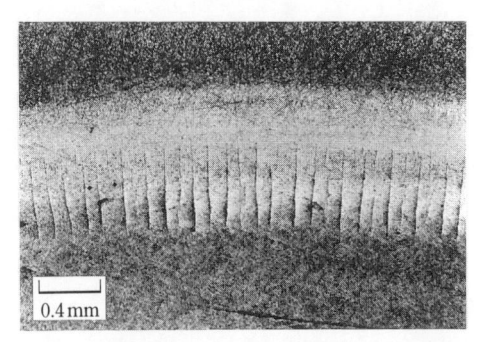

図 2.12 超硬合金しゅう動面に発生した微細き裂〔出典：文献 48）〕

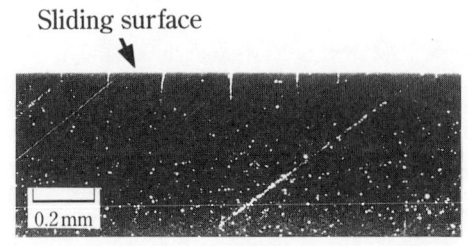

図 2.13 しゅう動方向断面の写真〔出典：文献 48）〕

の超硬合金しゅう動面に発生する微細き裂の例である[48]．微細き裂はしゅう動方向と直交方向に等間隔で発生し，図2.13に示すようにそのき裂は深さ方向にしゅう動面とは垂直となっている．この場合も摩擦条件が厳しいとき微細き裂が発生するが，しゅう動部材形状には依存しない．松田らが指摘するように[49]，この場合は高い接線力を伴った接触荷重の機械的作用が主要因となっている．硬質材料同士の摩擦では，真に接触する所（真実接触点）は見掛けの接触面積と比べ非常に小さく，高い応力が作用する[50]．この高い応力が繰り返ししゅう動面に作用すると，ある程度の延性を示す超硬材料表面にはしゅう動方向に強い引張応力が残留する．図2.14はそれを

図 2.14 引っかき摩擦後の銅板（引っかき方向にそりが発生する）

説明する実験で，平坦な銅板（$t=0.3$）表面をドライバ先端で繰り返し引っかいた後の様子である．銅板は引っかき方向には反りが発生し，直行方向は平らなままである（銅板の厚みはこの実験で重要．引っかき痕が裏面に達するほど薄くても，反りが出ないほど厚くてもいけない）．このように強い応力での摩擦表層には摩擦方向に引張応力が残されるが，これにだけによって材料表面にき裂が発生することは少ない．摩擦発熱による熱応力もき裂発生に関与していると考えられている[51]．超硬合金の微細き裂への対策は，靱性の高い材料を選ぶ他は押付け面圧の低減など摩擦条件の緩和しかないのが現状である．

ここで，生産現場でよく知られている焼割れと研削割れとの相違点を明確にする．焼割れ（やきわれ：quenching crack）は，炭素鋼などの焼入れの際に形状急変部に割れが発生する現象で，これは炭素鋼のオーステナイト→マルテンサイト変化（Ar''変態）の時の体積変化を起因とする応力割れであり，ここでのしゅう動き裂との関連は少ない．研削

割れ（grinding crack）は焼入鋼など硬質材料の研削加工において研削直後，あるいは一定期間後にき裂が発生する（時効割れ）現象で，研削条件，加工材料成分とも複雑に関連した重大欠陥である．研削方向と直交するき裂の発現が多く，しゅう動き裂との類似性は大きい．しかし，この場合も残留オーステナイトからマルテンサイトへの変化，表層の焼戻しなど相変態が起因となっていることが多い．

2.6.7 電　食

転がり軸受の電食とは，回転中の軸受の内部を通って電流が流れるとき，軌道輪と転動体との接触部分において薄い潤滑油膜を通してスパークやアークが生じ，これらの表面が局所的に溶融する現象である[52]．電食痕の形状からは，軌道面や転動面に噴火口状のピットが見られるものや，洗濯板上の規則正しい縞模様（リッジマーク）が見られるものがある（図 2.15）．

電食が発生すると，電食により転動面があれるだけでなく，潤滑油に不純物として鉄分が入り，これが転動面と転動体の摩耗を促進し，また発熱によりグリースが劣化する．そして次第にグリースが黒化し，ついには保持器が外輪に接触し，最後に保持器が破損し，軸受破損に至る．

回転中の軸受の通電試験では内外輪間に直流 1 V 以上の電圧を印加すると電流が流れ，0.8 V 以下の電圧では電流は流れない．また電流値を転動面と転動体の接触面積で割って求めた電流密度と電食の発生について 表 2.2 に示す．

電食の防止には軸受内外輪間の電圧を十分低くなるようにすること，または電気絶縁により電流経路を絶つことでなされる．電気絶縁軸受としては外輪にアルミナまたは PPS

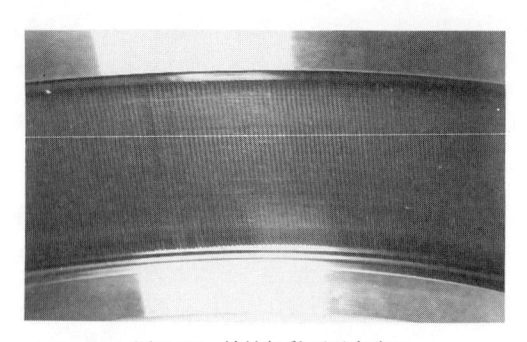

図 2.15　外輪転動面電食痕

表 2.2　転がり軸受に対する軸電流限界値〔出典：文献 53)〕

電流密度 (実効値), A/mm^2	影響
< 1	無害
> 1.4	約 500 時間後から損傷が起こりうる
> 2	5 時間後には軸受の損傷が現れる

(ポリフェニレンサルファイド) 等の絶縁皮膜を設けたものや転動体にセラミックスを使用したものがある.

2.6.8 腐　食

腐食は金属が環境中の気体や液体と化学反応または電気化学的反応により侵食されることであり,酸化に代表される乾食と湿食 (狭義の腐食) がある[54].

酸化は酸素と金属の反応であり,反応が進行するのは材料表面の自由エネルギーが低い状態に移行するためであり,高温における金属材料に著しい.それは酸化速度定数 D がアレニウスの式, $D = D_0 \exp(-Q/RT)$, に従うからである.ここで D_0 はアレニウス定数, Q は活性化エネルギー, R はガス定数, T は絶対温度である.酸化速度には形成された酸化物の構造に依存して,(1) 直線則 ($h = Dt$),(2) 放物線則 ($h = Dt^{1/2}$),(3) 対数則 ($h = D\log t$) がある.ここで h は酸化膜厚さ, t は時間である.

溶液中の腐食は金属と溶液の電気化学的反応で,金属イオンとしての溶出と,それと溶液中のアニオン (陰イオン) との反応である.形態的には (1) 全面腐食,(2) ガルバニック腐食,(3) すきま腐食,(4) 粒界腐食,(5) 孔食がある.金属表面がエネルギー的に安定かどうかで腐食が起こるか否かを決める平衡論と,表面がどのように分極するかで決まる速度論から考察される.また腐食速度は温度,pH,濃度などに依存する.

腐食には,表面が力学的作用を受けない静的な腐食状態と力やひずみ

を受ける動的な状態があり，後者の反応速度は数オーダ大きい．それは応力によって表面が活性化する（新生面が露出する）ためである．例えばSUS304ステンレス鋼は，緻密なCr酸化物の作用により静的な状態では耐食性を示すが，摩擦を受けるともはや耐食性材料の性質を示さない．

トライボロジーに関わる腐食現象として，酸化摩耗，フレッチング摩耗，キャビテーションエロジョンなどがあるが，これらは動的腐食現象として捉えることができ，このような現象をトライボ化学[55]と呼ぶ．また静的な腐食では酸化物等の生成は金属の損失と考えられるが，トライボロジーではこれら反応生成物がその後のトライボロジー現象に境界潤滑膜などのように有効に作用する場合もある．

参考文献

1) 小野寺勝重：第29回日科技連保全性シンポジウム論文集（1999）Session 12-1.
2) 塩見　弘：信頼性・保全性の考え方と進め方，技術評論社（1990）87.
3) 田中久一郎：摩擦のおはなし，日本規格協会（1985）3.
4) （社）日本トライボロジー学会編：トライボロジー辞典，養賢堂（1995）253.
5) バウデン・テーバー：固体の摩擦と潤滑，丸善（1961）82-88.
6) （社）日本トライボロジー学会編：トライボロジーハンドブック，養賢堂（2001）20.
7) 笹田　直・尾池　守・江森信彦：遊離粒子をはさんだすべり摩擦における摩耗過程，潤滑 **27**，12（1982）922-929.
8) 関口　勇・野呂瀬進・似内昭夫：トライボマテリアル活用ノート，工業調査会（1994）16-17.
9) 8) の p.8-9.
10) I. M. Hutchings : Tribology—Friction and Wear of Engineering Materials, Arnold（1992）86-92.
11) 10) の p.82-85.
12) 日本トライボロジー学会編：トライボロジーハンドブック，養賢堂（2001）25-52.

13) 山本雄二・兼田楨宏：トライボロジー，理工学社（1998）63-185.
14) 日本トライボロジー学会編：トライボロジー故障例とその対策，養賢堂（2003）15-114.
15) M. J. Neale : The Tribology Handbook, Second Edition, Butterworth-Heinemann, Oxford（1995）A9.2.
16) S. C. Lim & M. F. Ashby : Wear-mechanism maps, Acta Metall., 35（1987）1-24.
17) W. Hirst & A. E. Hollander : Surface finish and damage in sliding, Proc. Roy. Soc. Lond., A337（1974）379-394.
18) 日本機械学会編：機械工学便覧，A4 材料力学（1988）116.
19) 横堀武夫：金属材料の強度と破壊，日本金属学会強度委員会編，丸善（1972）266.
20) P. J. E. Forsyth & G. A. Stubbington : J. Inst. Metals, 83（1954-1995）173.
21) W. A. Wood : The Study of Metal Structures and their Mechanical Properties, Pergamon Press（1971）148.
22) 金属材料，疲労強度の設計資料（Ⅰ）改訂2版（1983）.
23) 室　博：転がり軸受はく離寿命，潤滑，32, 5（1987）309.
24) （社）潤滑油協会編：潤滑管理効率化促進調査報告書（1995）9-21.
25) 岡本純三・角田和雄：転がり軸受，幸書房（1981）145-148.
26) K. Furumura, Y. Murakami & T. Abe : The Development of Bearing Steels for Long Life Rolling Bearings Under Clean Lubrication and Contaminated Lubrication, ASTM STP 1195（1993）199-210.
27) 奈良井弘・阿部　力・古村恭三郎：軸受用鋼中の酸化物系介在物の新しい定量的評価法とその応用，CAMP-ISIJ　Vol.4（1991）1178-1181.
28) 村上保夫：ごみ入り潤滑下での長寿命・TF化技術，機械設計 39, 13（1995）33-37.
29) 武村浩道・村上保夫：エンジン補機用軸受に対する寿命計算式の検討，日本機械学会論文集（C編），**63**, 615（1997）pp.295-300.
30) Y. Murakami, N. Mitamura & A. Maeda : Study on Improvement of Material Properties under Debris Contaminated Lubrication, ITC Yokohama（1995）pp.1393-1398.
31) 日本機械学会：技術資料・歯車強さ設計資料，日本機械学会（1979）163.
32) 久保愛三・梅沢清彦：誤差を持つ円筒歯車の荷重伝達特性に関する研究，日本機械学会論文集，**43**, 371（1977）2771-2783.

33) 滝　晨彦：歯車（20世紀から21世紀に引き継がれるトライボロジー技術），トライボロジスト，**45**，12（2000）906-911．
34) 日本トライボロジー学会：トライボロジーハンドブック，養賢堂（2000）209．
35) 滝　晨彦：浸炭歯車の歯面摩耗に関する研究，潤滑，**25**，9（1980）632-636．
36) S. Way : Pittingduetorolhngcontact, Trans. ASME, 57（1935）A49.
37) 日本機械学会研究協力部会 RC 184 研究報告書別冊：歯車損傷図鑑（2002）35．
38) 34) の p.217．
39) 日本トライボロジー学会編：トライボロジーハンドブック，養賢堂（2001）270-316．
40) 中原綱光：軸受およびシールのキャビテーション（1），機械の研究，**38**，5（1986）595-598．
41) 中原綱光：軸受およびシールのキャビテーション（2），機械の研究，**38**，6（1986）698-702．
42) R. T. Knapp, J. W. Daily & F. G. Hammitt : Cavitation, McGraw-Hill（1971）321-361.
43) 加藤洋治：キャビテーション（増補版），槙書店（1990）184，163-175．
44) 竹中利夫・浦田暎三：油力学，養賢堂（1968）206-216．
45) R. W. Wilson : Cavitaion damage in plain bearing, Cavitaion and Related Phenomena in Lubrication（Proc. 1st Leeds-Lyon Symp. on Triblogy）, I Mech E（1975）177-184.
46) 山口幹夫・細谷　孝：すべり軸受のキャビテーションエロージョンの研究，日本機械学会論文集（C編），**50**，456（1984）1426-1433．
47) 小宮　誠，他2名：日本機械学会論文集（C），**58**，551（1992）2171．
48) 松井信悟，他3名：日本機械学会論文集（C），**61**，589（1995）3672．
49) 松田健次，他4名：日本機械学会論文集（C），**65**，631（1999）1193．
50) H. Usami, et al. : Proceedings of 6th International Congress on Tribology.
51) 松田健次，他3名：粉末および粉末冶金，**48**，4（2001）322．
52) 日本トライボロジー学会編：トライボロジーハンドブック，養賢堂（2000）795．
53) H. Pittroff : Elektrische Bahnen, **39**, 3, 1（1968）54.
54) H. H. ユーリック・R. W. レヴィー著，岡本　剛監修：腐食反応とその制御（第3版），産業図書（1989）．
55) 森　誠之・七尾英孝：境界膜のトライボケミストリー，トライボロジスト，**46**，5（2001）386-390．

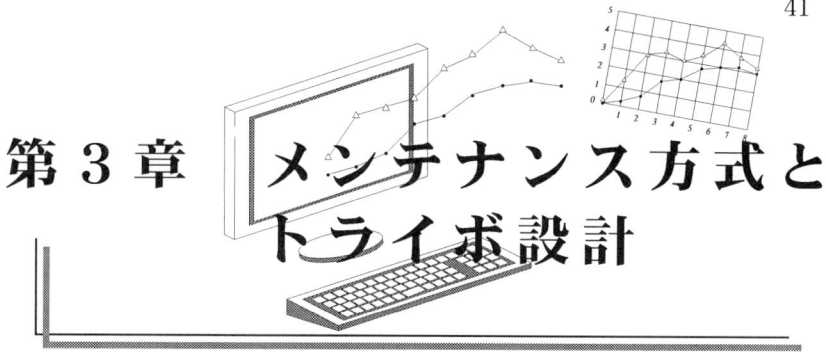

第3章 メンテナンス方式とトライボ設計

3.1 メンテナンス方式

　機械設備の状態をいつも稼働可能な状態に保つ一連の作業をメンテナンスという．JISでは信頼性用語のなかで保全として"アイテムを使用および運用可能な状態に維持し，あるいは故障欠陥などを回復するための全ての処置および活動"と規定されている．ここでアイテムとあるが，信頼性用語では対象とする全てのものをアイテムと呼称している．狭い意味のメンテナンスの目的は，機械設備の状態を稼動状態に保つことではあるが，実際にはもっと広く大きな目的をもっているのがメンテナンスである．つまり，メンテナンスの最終目標はその機械設備の生涯費用LCC（Life Cycle Cost）を最小にするLCCミニマム（LCCM）であるといえる．そのためには，機械設備の企画・設計の段階からLCCMを追求することが求められる．なお機械設備のLCCを最小にする設計，つまりLCCMを目指す設計をMP（Maintenance Prevention：保全予防）設計と呼んでいる．また，トライボロジー的な考察から，必要とされる機能を機械設備に付与する設計をトライボロジー設計（トライボ設計と省略）と呼ぶことにする．メンテナンス方式には図3.1に示すように色々な方式がある．このうちJISでは事後保全と予防保全の二つを規定している．それぞれについて，簡単に説明する．

第3章 メンテナンス方式とトライボ設計

```
保全              ┌─ 保全予防 Maintenance Prevention
Maintenance ─────┤
                 ├─ 予防保全          ┌─ 時間計画保全 Scheduled Maintenance ─┬─ 定期保全 Periodic Maintenance
                 │   Preventive      │  (Time Based Maintenance)           └─ 経時保全 Age-based Maintenance
                 │   Maintenance ────┤
                 │                   └─ 状態監視保全 Codition Based Maintenance
                 │
                 ├─ 事後保全          ┌─ 緊急保全 Emergency Maintenance
                 │   Break Down  ────┤
                 │   Maintenance     └─ 通常事後保全 Break Down Maintenance
                 │  (JISではCorrectiv Maintenance)
                 │
                 └─ 改良保全 Correctiv Maintenance
```

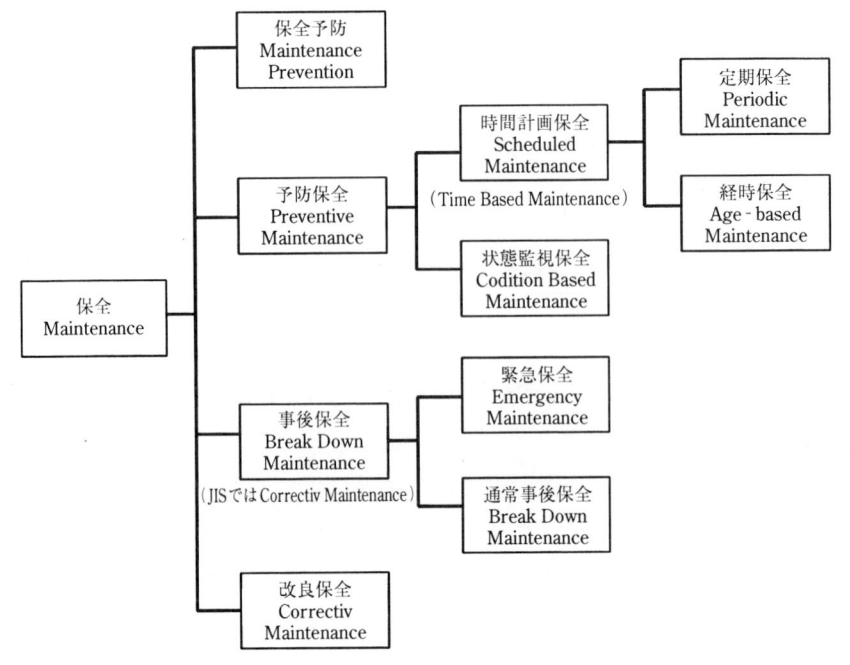

図3.1　メンテナンス（保全）方式

3.1.1 予防保全

予防保全（Preventive Maintenance）は，決まった手段により計画的に点検，検査，試験，調整等を行い，機械設備の使用中における故障を未然に防止する保全方式である．故障を未然に防ぐために故障の兆候を発見するための試験検査の実施や，欠陥をもつ部品や定期的な交換部品の交換なども含まれる．

予防保全には時間計画保全（Scheduled Maintenance）と状態監視保全（Monitored Maintenance）の2通りの方式がある．

（1）時間計画保全

時間計画保全は予定の保全スケジュールに基づいて行われる予防保全の総称で，時間基準保全 TBM（Time-based Maintenance）とも言われる．運転経過時間あるいは運転総回転数などの時間的な基準により，メン

テナンスを計画的に実行する方式である．時間計画保全の主なものには以下のようなものがある．

（1）日常保全（Daily Inspection）：始業点検など設備の正常運転を確保するために行われる点検作業などを言う．

（2）定期保全（Periodic Maintenance）：設定された計画に従って行われる保全で，定期交換式保全 "Hard time Maintenance" もここに含まれる．

（3）経時保全（Age-based Maintenance）：機械設備の運転時間が予定の累積動作時間に達したときに行う保全を言う．

定期点検やオーバーホールなども TBM に属する．ただオーバーホールは IR（Inspection & Repair：定期的に分解・点検し，不良のものを取り替える方式）に分類する場合もある．これらはいずれも機械設備に故障が発生する前にメンテナンスを行うので，予防保全の一つでもある．

（2）状態監視保全

状態監視保全は "Condition-based Maintenance" とも言われ，CBM と略称される．状態監視というのは，機械設備の使用および使用中の動作状態の確認，劣化傾向の検出，故障や欠陥の評定，故障にいたる経過の記録，および追跡などの目的で，ある時点における動作値およびその傾向を監視することを言う．監視は連続的，間接的あるいは定期的に点検，試験，計測，警報などの手段または，装置によって行われる．状態監視の方法については第5章を参照されたい．

CBM はこのようにオンラインコンディションモニタリングなどにより，経常的に機械設備の状態を診断し，劣化状態の測定データとその解析による傾向管理を行うことにより機械設備の寿命を予知し，機械設備が故障する前にメンテナンスを行うものである．データの精度の問題もあるが，メンテナンスコストや故障損失を最小に抑えることが期待できる方式である．

CBM はさらに CBM 1, 2, 3 の3段階のクラスに分類される[1]．CBM

1は簡易診断機器により，人が定期的に巡回診断したデータに基づき保全アクションを決定する方式，CBM 2は，CBM 1の活動＋定期的精密診断により保全アクションを決定する方式で，CBM 3は自動診断機能を持つモニタシステムにより設備状態を常時監視して保全アクションを決定する方式である．

3.1.2 事後保全

事後保全は故障が起こった後で機械設備を運用可能な状態に回復させる保全方式である．JIS 8115では対応英語として"Corrective Maintenance（CM）"をあてているが，CMはこの後述べる"改良保全"にも用いられる．ここではJIS 8143にある"Breakdown Maintenance（BM）"を使うことをお勧めする．事後保全には次の二つの方式がある．

（1）通常事後保全（Breakdown Maintenance）
（2）緊急事後保全（Emergency Maintenance）

通常予防保全を行はないことが決められた機械設備の保全を"通常事後保全"といい，本来予防保全を行う規定の機械設備にトラブルが生じてしまったときに，行う保全を"緊急事後保全"として分けて考えている．

3.1.3 改良保全

上記の予防保全や事後保全は，機械設備が作動することによって低下した状態や機能レベルを，保全することによって最初に機械設備が持っていた状態や機能レベルに近い状態に修復することを目的で行われる．どちらかというと受身の保全である．もう少し積極的に保全を考えて，故障が起きたらその原因を分析して，機械設備の信頼性や保全性を上げるために，例えば日常点検や検査，修理などがしやすいように，機械設備に改良を加える保全を改良保全（Corrective Maintenance）という．

3.1.4 保全予防

これまで述べてきた各保全方式は機械設備ができ上がって，据付けが

完了し，運転が開始された時点から対処するメンテナンス方式であった．しかし機械設備は本来もって生まれた，固有の保全性や信頼性があり，稼働が開始された状態を超えることはできない．メンテナンスを考えた場合機械設備の保全性や信頼性が高いレベルにあることが求められるが，機械設備に高いレベルの固有の保全性や固有の信頼性を付与することが，機械設備のLCCを最小限にするためには最も重要なことである．このような考えから，機械設備の企画・設計の段階で機械設備に高いレベルの固有保全性や固有信頼性を付与するMP設計によって保全性，信頼性を上げる保全方式を保全予防（Maintenance Prevention：MP）という．

3.1.5 保全方式の選定

このようにメンテナンス方式には色々なものがある．歴史的には1950年にGMが予防保全をスタートさせるまでは，事後保全の時代であった．1950年以降，予防保全の時代に入り，当初はTBMが主流であったが，1970年以降CBMが台頭し，現在はCBMが主流となっている．

機械設備のメンテナンスをどのように行うかは，メンテナンスを実施するに当たってまず直面する課題であろう．以下にメンテナンス方式選定の考え方の2，3の例を示す．

（1）LCCMの考え方に基づく選定

メンテナンス方式選定の最も基本的な考え方はLCCMを基準とする考え方である．図3.2 [2)] にメンテナンス方式を時系列的に並べた経済性モデルを示す．メンテナンスにより信頼性や保全性などを向上させることによりそのコストは増加する一方，信頼性，保全性などの向上は保全費や劣化損失などを低下させ，それらにかかるコストの低減になる．システムとしてのトータルコストはそれらの和で求められるので，両者の曲線から，システムとしてのLCCMを与える信頼性，保全性などのレベルを決めることができる．

	設備計画・据付けのとき	設備使用中に	故障が起きたら原因を分析して
信頼性 (Reliability) の向上	故障の少ない 運転ミスのない ｝設備の 劣化の防ぎよい 選択 テスト・受入検査の励行	運転・操作ミス排除 劣化を防ぐ ┬潤滑 　　　　　├清掃 日常保全 ├調整 　　　　　└取替	設備の劣化を少なくし,寿命をのばすように設備自体の体質改善
保全性 (Maintenability) の向上	らくに よく ｝保全修理できる はやく 設備の選択 やすく	予防保全検査 計画工事 修理保全の作業方法 機器・材料の選択	日常保全・検査・修理がしやすいように設備自体の体質改善
経済性 (Economy) の向上	(費用 vs 信頼度: 合計曲線, 保全費+設備製作費, 劣化損失)	(費用 vs 保全の程度: 合計, 保全費, 劣化損失)	(費用 vs 改良の程度: 合計, 保全費+改良費, 劣化損失)
	MP (Maintenance Prevention) 保全予防	PM (Preventive Maintenance) 予防保全	CM (Corrective Maintenance) 改良保全

生産保全
(Productive Maintenance)

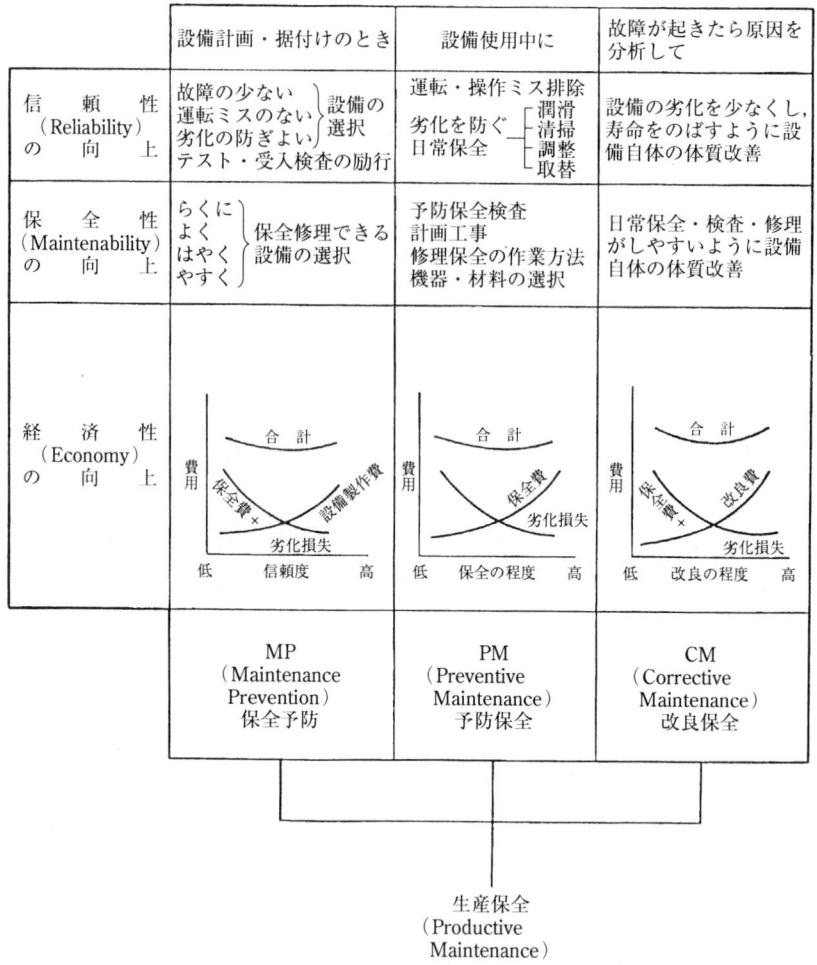

図 3.2 メンテナンスにおける信頼性・保全性・経済性〔出典：文献 2)〕

(2) 劣化・故障パターンとメンテナンス方式の選定

　機械設備の機能レベルは運転時間の経過とともに低下する．この経時変化曲線は機械設備によってそれぞれ特異なパターンを示す場合が多い．これらの特異な劣化パターンからメンテナンス方式を選定しようという考えがある．図 3.3 [3)] に高田が提唱するメンテナンス方式選定法を示す．

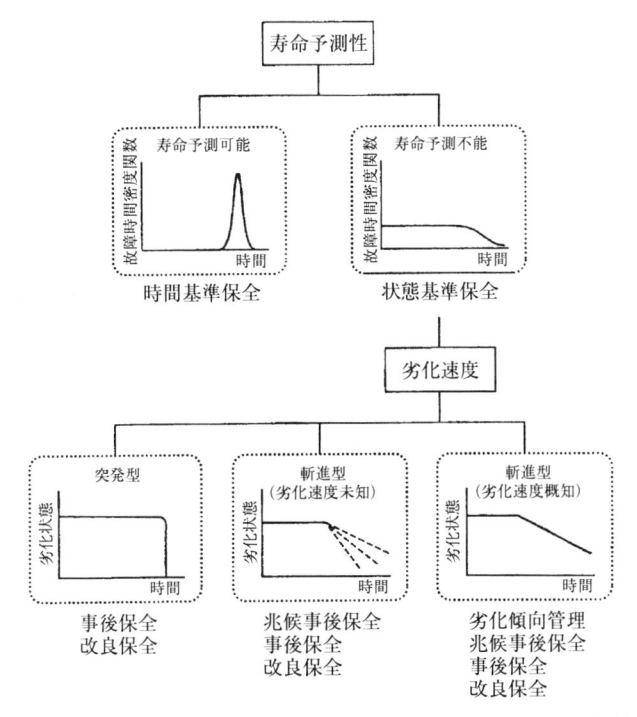

図 3.3 劣化・故障パターンとメンテナンス方式の選定〔出典:文献 3)〕

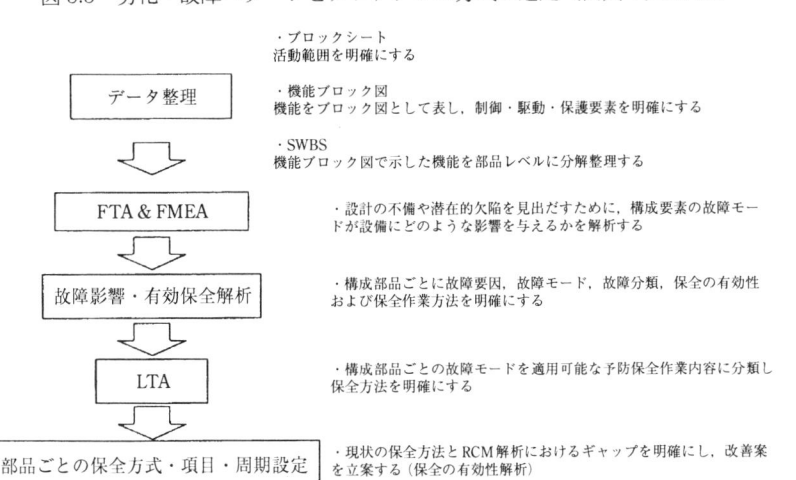

データ整理
・ブロックシート
活動範囲を明確にする
・機能ブロック図
機能をブロック図として表し,制御・駆動・保護要素を明確にする
・SWBS
機能ブロック図で示した機能を部品レベルに分解整理する

FTA & FMEA
・設計の不備や潜在的欠陥を見出だすために,構成要素の故障モードが設備にどのような影響を与えるかを解析する

故障影響・有効保全解析
・構成部品ごとに故障要因,故障モード,故障分類,保全の有効性および保全作業方法を明確にする

LTA
・構成部品ごとの故障モードを適用可能な予防保全作業内容に分類し保全方法を明確にする

部品ごとの保全方式・項目・周期設定
・現状の保全方法と RCM 解析におけるギャップを明確にし,改善案を立案する(保全の有効性解析)

訳者注　SWBS:System Work Breakdown Structure,システム構成要素図

図 3.4　RCM 解析手順〔出典:文献 4)〕

(3) RCMによるメンテナンス方式の選定

RCM は Reliability Centered Maintenance の略称で,信頼性メンテナンスといってもよいが,一般にはそのまま RCM が用いられる.これはメンテナンス方式の選定法というより,メンテナンスシステムそのものといってよい.RCM は 1970 年代の初期に航空機のメンテナンスシステムとして登場したが,現在では火力発電所や化学工場,自動車工場など幅広く採用されるようになってきた.RCM の解析手順を図 3.4 [4)]に示す.基本的には故障の影響度解析とその結果を用いたメンテナンス方式決定ロジック解析 LTA(Logic Tree Analysis;論理木解析)が主たる過程で,ロジック解析の結果から,最適なメンテナンス方式を決定するシステムである.

3.2 信頼性設計 [5〜11)]

3.2.1 システム信頼性理論の基礎

一般に,設計の目的は製品仕様書に規定されている要求事項を満たす設計を行うことであり,その要求事項の一つに信頼性がある.その信頼性要求を満足させるための設計手法が信頼性設計である.

信頼性設計は,システム,サブシステム,部品などの信頼度目標を決定する.この際,システム,サブシステム,部品の故障の定義を明確にし,適切な評価尺度を決めておく必要がある.一般に信頼度目標の尺度には以下が用いられる.

(1) 信頼度
(2) 故障間平均時間
(3) 平均修復時間
(4) アベイラビリティ

システム,サブシステム,部品の信頼度を向上させるために,あるいは設計目標をあらたに設定するためには,システムや装置の信頼度を

どの程度まで上げるか，また，どの部分にどれくらいの信頼度を割り振ればよいかという問題が生じる．以下では，信頼度を割り振る際の基礎となる信頼性理論の基礎，信頼度計算の方法について述べる．

（1）信頼度関数と故障率

信頼度の尺度として最も基本的なものは信頼度関数 $R(t)$ である．これは信頼度を時間の関数として表したものであり，時刻 $t=0$ におけるアイテムの総数を N_o 個とした場合，時刻 t においてどれくらい健全に動作しつづけているかという割合を示している．すなわち，時刻 t において健全に動作しているアイテムの個数を $N_s(t)$ 個とすれば，信頼度関数 $R(t)$ は次のように定義できる．

$$R(t) = \frac{N_s(t)}{N_o} \tag{3.1}$$

これに対して，不信頼度関数 $Q(t)$ は，時刻 t までに全体の何％が故障しているかを示す累積値である．すなわち，時刻 t までの故障の総数を $N_f(t)$ 個とすると，不信頼度関数 $Q(t)$ は，式（3.2）で表される．

$$Q(t) = \frac{N_f(t)}{N_o} \tag{3.2}$$

ここで，

$$N_s(t) + N_f(t) = N_o \tag{3.3}$$

となるので，明らかに次式が成立する．

$$\frac{N_s(t)}{N_o} + \frac{N_f(t)}{N_o} = R(t) + Q(t) = 1 \tag{3.4}$$

また，時間あたりどれくらいの割合で故障するかを示す故障密度関数 $f(t)$ は，次式のように，$Q(t)$ を時間で微分して求めることができる．

$$f(t) = \frac{dQ(t)}{dt} \tag{3.5}$$

したがって，故障密度関数 $f(t)$ を用いて不信頼度関数 $Q(t)$ を表すと，

$$Q(t) = \int_0^t f(t)\,\mathrm{d}t \tag{3.6}$$

となる．また，式(3.4)の関係より，次式が得られる．

$$R(t) = 1 - \int_0^t f(t)\,\mathrm{d}t = \int_t^\infty f(t)\,\mathrm{d}t \tag{3.7}$$

アイテムがある時間正常に動作したのちに単位時間内で故障する確率を $\lambda(t)$ とすれば，$\lambda(t)$ は次式のように表される．

$$\lambda(t) = \frac{f(t)}{R(t)} = -\frac{1}{R(t)}\frac{\mathrm{d}R(t)}{\mathrm{d}t} \tag{3.8}$$

式(3.8)の $\lambda(t)$ を故障率と呼び，アイテムの重要な信頼性の尺度である．式(3.8)から信頼度関数 $R(t)$ は次式のように求められる．

$$R(t) = \exp\left\{-\int_0^t \lambda(t)\,\mathrm{d}t\right\} \tag{3.9}$$

(2) 平均故障時間(MTTF)

アイテムの寿命特性を示す尺度として，平均故障時間 MTTF (Mean Time To Failure) がある．アイテムが故障しても修理しない場合，非修復系と呼ばれる．非修復系では，故障すればそのアイテムはそれ以上使用することができないので，故障までの時間が寿命である．すなわち，平均故障時間とは，アイテムが故障するまでの時間，言い換えれば寿命の平均値であり，式(3.10)で与えられる．

$$MTTF = \int_0^\infty t f(t)\,\mathrm{d}t = \int_0^\infty R(t)\,\mathrm{d}t \tag{3.10}$$

また，運用開始後，保全によって故障の修復が可能な系に対しては，平均故障間時間 MTBF (Mean Time Between Failures) がある．MTBFについては「3.3 保全性設計」で述べる．

(3) 故障のモデル

一般に，部品や装置は，はじめ故障しやすく，そのうち故障しなくなり安定状態が続く．そして，かなり時間がたった後，順次故障率が増

加することがよく知られている．すなわち，これは時間的に三つの部分に区別される．故障率が減少する期間を，初期故障期間，故障率が一定の期間を偶発故障期間，故障率が増大する期間を摩耗故障期間と称し，図3.5に示すように故障率 $\lambda(t)$ が変化し，バスタブ（bath-tub）曲線を形成する．

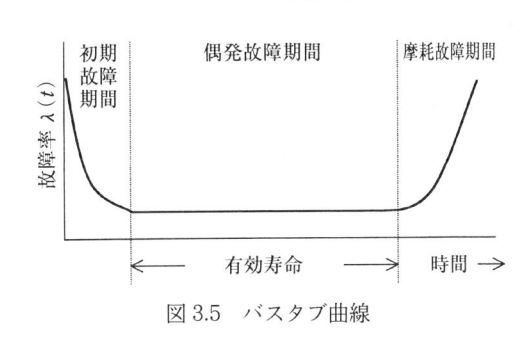

図3.5 バスタブ曲線

図3.5の偶発故障期間は，安定期であり，故障は偶発（ランダム）に発生する．すなわち，偶発故障の特徴は，故障率の値が最も小さく，しかも時間に関して一定値をとることである．したがって，故障率 $\lambda(t) = \lambda$ とおくと，式(3.9)より信頼度関数 $R(t)$ は次式に示すように指数型となる．

$$R(t) = e^{-\lambda t} \tag{3.11}$$

したがって，MTTFは，式(3.10)より式(3.12)となる．すなわち，$\lambda(t)$ が一定の場合，MTTFは故障率の逆数で与えられることがわかる．

$$MTTF = m = \frac{1}{\lambda} \tag{3.12}$$

3.2.2 システムの構造と信頼度 [5〜11)]

(1) 直列系の信頼度

図3.6に示す n 個（$n = 1, 2, 3, \cdots$）のアイテムから構成された直列系について考える．この系はすべての構成アイテムが動作したときのみに機能する．各構成アイテムの信頼度を $R_i(t)$ とすると，この直列系の信頼度 $R(t)$ は式(3.13)となる．

図3.6 直列系

$$R(t) = \prod_{i=1}^{n} R_i(t) \tag{3.13}$$

注 $\prod_{i=1}^{n} A_i = A_1 \cdot A_2 \cdot A_3 \cdots A_n$

構成アイテムの全てが偶発故障によって故障を起こすとすれば，故障率は定数 λ_i となり，i 番目の構成アイテムの信頼度 $R_i(t)$ は式 (3.14) に示すように指数分布で表すことができる．したがって，直列系の信頼度 $R(t)$ は式 (3.15) で表される．

$$R_i(t) = \exp(-\lambda_i) \tag{3.14}$$

$$R(t) = \prod_{i=1}^{n} \exp(-\lambda_i t) = \exp\left(-\sum_{i=1}^{n} \lambda_i t\right) \tag{3.15}$$

さらに，系全体の故障率を λ_{SR} とすると $R(t)$ は式 (3.16) となる．したがって，λ_{SR} は式 (3.17) となり，システムの故障率は，各構成アイテムの故障率の和として表すことができる．

$$R(t) = \exp(-\lambda_{SR} t) \tag{3.16}$$

$$\lambda_{SR} = \sum_{i=1}^{n} \lambda_i \tag{3.17}$$

また，直列系の信頼度 $R(t)$ は，$R_1 \sim R_n$ の中の最小値より高くなり得ない．すなわち式 (3.18) で表される．

$$R(t) \leq \min\{R_1, R_2, \cdots, R_n\} \tag{3.18}$$

したがって，信頼度の低い構成アイテムを1個でも含むと，他のアイテムの信頼度が高くてもシステムの信頼度は高くなり得ない．

直列系の MTTF は，式 (3.10) および (3.16) より，次式で与えられる．

$$MTTF = \int_0^\infty \exp(-\lambda_{SR} t)\, dt = \frac{1}{\lambda_{SR}} = \frac{1}{\sum_{i=1}^{n} \lambda_i} \tag{3.19}$$

さらに，各アイテムの故障率が同一，すなわち，$\lambda_i = \lambda$ $(i=1,2,\cdots n)$ ならば，信頼度 $R(t)$ は式 (3.20) となり，MTTF は式 (3.21) となる．

$$R(t) = \exp(-n\lambda) \tag{3.20}$$

$$MTTF = \frac{1}{n\lambda} \tag{3.21}$$

(2) 並列系の信頼度

図3.7に示す n 個 ($n=1,2,3\cdots$) のアイテムから構成された並列系について考える．この系は全てのアイテムが機能を喪失したときに系が機能を喪失する．各構成アイテムの不信頼度を $Q_i(t)$ とすると，この並列系の不信頼度 $Q(t)$ は式(3.22)のように $Q_i(t)$ の積で与えられる．

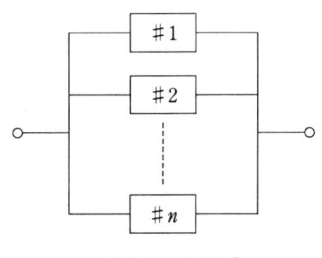

図3.7 並列系

$$Q(t) = \prod_{i=1}^{n} Q_i(t) \tag{3.22}$$

したがって，この系の信頼度 $R(t)$ は式(3.23)で与えられる．

$$R(t) = 1 - Q(t) = 1 - \prod_{i=1}^{n} Q_i(t) = 1 - \prod_{i=1}^{n}(1 - R_i(t)) \tag{3.23}$$

全てのアイテムが一定の故障率 λ_i をもつ指数分布の場合，式(3.14)が適用され，信頼度 $R(t)$ は式(3.24)となる．

$$R(t) = 1 - \prod_{i=1}^{n}[1 - \exp(-\lambda_i t)] \tag{3.24}$$

したがって，並列系のMTTFは，式(3.7)および式(3.24)より次式で与えられる．

$$\begin{aligned} MTTF &= \int_0^\infty \left\{ 1 - \prod_{i=1}^{n}[1 - \exp(-\lambda_i t)] \right\} dt \\ &= \sum_{i=1}^{n} \sum_{j1<\cdots<ji} (-1)^{i+1} (\lambda_{j1} + \cdots + \lambda_{ji})^{-1} \end{aligned} \tag{3.25}$$

並列系の各アイテムが同一の故障率 λ をもつ場合，式(3.25)よりMTTFは式(3.26)となる．

$$MTTF = \sum_{i=1}^{n} \frac{1}{i\lambda} \tag{3.26}$$

並列系を実際に用いる場合，2個のアイテムの場合が最も多い．2個のアイテムから構成される並列系の信頼度は，式(3.22)より，次式で与えられる．

$$R(t) = R_1(t) + R_2(t) - R_1(t) \cdot R_2(t) \tag{3.27}$$

各アイテムが一定の故障率 λ_1, λ_2 をもつとすれば，式(3.27)より信頼度は次式で与えられる．

$$R(t) = e^{-\lambda 1 t} + e^{-\lambda 2 t} - e^{-(\lambda 1 + \lambda 2)t} \tag{3.28}$$

特に，構成アイテムの故障率が等しく，$\lambda_1 = \lambda_2 = \lambda_0$ の場合には，信頼度は式(3.29)となる．

$$R(t) = 2e^{-\lambda 0 t} - e^{-2\lambda 0 t} \tag{3.29}$$

この場合，2アイテム並列系の故障率 $\lambda(t)$ は次式で与えられる．

$$\lambda(t) = -\frac{1}{R(t)} \frac{dR(t)}{dt} = \frac{\lambda_1 e^{-\lambda 1 t} + \lambda_2 e^{-\lambda 2 t} - (\lambda_1 + \lambda_2) e^{-(\lambda 1 + \lambda 2)t}}{e^{-\lambda 1 t} + e^{-\lambda 2 t} - e^{-(\lambda 1 + \lambda 2)t}}$$
$$\tag{3.30}$$

したがって，故障率は定数とならず時間の関数として変化する．

図3.8に単一アイテムと並列系の信頼度を示す．式(3.13)および式(3.23)において，$R_1 = R_2 = \cdots R_n = R$ として信頼度を計算したものである．この図より，直列系では，アイテムの信頼度の低下により，システムの信頼度は急速に低下することがわかる．また，アイテム数が同一であれば，直列系に比べて並列系の信頼度が高く，並列系と直列系では対照的な性質を示している．

次に，図3.9に示す $2n$ 個の構成アイテムから成る直列系，並列系を考える．ここで，#1, #2, … #n アイテムの信頼度を $R_1, R_2, \cdots R_n$ とし，不信頼度を $Q_1, Q_2, \cdots Q_n$ とすれば，図3.9(a)に示すシステム冗長系の信頼度 R_{SR} は式(3.31)で与えられる．

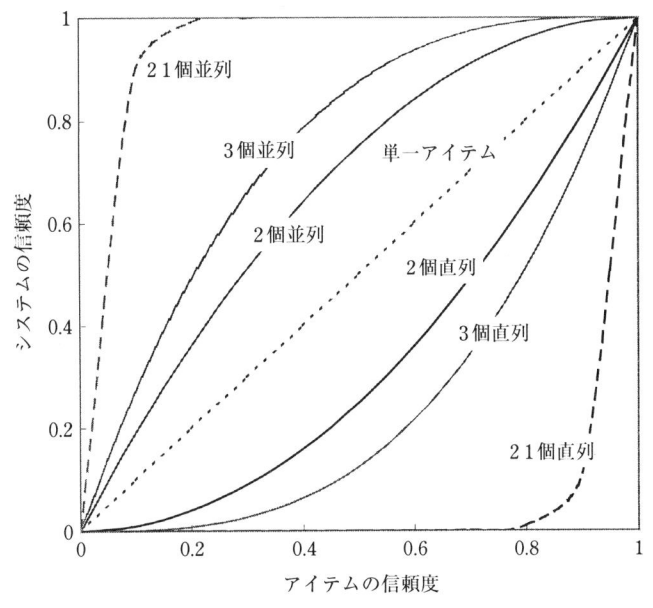

図 3.8 直列系，並列系の信頼度

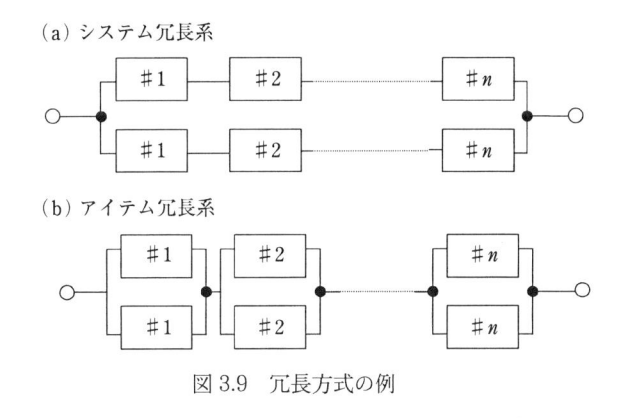

(a) システム冗長系

(b) アイテム冗長系

図 3.9 冗長方式の例

$$R_{SR} = 1 - \left[1 - \prod_{i=1}^{n} R_i\right]^2 = 2\prod_{i=1}^{n} R_i - \left[\prod_{i=1}^{n} R_i\right]^2 = \left[\prod_{i=1}^{n} R_i\right]\left[2 - \prod_{i=1}^{n} R_i\right]$$

$$= \left[\prod_{i=1}^{n}(1-Q_i)\right]\left[2 - \prod_{i=1}^{n}(1-Q_i)\right] \tag{3.31}$$

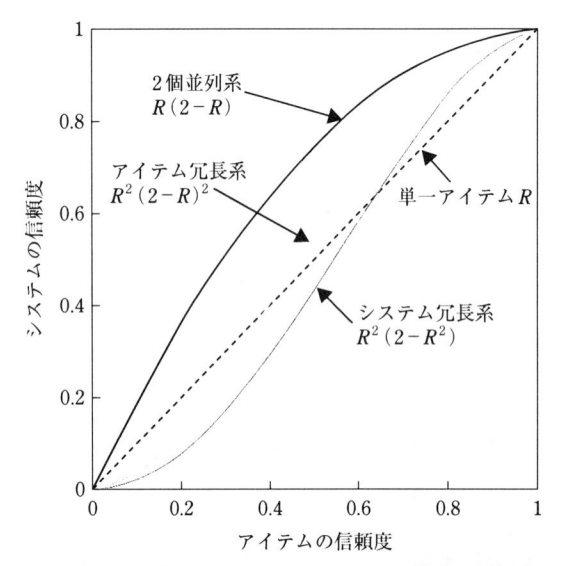

図 3.10 アイテムおよびシステム冗長系の信頼度

一方,図 3.9(b)に示すアイテム冗長系の信頼度 R_{CR} は式 (3.32) で与えられる.

$$R_{CR} = \prod_{i=1}^{n}(1-Q_i) = \prod_{i=1}^{n}(1-Q_i)(1+Q_i) = \left[\prod_{i=1}^{n}(1-Q_i)\right]\left[\prod_{i=1}^{n}(1+Q_i)\right] \quad (3.32)$$

いま簡単に,#1,#2 の 4 個のアイテムとし,各アイテムの信頼度は等しいものとする.システム冗長系の信頼度 R_{SR},アイテム冗長系の信頼度 R_{CR} はそれぞれ式 (3.33),式 (3.34) となる.

$$R_{SR} = 1-(1-R^2)^2 = R^2(2-R^2) \quad (3.33)$$

$$R_{CR} = [1-(1-R)^2]^2 = R^2(2-R)^2 \quad (3.34)$$

R_{CR} と R_{SR},この差をとれば,次式のようになり $R_{CR} > R_{SR}$ が成立する.

$$R_{CR} - R_{SR} = R^2(1-R)^2 > 0 \quad (3.35)$$

アイテムおよびシステム冗長系の信頼度を図 3.10 に示すが,この図からも,冗長系においてアイテムを冗長とするシステムの方が信頼度が高くなることがわかる.

（3）r-out-of-n 並列系の信頼度

r-out-of-n 並列系とは，n 個の（$n=1,2,3\cdots$）のアイテムから構成されており，n 個のアイテムのうち少なくとも r 個が動作したときに機能する系である．したがって，r-out-of-n 並列系の信頼度 $R(t)$ は，アイテムの信頼度を R_x としたとき式（3.36）で与えられる．

$$R(t)=\sum_{k=r}^{n}\binom{n}{k}R_x^{\,k}Q_x^{\,n-k}=\sum_{k=r}^{n}\binom{n}{k}R_x^{\,k}(1-R_x)^{n-k} \qquad (3.36)$$

これより，式（3.37）の展開式において，R_x の r 次以上の項の和が信頼度に対応することがわかる．

$$(R_x+Q_x)^n=\binom{n}{0}Q_X^{\,n}+\binom{n}{1}R_X Q_X^{\,n-1}+\cdots+\binom{n}{r-1}R_X^{\,r-1}Q_X^{\,n-r+1}$$

$$+\binom{n}{r}R_X^{\,r}Q_X^{\,n-r}+\cdots+\binom{n}{n}R_X^{\,n}=1 \qquad (3.37)$$

例として，2-out-of-3 並列系を考える．式（3.37）を $n=3$ から $r=2$ の間で展開し信頼度 $R(t)$ は次式で与えられる．

$$R(t)=R_X^{\,3}+3R_X^{\,2}Q_X=R_X^{\,2}(3-2R_X) \qquad (3.38)$$

2 out of 3 系の信頼度を図 3.11 に示す．図よりわかるように，アイテムの信頼度が 0.5 以下であれば，単一アイテムの信頼度より 2 out of 3 系

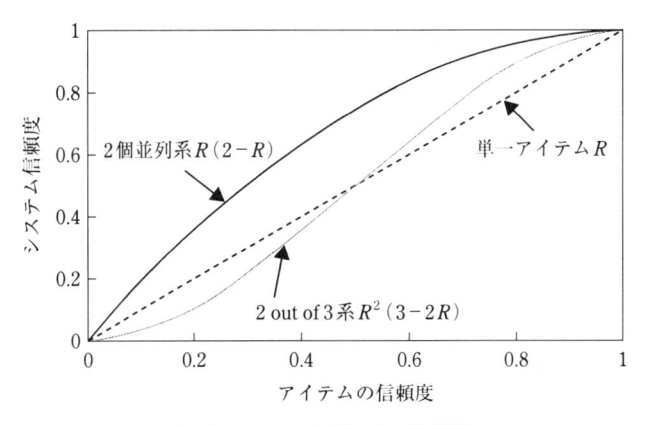

図 3.11　2 out of 3 系の信頼度

の信頼度が低いが，アイテムの信頼度が高ければ2 out of 3系とした方が信頼度が高くなる．

3.2.3 フォールトツリー解析による信頼度計算 [12～16]

システムが複雑，大規模になると，その信頼性解析は3.2.2で示したように簡単ではなくなる．複雑，大規模なシステムの信頼性解析の代表的な解析手法として，フォールトツリー解析（Fault Tree Analysis）がある．フォールトツリーは，図3.12に示すように，頂上事象と呼ばれるシステムの特定の故障（あるいは事故）からはじめて，演繹的にその原因をより下位の事象に展開し，基本事象と呼ばれる基本原因（円形または菱形で表される）まで下って示したものである．上位事象と下位事象の間は基本的に論理的ANDあるいは論理的ORで結合され，頂上事象と基本事象との関係はブール論理で表現される．フォールトツリーはその名が示すように，システム全体の故障（事故）がどのような基本故障原因（要素故障）の組合せ（カットセットという）によって生ずるかを演繹的に表示する．

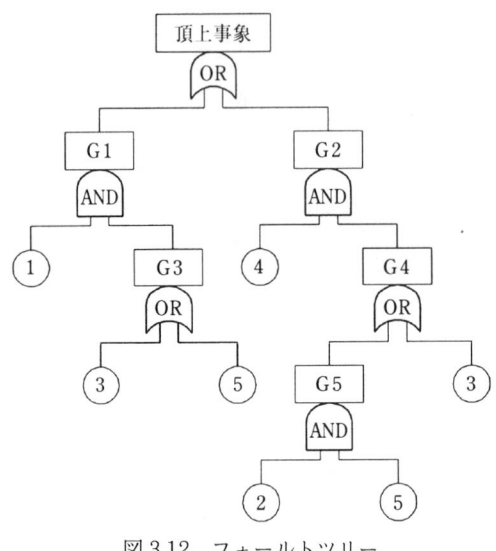

フォールトツリー解析は，定性的解析と定量的解析に分けられる．定性的解析ではフォールトツリーの頂上事象を引き起こす基本事象の最小組合せ（最小カットセット）を求める．最小カットセットは，これに含まれるすべての基本事象が生起することによって頂上事象が発生する組合せのうち最小なものの集合である．

図 3.12 フォールトツリー

したがって，最小カットセットは頂上事象であるシステム全体の故障の起こり方，すなわち原因となる要素故障の組合せ（これを故障モードともいう）を与えるので特に重要である．フォールトツリーからすべての最小カットセットを得ることにより，すべてのシステム故障の起こり方を見出すことができ，システムの構造的性質が明らかとなる．定量的解析では，定性的解析で得られた最小カットセット〔あるいは最小パスセット（後述）〕を基にして，計算に必要な基本事象の故障率や発生確率の統計的データから，頂上事象の発生確率や各異常要因の頂上事象発生への寄与度を定量的に評価する．発生確率を算出するためには，機器の故障率データを収集しそのデータを用いるが，OREDA（Offshore Reliability Data Handbook）などで公表されているデータを用いることも可能である．

　フォールトツリー解析は大規模システムの信頼性解析に有用であり，これにより設計段階における代替案の選定が可能である．例えば，A，B，Cという3種類の保護計装系が提案された時，これをフォールトツリー解析で解析し，各案の信頼度とコストを明らかにし，意志決定のための一つの資料を提供することができる．また，さらに信頼度を高くするには，弱点は何か，いかに改良すればよいかという問題にも適用することができる．

3.3　保全性設計

3.3.1　保全の分類 [17, 18]

　保全とは，「アイテムを使用および運用可能状態に維持し，または故障，欠点などを回復するための処置および活動」をいい，保全性は，保全が与えられた条件において規定の期間に終了できる性質であり，保全度はそれを確率で表したものである．すなわち，保全性は，設備に織り込まれている信頼性を維持し，その信頼性の効果を十分に発揮さ

せるために欠かせないものであり，保全活動により設備の信頼性を向上する．

保全活動は図3.13に示すように三つの要素が含まれている．すなわち，保全技術者のレベルを高くすること，保全施設，組織を重視し保全システムを充実すること，そして，保全性設計である．設計段階における保全性設計ではアベイラビリティの目標値を設定するとともに，高アベイラビリティの設備を設計することである．また，故障の検出，診断，および修復が容易なように設計することも重要である．

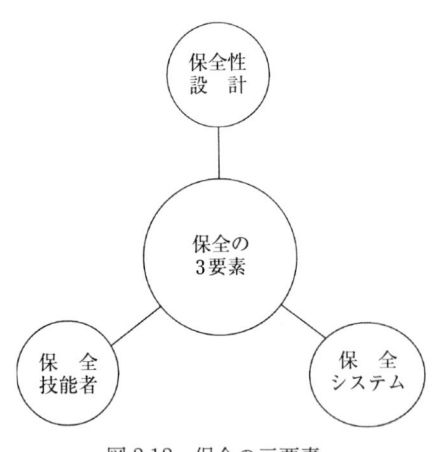

図3.13 保全の三要素

3.3.2 アベイラビリティ [17〜19)]

図3.14に設備の時間要素の分類を示す．システムが任務を与えられている時間は大きく分けて，動作可能時間（Up Time）と動作不可能時間（Down Time）であり，これらは図3.15に示すように交互に現れる．動作不可能時間をさらに細分すれば，図3.14のように改修時間，保全時間，遅れ時間に分けられる．このように保全を実施するシステムの信頼度の尺度として，アベイラビリティが用いられている．アベイラビリティは，(1)平均アベイラビリティ，(2)瞬間アベイラビリティの2種類がある．平均アベイラビリティとは，ある期間中に機能を維持する時間の割合と定義され，式(3.39)で与えられる．

$$A = \frac{平均動作可能時間}{平均動作可能時間 + 平均動作不可能時間} \tag{3.39}$$

すなわち，図3.15において，動作不可能時間の平均値を求め，同様に，動作不可能時間の平均値を求める．それぞれを，MTBF（Mean Time

3.3 保全性設計　61

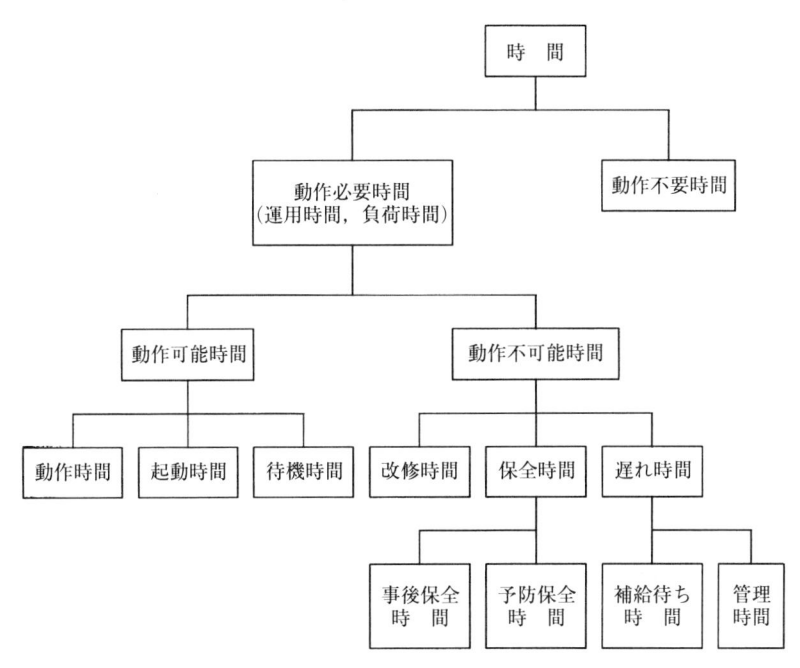

図 3.14　設備の時間要素

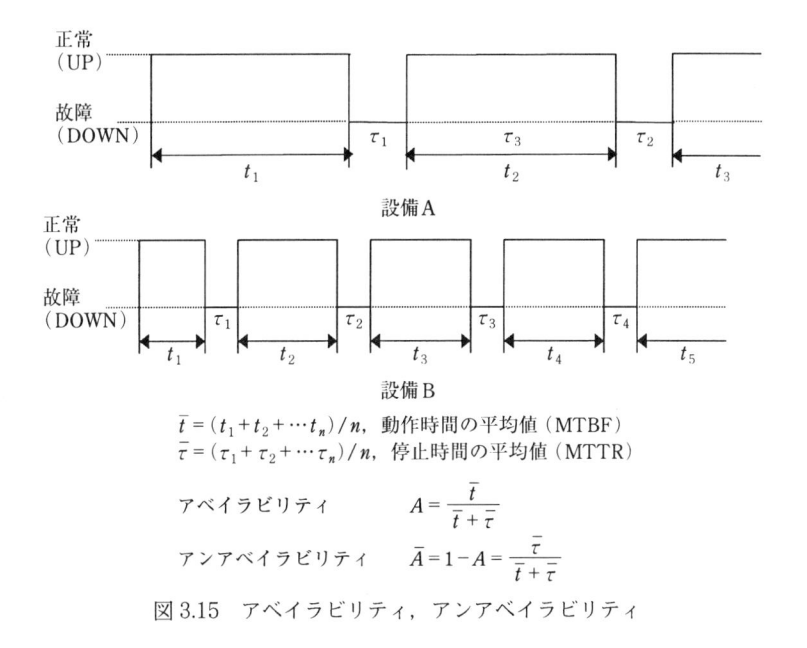

$\bar{t} = (t_1 + t_2 + \cdots t_n)/n$，動作時間の平均値（MTBF）
$\bar{\tau} = (\tau_1 + \tau_2 + \cdots \tau_n)/n$，停止時間の平均値（MTTR）

アベイラビリティ　　　　　$A = \dfrac{\bar{t}}{\bar{t} + \bar{\tau}}$

アンアベイラビリティ　　　$\bar{A} = 1 - A = \dfrac{\bar{\tau}}{\bar{t} + \bar{\tau}}$

図 3.15　アベイラビリティ，アンアベイラビリティ

Between Failures), MTTR（Mean Time To Repair）と呼び，式(3.39)を書き直せば，式(3.40)となる．

$$A = \frac{(MTBF)}{(MTBF)+(MTTR)} \tag{3.40}$$

式(3.40)からわかるように定常アベイラビリティは，MTBFとMTTRの比が同じであれば個々の値によらず同じである．しかし，信頼度はMTBFに依存し，MTBFが大きいほど高い．したがって図3.15における設備Aと設備Bの定常アベイラビリティは同じであるが，設備Aの方がMTBFの値が大きく信頼度は高い．

瞬間アベイラビリティとは，修理系が，与えられた時刻 t で機能を保持している確率である．瞬間アベイラビリティについては3.3.3で示す．

3.3.3 修理を伴う系のアベイラビリティ解析 [20～22]

前述のように保全設計において，アベイラビリティという指標が重要である．ここでは，マルコフ過程理論によりアベイラビリティを求める方法を示す．

修復を伴う系のアベイラビリティは，図3.16に示すマルコフグラフを用いて解析できる．S_0 はアイテムが良好な状態，S_1 は故障の状態を示す．時刻 t で正常 S_0 にある確率を $P_0(t)$，故障 S_1 にある確率を $P_1(t)$，故障率を λ，生存率を μ とすれば，図3.16より式(3.41)の差分方程式が成り立つ．

$$\begin{aligned}P_0(t+\Delta t) &= (1-\lambda \Delta t)P_0(t) + \mu \Delta t P_1(t) \\ P_1(t+\Delta t) &= \lambda \Delta t P_0(t) + (1-\mu \Delta t)P_1(t)\end{aligned} \tag{3.41}$$

ここで，$\Delta t \to 0$ として式(3.41)を微分方程式で表せば式(3.42)が得られる．

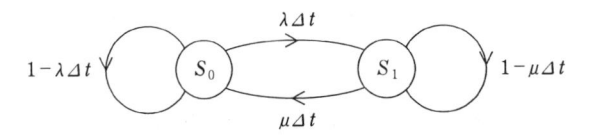

図3.16 修理系のマルコフグラフ

$$\frac{dP_0(t)}{dt} = -\lambda P_0(t) + \mu P_1(t)$$

$$\frac{dP_1(t)}{dt} = -\eta P_1(t) + \lambda P_0(t) \tag{3.42}$$

$t=0$ で正常状態とし，$P_0(0)=1$，$P_1(0)=0$ として式 (3.42) の解を求めれば式 (3.43) が得られる．

$$A(t) = \frac{\mu}{\lambda+\mu} + \frac{\lambda}{\lambda+\mu} e^{-(\lambda+\mu)t} \tag{3.43}$$

式 (3.43) は，瞬間アベイラビリティであり，ある時刻 t において運用可能な確率を表している．

式 (3.43) を図で示せば，図 3.17 のようになる．$A(t)$ は $t=0$ で 1 であるが，$t\to\infty$ とすれば単調に減少し，式 (3.44) となることがわかる．

$$A(\infty) = \frac{\mu}{\lambda+\mu} \tag{3.44}$$

また，$A(t)$ は常に $R(t)$ より大である．すなわち，故障しても修理により正常に復帰するので，信頼性が高くなる．式 (3.43) で $\mu=0$，すなわち MTTR = ∞（修理に必要な時間が無限大となる）の場合には，保全を行わない系であり，この場合には，$R(t) = e^{-\lambda t}$ と一致することがわかる．

また，式 (3.43)，式 (3.44) より，MTBF が同じなら，MTTR が短いほど定常状態に早く達し，また，定常アベイラビリティが高いことがわかる．すなわち，保全性設計において，システムや機器が故障した場合，修理時間を短くすることがきわめて重要であることがわかる．

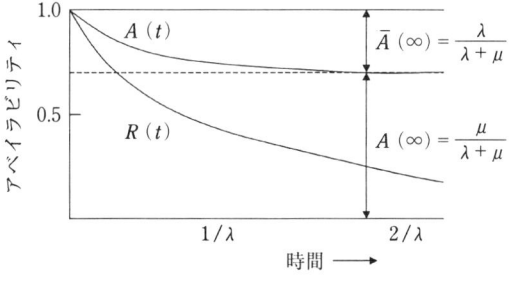

図 3.17　信頼度とアベイラビリティ

3.3.4 故障モード，影響解析（FMEA）[23, 24]

保全性設計では，前述のアベイラビリティを向上することが重要であるが，このためには，システムや機器が故障した場合，修理時間を短くすることが要求される．一方，設備が故障した場合，システムへの影響が大きい機器と小さい機器がある．保全性設計を行う場合，故障の影響の大きい機器，設備を抽出し，次にこの機器，設備の故障原因や故障発生確率について検討する必要がある．大規模な設備の故障発生確率の評価は3.1で示したフォールトツリー解析を用いるが，故障の影響が大きい機器，設備の抽出には以下に示す故障モード影響解析（FMEA：Failure Mode Effects Analysis）を用いる．この手法は帰納的解析手法の一つであり，"what if"（もし，ある異常が発生すれば，どうなるか）という問題に解答を与えることができる．システム設計の段階で考えられるあらゆる故障を取り上げ，その故障モードを解析して，各故障がシステム運用に及ぼす影響を明らかにし，表の形にまとめる．この表には一般的に次のような事項を記入する．

(1) 品目：対象とする要素の名称を記入する．
(2) 機能，目的：各要素の機能，目的を記入する．
(3) 故障モード：故障モードを記入するが，次の4種の基礎的な故障条件を考慮する必要がある．
    ① 早すぎる作動
    ② 規定時間に作動しない
    ③ 規定時間に作動停止しない
    ④ 作動中の故障
(4) 故障原因：故障モードを引き起こす原因を書く．一つの故障モードについて原因が一つとは限らない．
(5) 故障率：ある故障モードに対して故障率のデータが利用できれば記入する．
(6) 故障検出方法：故障モードの検出方法も書く．

(7) 修復時間：修復可能な故障モードに対して，修復に要する時間を記入する．
(8) システムへの影響：故障により上位レベルへの影響，人命への影響，システム全体への影響を記述する．
(9) 備考：これまでの項目で述べられていない情報を記入する．

FMEAにより，故障モードごとに，上位システムへの影響を解析することができる．すなわち，システムに対して望ましくない故障モードをもつ機器が抽出される．これらの機器について，システムあるいは製品の定期検査において検出できるようにシステムを設計する．あるいは，機器が故障する前に予防保全として容易に修復できるようその構造を設計することが必要である．

3.4 トライボ設計

3.4.1 機械要素とトライボロジー

一つの機械は数多くの部品で構成されているが，これらの部品は，その機械に特有なものと，様々な機械に共通して使われるものとに分けることができる．ねじ，ばね，軸受，歯車などは後者の例であり，このように共通した重要な機能をもつ部品のまとまりを「機械要素」と呼ぶ．

メンテナンスの目的は，機械や設備の能力を最大限に活かし，それを円滑に維持することにあるが，実際に機械を稼働してみると，しばしば故障やトラブルなどの不具合が発生する．こうした不具合の原因には，材料の不適合あるいは負荷応力の見込み違いといった設計時の失敗，機械組立・据付け時や操作時の人為的ミス，過酷な運転条件への変更など，いろいろな理由が挙げられる．最近では，設計時のレビューの徹底，機械製作時の品質管理の改善等によって，不具合の件数もかなり減少する傾向にあるが，その結果として目立つようになったのが

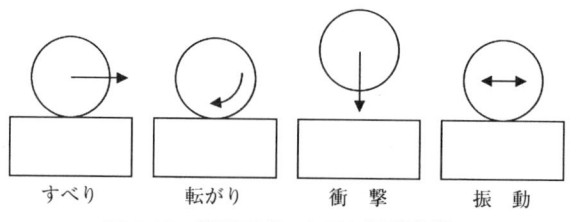

図 3.18　機械要素の主要な運動形態

（すべり　転がり　衝撃　振動）

機械要素のトライボロジーにまつわる問題である．

　機械設計のための資料に関しては，材料と強度計算，機械要素の機構，流体と熱，加工法と製図などの各方面で整理がなされ，機械要素についても，関連規格が制定されたり，有用なデータの整備が進むなど設計しやすい環境が整いつつある[25]．しかしながら，これらを補助すべきトライボロジーに関する資料は，ほとんどの機械が運動を伴うトライボロジカルな機械要素（トライボ要素）をもつにもかかわらず，未整備のままという現状にある．例えば摩耗のデータ一つ見てみても，機械の損傷発生や寿命の見積もりに役立つような形で公表されたものは極めて少ない．すなわち，このような状況が，トライボロジーにまつわる機械要素のトラブル件数を減少できない一因となっている．

　図3.18に示すように，運動を伴う機械要素は，すべり，転がり，衝撃，振動など，各種の運動形態を含んでおり，この運動形態の違いや摩擦部分の接触状況の違いによりトライボロジカルな現象も異なってくる．このため，ひとくちに機械のトライボ損傷といっても，運動形態や摩擦状況が複雑に影響し，第2章で述べたようなさまざまな形態をとることになる．ここに，機械要素の形状がいかに規格化されようとも，設計に際して有用なトライボロジーデータの蓄積が進まない大きな理由があると考えられる．

3.4.2　トライボ設計の考え方

　トライボロジーが扱う主要な問題の一つである摩擦は，ねじによる固定，車輪やクラッチなどにおける駆動力伝達，ブレーキによる速度制

御など必要な場合もあるが，多くは摩擦仕事によるエネルギー損失や発熱，あるいは摩擦に起因した振動・騒音の発生や精密な制御の妨害などの問題を生じる．また，摩耗は機械要素の表面損傷が影響する動作精度の低下や機械の寿命の主な原因である．一方で，潤滑油などの漏れの問題は，周囲の汚染や火災を引き起こすばかりか，漏れを減らすためにすきまをなくそうとすると摩擦・摩耗の増加につながる．このように相反する漏れ損失と摩擦損失の二つの損失要因を考慮しなければならない点は，例えば容積式の流体機械，熱機関の効率に大きく影響するため，トライボ設計を行う場合に極めて重要である．さらに，トライボロジーが固体表面の接触にかかわるものであるため，トライボ設計の特徴としては，次の項目に注意を払わなければならない点が挙げられる[26]．

(1) 形状・寸法では，特に平面度・真円度・円筒度，表面粗さなどの形状精度と寸法公差
(2) 固体材料では，特に表面近傍の硬さ，靱性，熱伝導性といった物性および表面エネルギー
(3) 潤滑剤では物理的性質と化学的性質，潤滑法では給油不足や発熱処理

さて，前述したように，機械要素にはさまざまな種類があり，それらの運動形態や摩擦状況も多種多様であるので，トライボ設計の考え方も個々に異なってくる．これら個別の機械要素の詳細なトライボ設計に関しては成書にゆずり[27,28]，ここでは主なトライボ要素を取り上げ，以下にトライボ設計の基本的な考え方を述べることとする．

(1) すべり要素と転がり要素の特徴

「すべり」と「転がり」は，図3.18に示した機械要素の運動形態の中でトライボロジー的に最も重要であり，多くのトライボ要素がすべり要素と転がり要素に大きく分類されている．ここで，純粋な転がり運動にはすべりがないが，実際には転がり要素の代表である転がり軸受

表3.1 すべり要素と転がり要素の特徴〔出典：文献 28)〕

	すべり要素	転がり要素
接触状態	すべり率*大 面接触→面圧 小 油膜厚さ 大	すべり率*小 集中接触→面圧 大 油膜厚さ 小
表面損傷	摩耗，焼付き	転がり疲れ
負荷能力	大	小
寿命	長	短
防振効果	大	小
摩擦損失・発熱	大	小
速度範囲	狭	広
温度範囲	狭	広
軸径範囲	広	狭
設計の自由度	大	小
規格品/価格	小/高	多/低
潤滑・保守	難	易
互換性	劣	優

* すべり率 $= \dfrac{|U_1 - U_2|}{(U_1 + U_2)/2}$ （U_1, U_2：それぞれの表面の移動速度）

でも微小なすべりは存在するし，歯車の場合には両者が混在しており，例えば平歯車では転がりが，ハイポイド歯車ではすべりが支配的である．したがって，すべりと転がり要素の特徴的相違は，現実には「すべりの大小」にある．さらにすべり要素と転がり要素の特徴をまとめると表3.1のようになる[28]．ただし，両要素とも非常に多種多様であり，互いに重なり合う領域もあることから，この表はおおまかな判断材料と考えるべきである．

（2）すべり軸受の選定と設計

すべり軸受は，荷重の方向から回転軸の半径方向の荷重を支えるジャーナル軸受と軸方向の荷重を支えるスラスト軸受に，軸受反力の発生方

3.4 トライボ設計　69

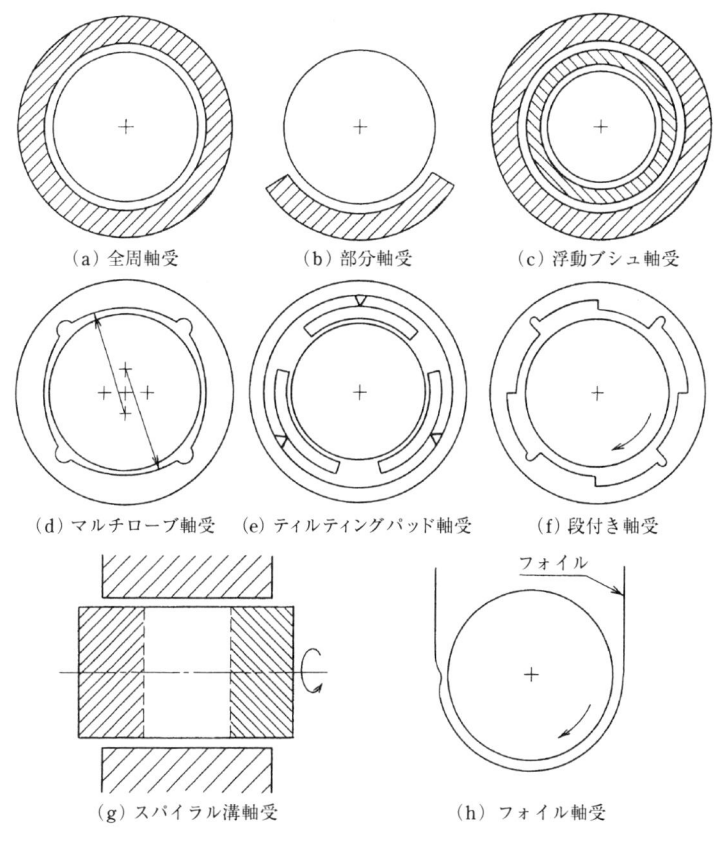

図 3.19　動圧ジャーナル軸受の形式〔出典：文献 27)〕

(a) 全周軸受　(b) 部分軸受　(c) 浮動ブシュ軸受
(d) マルチローブ軸受　(e) ティルティングパッド軸受　(f) 段付き軸受
(g) スパイラル溝軸受　(h) フォイル軸受

法から軸の回転により形成された潤滑膜で軸を支持する動圧軸受と強制的に送り込んだ流体の圧力で軸を支持する静圧軸受に分類される．図 3.19 および 3.20 には，それぞれ動圧ジャーナル軸受と動圧スラストの形式を示す[27]．

　すべり軸受は，一部には規格化，大量生産されているが，要求される性能，寿命および運転条件などの仕様に合わせて個々に設計製作する場合が多い．すべり軸受の選定と設計については，各種機械の特徴に応じて若干の違いはあるが，おおむね次のような手順がとられ，これ

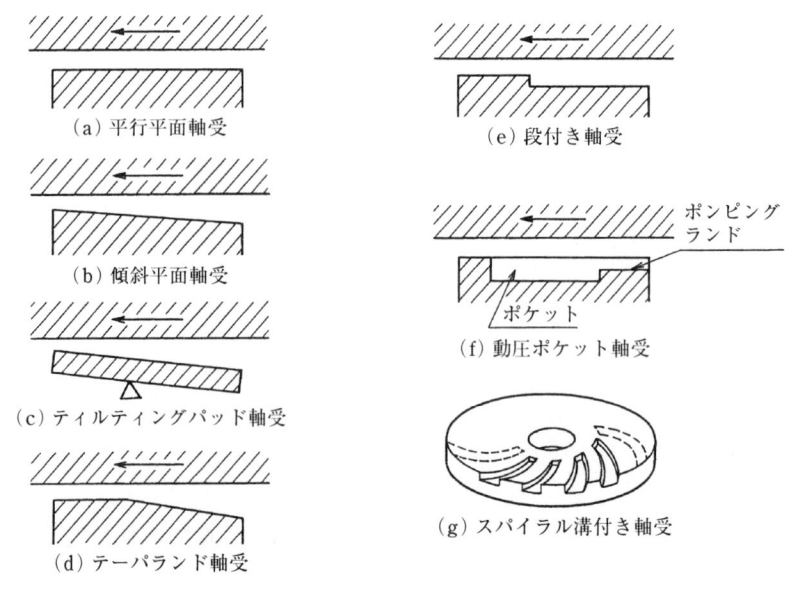

(a) 平行平面軸受
(b) 傾斜平面軸受
(c) ティルティングパッド軸受
(d) テーパランド軸受
(e) 段付き軸受
(f) 動圧ポケット軸受（ポンピングランド、ポケット）
(g) スパイラル溝付き軸受

図 3.20 動圧スラスト軸受の形式〔出典：文献 27)〕

らの作業を仕様に合致する最適設計となるまで設計変数を変更して繰り返す．

(1) 軸受荷重の決定
(2) 伝達トルクの決定
(3) 軸受寸法の決定
(4) 軸受静特性（潤滑膜厚，軸の偏心量，軸受損失など）の計算
(5) 軸受動特性（油膜の剛性と減衰）の計算
(6) 安定性の判別
(7) 回転軸系の振動応答計算

(3) 転がり軸受の種類と選定

　転がり軸受は，主として半径方向のラジアル荷重を受けるように設計されたラジアル軸受と軸方向のアキシアル荷重を受けるように設計されたスラスト軸受に大別される．また，転動体の種類によって玉軸受ところ軸受に分類される．図 3.21 は主な転がり軸受を示したもので，内

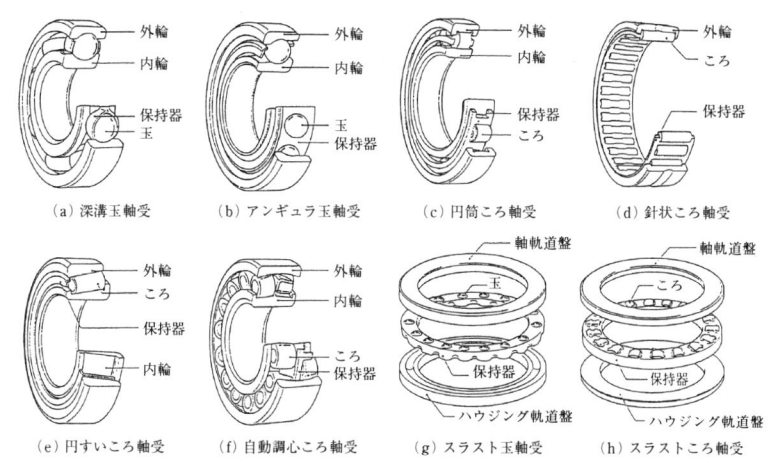

図 3.21 主な転がり軸受の種類〔出典：文献 29)〕

輪と外輪の間にある転動体（玉やころ）は互いに接触しないように保持器に保たれて転がり運動をする[29]．

トライボ設計においてすべり軸受と転がり軸受のいずれを選択するかは，両者の諸特性を比較検討して決めなければならないが，転がり軸受は国際的な規格に基づいて供給されるため広く互換性があり，大量生産による経済性の面からも汎用性が高いという特徴をもつ．転がり軸受を選定する場合，通常は軸受にかかる荷重，軸の回転数，潤滑状態や軸受温度などの使用条件から算出する軸受寿命（定格寿命）を判断基準にする[30]．定格寿命の計算は，使用条件ごとに異なる各種のパラメータを順次求めて代入しなければならない手間のかかるものであるが，最近，この軸受定格寿命の計算が比較的容易に可能なプログラムが開発された[31]．

（4）歯車の種類と設計

歯車は動力の伝達に用いられる機械要素の一つで，主な種類には図3.22のようなものがある[27]．歯車の選定は，

（1）軸心が平行か，離れるか，あるいは交わるか

（2）変速比

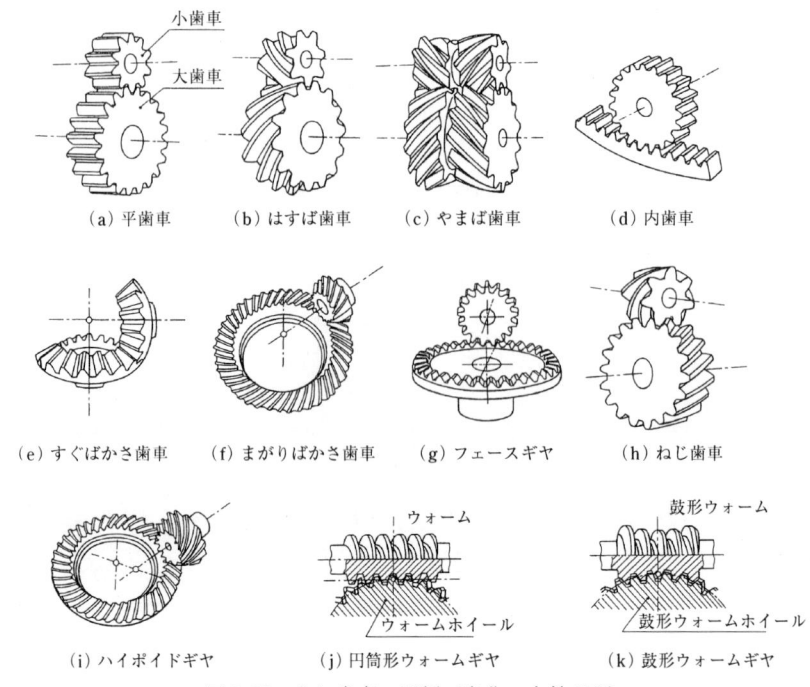

図3.22 主な歯車の種類〔出典：文献27)〕

(a) 平歯車　(b) はすば歯車　(c) やまば歯車　(d) 内歯車
(e) すぐばかさ歯車　(f) まがりばかさ歯車　(g) フェースギヤ　(h) ねじ歯車
(i) ハイポイドギヤ　(j) 円筒形ウォームギヤ　(k) 鼓形ウォームギヤ

(3) スラスト荷重の対処法
(4) 効率や振動・騒音などの性能

などを参考に行われ，例えば平歯車よりはすば歯車の方が静かに回るので好ましい．

　歯車の設計については，その寸法形状と精度が規格化されており[32]，強度設計法に関しても国際規格の ISO 6336 として公開されている．特に，歯車の最も代表的な損傷形態であるピッチングを考慮した面圧強度（耐ピッチング強度）は，歯車のトライボ設計において重要な評価の指標であり，歯面の仕上げが良好なほど，潤滑油膜が厚いほど，また歯車の硬度が高いほど耐ピッチング強度も向上する傾向にある．

(5) 案内面の種類と設計

　工作機械や産業ロボットなどの案内面は，軸受や歯車とともに，機械

の基本性能を支配する重要な機械要素であり，すべり方式と転がり方式に大別される．

多くのすべり案内面では，潤滑油を供給してすべり面に一定した潤滑油膜を形成させるが，このとき面の走行で潤滑油膜を形成させるのが動圧すべり案内面である．動圧すべり案内面における最大の問題はスティックスリップ現象であり，特に低速走行時に生じやすい．これは潤滑状態のわずかな変化で摩擦係数が大きく変動する混合潤滑状態にあることが最大の原因とみなされており，トライボ設計としては潤滑油の摩擦特性向上や案内面への油溝の設置といった対処が有効である．また，潤滑油を強制的に供給して潤滑油膜を形成する静圧方式を用いることで，スティックスリップのない高精度の送りが実現できる．

転がり案内方式は，すべり方式に比較して，
（1）案内面の摩耗が少ない
（2）スティックスリップを生じない
（3）油膜厚さの変動が小さい
（4）摩擦係数が低い

などの特徴を有している．ただし，工作機械に使用する際には，転がり部分の転動体の移動による振動の発生と低減衰性が問題となる場合もある．その他については，トライボ設計上，転がり案内面は転がり軸受に準じた取扱いが可能である．

3.4.3　潤滑システムのトライボ設計

（1）潤滑システムに求められる機能

潤滑に求められる最も重要な機能は，機器に負荷される荷重を支え，しゅう動部に発生する摩擦熱を冷却することである．そのため潤滑システムとしてはいかに必要十分な潤滑剤をしゅう動部へ供給するかが，主たる機能となる．

（2）潤滑システムの種類

潤滑システムには使用する潤滑剤により給油システム，給脂システム，

固体潤滑システムがあり，以下のようなものがあげられる．

- 給油法　全損式：手差し，滴下，灯心，機力，集中，噴霧
　　　　　反復式：油浴，飛まつ，パッド，リング・ディスク・
　　　　　　　　　チェーン，循環
- 給脂法　非補給式：密封
　　　　　補給式：充てん，手詰め，グリースカップ，グリースガ
　　　　　　　　　ン，機力，集中
- 固体潤滑法：粉末，乾燥被膜，埋込み，成形

（3）潤滑システムのトライボ設計

　基本的な潤滑システムの構成の例を図3.23に示す．潤滑システムの各要素における設計上のポイントを以下に述べる．なお本項についての詳細は文献27），33），34）などを参照されたい．

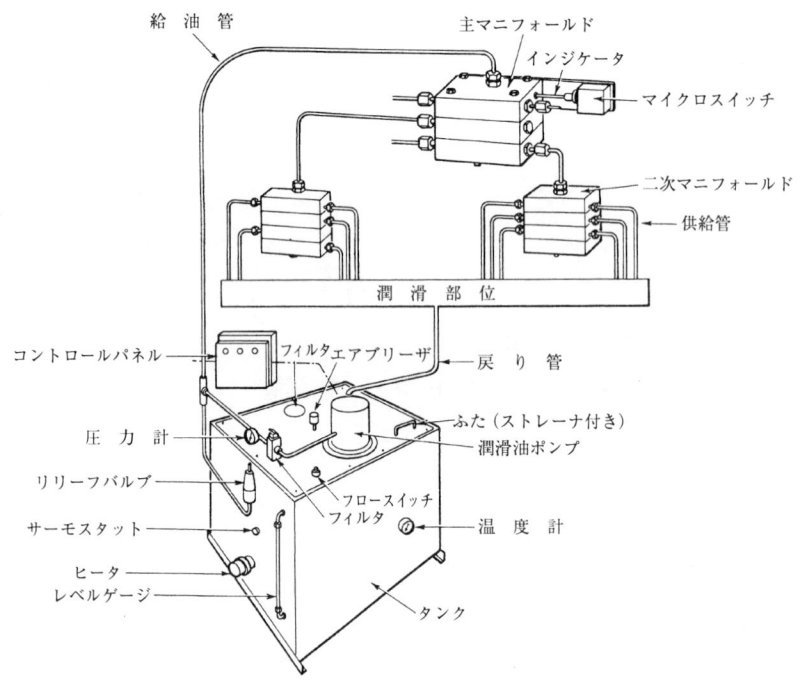

図3.23　基本的な潤滑システム例〔出典：文献33）〕

・油タンク

必要な容量を持つことが第一で，潤滑油の劣化を極力抑えるために，一般的な機械では少なくとも 10 min 程度の滞留時間（＝循環系の総容量／ポンプの吐出量）が得られることが必要である．また外部からのごみの侵入や潤滑油の飛散を防ぐために密封性を持つことが求められる．潤滑油のフィルトレーション装置や油面の変動による圧力変動や，温度調整のためにエアブリーザを有することも必要である．メンテナンス上では沈殿物の除去や清掃のためのマンホールを設置することも忘れてはいけない．

・配管システム

配管システムには単管式・複管式，直列型・並列型，エンド型・ループ型の組み合わせがある．配管システムでは設計上圧力損失を抑えておく必要がある．圧力損失 ΔP（Pa）は流量 Q（cm^3/s），配管長さ L（cm），配管半径 R（cm），潤滑油の粘度 η（P）として次の式で与えられる．

$$\Delta P = \frac{8QL\eta}{9.8 \times 10^5 \pi R^4} \tag{3.45}$$

・ポンプ

潤滑システムでは潤滑油の圧力が必要な場合と流量が必要な場合があり，その要求性能によってポンプは選定される．潤滑に用いられるポンプを圧力順で示すとピストンポンプ，ベーンポンプ，スクリューポンプ，歯車ポンプ，トロコイドポンプ，遠心ポンプなどとなる．

潤滑システムで求められる潤滑油供給量は対象としている機械要素によって異なるが，全損式潤滑システムでは潤滑膜の形成が主となり，循環式潤滑システムでは冷却効果が主となる．基本的な機械要素に対する給油量 Q（cm^3/min）の目安は図 3.24 で与えることが行われている．詳細については文献 27），33），34）などを参照されたい．

(4) フィルトレーション

潤滑システムにおいて潤滑油の汚染と劣化，更には機械の故障や破損

第3章 メンテナンス方式とトライボ設計

1	転がり軸受		$Q = 4 \cdot 10^{-3} \cdot d_m \cdot a$	$Q =$ ccm/h $d_m =$ 軸受の中間の直径 $= \dfrac{D+d}{2}$ $a =$ 列の数
2	ボールスライド		$Q = 8 \cdot 10^{-4} \cdot h \cdot a \cdot K$	$a =$ 列の数 $h =$ ストローク $K =$ 速度
3	すべり軸受		$Q = 2 \cdot 10^{-4} \cdot d \cdot B \cdot K$	$d =$ シャフト直径 $B =$ 軸受の幅
4	円筒ガイド		$Q = 2 \cdot 10^{-4} \cdot d \cdot (B+h) \cdot K$	$h =$ ストローク
5	カム		$Q = 1.5 \cdot 10^{-4} \cdot U \cdot B \cdot K$	$U =$ すべり面の周囲の長さ
6	歯車		$Q = 5 \cdot 10^{-4} \cdot d_m \cdot B \cdot K$	$d_m =$ ピッチ円直径
7	(コンベヤ)チェーン		$Q = 10^{-4} \cdot B \cdot L$	$B =$ チェーン幅 $L =$ チェーン長さ
8	しゅう動面		$Q = 6 \cdot 10^{-5} \cdot B \cdot (L+h) \cdot K$	$B =$ しゅう動幅 $L =$ しゅう動長さ $h =$ ストローク

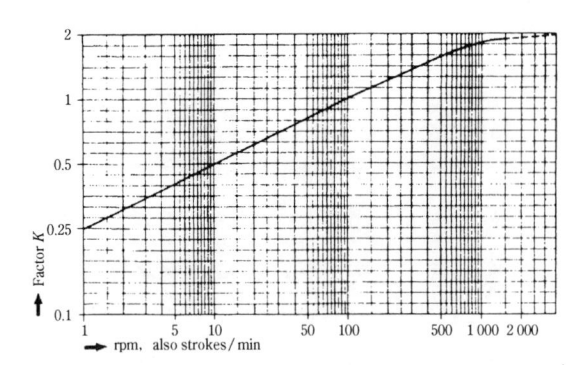

著者注 表中の K は速度ファクタで上のグラフから求める

図3.24 全損式潤滑システムの各種機械要素における給油量の基本算出基準〔出典:文献34)〕

を防ぐためには,固形コンタミナント(本項では以下「ごみ」と略す)の侵入を防ぐと同時に,入ってしまったごみは短時間で取り除くことができるフィルトレーション(ろ過)システムが必要である.

フィルトレーションシステムの設計が悪いと，メンテナンスをしても十分な効果が得られない．潤滑システムの例として油圧装置を取り上げ，効果的なフィルトレーションシステムの設計について説明する．

1）油圧装置におけるごみの残留，侵入と新たな発生

効果的なフィルトレーションシステムを設計するためには，油圧装置の中のどこにごみが存在するか，どの経路を通って移動するかを把握しなければならない．除去しなければならないごみは次のように分類される．

（イ）残留ごみ：図3.25 (a), (b), (c), (d)
（ロ）侵入ごみ：図3.25 (e), (f), (g)
（ロ）発生するごみ：図3.25 (h), (i)

2）フィルトレーションシステムの設計

油圧装置内のいろいろな場所にごみが存在する可能性がある．ポンプ

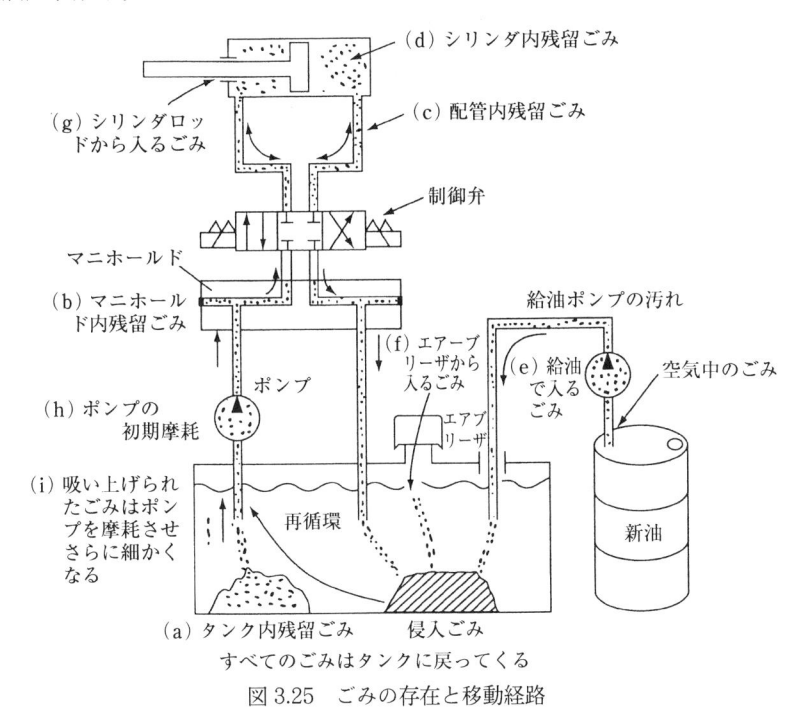

図3.25 ごみの存在と移動経路

が吐出した油はこれらのごみを少しずつ洗い出し，最終的にはタンクに運んでくる．タンクに戻ってきたごみをポンプが再び吸い込むと，そのごみによってポンプが摩耗する．また，ごみは砕かれ，ポンプが摩耗した分と合わせて数が増えると同時に細かくなる．

摩耗時には熱も発生し，油の成分を劣化させる．タンク内にごみが存在すると，ポンプの摩耗，ごみの増加，細分化，油の劣化という悪循環を起こす．ごみの再循環を絶ち，タンク内を常にきれいに保つことが設計の基本である．ごみの再循環を防ぐフィルトレーションシステムの考え方（図3.26参照）を以下に述べる．

設計の基本
1. リターンフィルタ②とエアブリーザ⑤は必ず設置する
2. 次の機器は要求される清浄度レベルによって設置を検討する
   ☆ラインフィルタ③
   ☆オフラインフィルタ④
   ☆マグネット⑥
   ☆サクションストレーナ①
3. 定期的なフラッシングのためにバイパス弁⑦を設置する

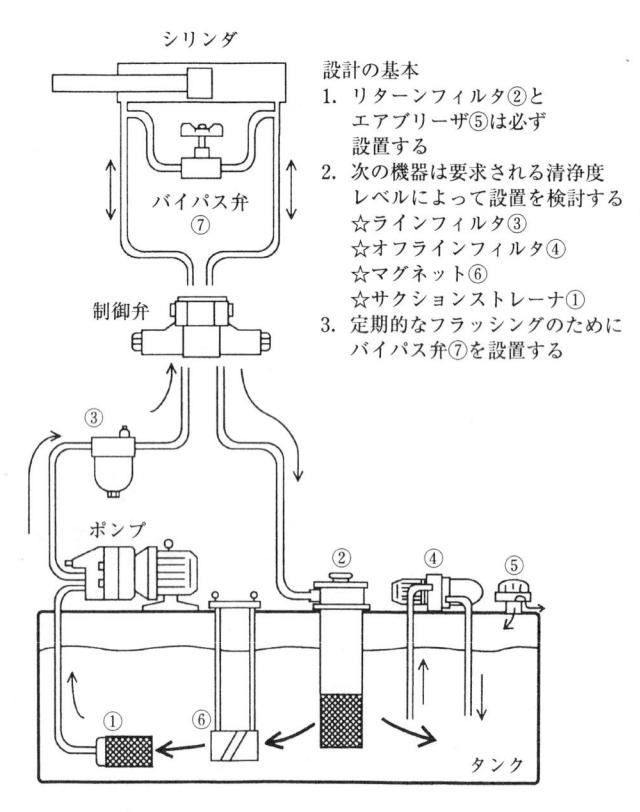

図3.26 フィルトレーションシステムの設計

3.4 トライボ設計

(i) サクションストレーナには頼らない

ポンプの吸込み口に付けるサクションストレーナ①のメッシュは一般的に100～150μmであり，大きなごみしか除去できない．ポンプの摩耗を防ぎ，新たなごみの発生を阻止するには100～150μm以下のごみもポンプに吸わせてはならないが，100～150μm以上のごみしか除去できないサクションストレーナに全面的に頼ることはできない．サクションストレーナのメッシュを細かくすると，ポンプの吸込みを妨げてキャビテーション発生の原因となる．したがって，サクションストレーナは，油圧タンク製造時に清掃が十分であり，100～150μm以上のごみが残留する可能性がなければ設置しなくても良い．

また，従来はタンクの容積を大きく設計し，油の流れを緩やかにしてごみを沈殿させる方法が一般的に用いられている．しかし，最近は省資源の目的から油の使用量を少なくすると同時に，装置の小型化も要求されている．この面からもタンク内にごみを入れない，存在させない設計をしなければならない．

(ii) リターンフィルタ，エアブリーザを必ず設置する．

ごみがタンク内に入ることを阻止するリターンフィルタ②の設置はタンク内をきれいに保つための絶対条件である．他のフィルタを使用しない場合でもリターンフィルタだけは設置しなくてはならない．望ましいリターンフィルタのろ過粒度はβ値で$\beta_3=75\sim\beta_5=75$である．ここでβ値というのはフィルタの性能を表す尺度で，次の式で与えられる．

$$\beta_x = \frac{x(\mu m)\text{以上の1次側粒子数}}{x(\mu m)\text{以上の2次側粒子数}} \qquad (3.46)$$

(iii) ラインフィルタを設置しただけでは不十分

ラインフィルタ③の役目はポンプで発生する摩耗粉とポンプを通過してくるごみを除去し，下流側に設置されている制御弁などにごみがいかないようにすることである．ラインフィルタに要求されるろ過粒

度は $\beta_3=75\sim\beta_{20}=75$（使用している油圧制御弁が要求する油の清浄度レベルによって決まる．設置されないこともある）である．

ラインフィルタだけを使用し，リターンフィルタを設置しない使い方には問題がある．ラインフィルタより下流側に残留していたごみはタンクに戻り，ポンプに吸い上げられてさらに細かく砕かれ，数も増加する．時間の経過とともにごみの大きさはラインフィルタのろ過粒度より細かくなり，次第に除去できなくなる．

また，タンク内の油の量はシリンダなどの作動により増減し，このためタンクに空気が出入りする呼吸口を設けることが必要である．粉塵の多い場所で使用すると空気の出入りに伴いごみが入ってくる．これを防ぐためにエアブリーザ⑤を必ず設置しなければならない．エアブリーザに要求される性能は $1\sim3\mu m$ である．

(iv) オフラインフィルタには即効性を期待しない

オフラインフィルタは小量の油をゆっくりと流しろ過するため，ろ過粒度より細かいごみも除去する高い能力をもっており，長期的には良い効果が期待できる．しかし，小流量であるため即効性は期待できない．また，リターンフィルタを設置しない場合には，タンクに入ってきたごみの大部分がオフラインフィルタに吸い込まれる前にポンプに吸い込まれてしまう．

油圧装置の運転を開始した当初は多くのごみがタンクに入ってくる可能性が高く，このごみがポンプに吸い込まれて，ポンプを摩耗させ，数が増えて再びタンクに戻ってくるということが繰り返されると，オフラインフィルタの除去量よりも発生量の方が多くなり，オフラインフィルタを設置しても効果が得られない可能性がある．このような理由により，オフラインフィルタを設置するならばリターンフィルタと併用しなければならない．

(v) マグネットは清掃できる方法で設置する

タンク内にマグネット⑥を設置すると，フィルタのろ過粒度以下の

磁性体粉を吸着する効果が期待できる．しかしその設置には注意が必要である．第1はオフラインフィルタの場合と同様の理由で，リターンフィルタと併用しなければならない．第2はタンク内の油の流れを緩やかになるよう設計し，マグネットの近くを通すようにしなければならない．なぜなら，マグネットが磁性体粉を吸着する力はマグネットと磁性体粉の距離の二乗に反比例するからである．第3はマグネットをタンクから取出しできるような方法（吊り下げるなど）で設置しなければならない．タンクの底に固定するとタンクの油を抜き取らなくては清掃できなくなる．

（vi）シリンダの直近にバイパス回路を設置する．

シリンダ内の油はなかなか入れ替わらない．このため，内部に残留したり，引き込まれたごみは少しずつ出てきて，制御弁にかみ込み故障や摩耗の原因となる．これを防止するためにはシリンダの直近にバイパス回路を設置し，バイパス弁⑦を開いてフラッシングを実施しなければならない．シリンダのフラッシングは設置時点に行うだけでなく，運転開始後も定期的に行う必要がある．バイパス弁⑦はシリンダのロッド側容積＜制御弁とシリンダ間の配管容積，の条件が成り立つときは必ず設置する必要がある．

（vii）その他

ラインフィルタ③，オフラインフィルタ④，マグネット⑥は使用する制御弁の清浄度のレベルに応じて設置を検討する．

参考文献

1) 豊田利夫・陳　鵬・二保知也・中野淳一・千場隆之：第29回日科技連・保全性シンポジウム論文集，**11**，7 (1999) Session, 12-2.
2) 潤滑管理の手引き編集委員会編：潤滑管理の手引き，日本能率協会 (1965).
3) （社）日本プラントメンテナンス協会：ライフサイクル保全に関する研究 (1995) 9.
4) 菊池　務：プラントエンジニアリング，Feb (1999) 62.

5) 三根 久・河合 一：信頼性・保全性の数理, 朝倉書店（1977）.
6) 塩見 弘：信頼性工学入門, 丸善（1982）.
7) Patrick D. T. O'Connor : Practical Reliability Engineering (3rd ed.), John Wiley & Sons (1995).
8) 市川昌弘：信頼性工学, 裳華房（1996）.
9) 日本信頼性学会編：信頼性ハンドブック, 日科技連（1997）.
10) 原田耕介・二宮 保：信頼性工学, 養賢堂（1999）.
11) 日本プラントメンテナンス協会編：CD-ROM版メンテナンス便覧, 日本プラントメンテナンス協会（2001）.
12) 井上威恭 監修, 総合安全工学研究所編：FTA安全工学, 日刊工業新聞社（1984）.
13) AIChE/CCPS : Guidelines for Hazard Evaluation Procedures (Second Edition) (1992).
14) Frank P. Lees : Loss Prevention in The Process Industries (2nd ed.), Butterworth-Heinemann (1995).
15) OREDA Participants, Offshore Reliability Data Handbook 2nd Edition (OREDA-92), DNV Technica (1992).
16) AIChE/CCPS, Guidelines for Process Equipment Reliability Data with Data Table (1989).
17) 日本信頼性学会編：信頼性ハンドブック, 日科技連（1997）.
18) 日本プラントメンテナンス協会編：CD-ROM版メンテナンス便覧, 日本プラントメンテナンス協会（2001）.
19) 市川昌弘：信頼性工学, 裳華房（1996）.
20) 原田耕介・二宮 保：信頼性工学（第9版）, 養賢堂（1999）.
21) 小野寺勝重：保全性設計技術（第6刷）, 日科技連（1999）.
22) Patrick D. T. O'Connor : Practical Reliability Engineering (3rd ed.), John Wiley & Sons (1995).
23) AIChE/CCPS : Guidelines for Hazard Evaluation Procedures (Second Edition), (1992).
24) Frank P. Lees : Loss Prevention in The Process Industries (2nd ed.), Butterworth-Heinemann (1995).
25) 例えば機械設計便覧編集委員会編：機械設計便覧, 丸善（1992）.
26) 日本トライボロジー学会：トライボロジーハンドブック, 養賢堂（2001）1-2.
27) 赤岡 純 監修・似内昭夫 他編集：潤滑設計マニュアル, 日本規格協会（1988）.
28) 日本トライボロジー学会：トライボロジーハンドブック, 養賢堂（2001）3-348.

29) NTN（株）：転がり軸受総合カタログ, Cat. No. 2202-II/J.
30) 日本規格協会：転がり軸受の動定格荷重及び定格寿命の計算方法, 日本工業規格 JIS B 1518.
31) Y. Kimura, T. Wakabayashi et al. : A Multi-plant Maintenance System Based on Life Cycle Maintenance Management, Proc. of International Tribology Conference Nagasaki, 2000 (2001) 2351-2356.
32) 例えば日本規格協会：日本工業規格 JIS B 1701～1705 ならびに JIS B 1721～1723.
33) M. J. Neal : The Tribology Handbook 2nd Edi., Butterworth Heinemann (1995).
34) STLE監修, E. R. Booser編 : Tribology Data Handbook, (1997) CRC Press LLC.

第4章 潤滑剤とメンテナンス

4.1 潤滑剤の概要

4.1.1 潤滑油

(1) 潤滑油の基本性状

潤滑油は基油と添加剤から構成され,基油には原油を精製して製造される鉱油,PAO(ポリ-α-オレフィン)や脂肪酸エステルなどの化学合成油,さらには水などが用いられる.添加剤は潤滑油の種類や機能により様々な化合物が使用される[1,2].表4.1に主な添加剤の種類と機能を示す.

潤滑油の主な働きは①潤滑作用,②冷却作用,③清浄作用,④さび止め作用,⑤密封作用,⑥動力伝達作用(例:トラクションフルード,油圧作動油),⑦防塵作用(例:グリース)などがある.これらの作用を十分に発揮させ,機械を正常運転させるためには潤滑油のメンテナンスが必要不可欠である.そのためには,潤滑油の性状がどのように変化したかを知ることが大切である.潤滑油における重要な性状とその試験法を表4.2に示した.ここで動粘度とは粘度を密度で割ったもので,潤滑油の粘性はこの値で表される場合が多い.この動粘度は最も重要な特性の一つで,劣化や異油種混入の有無などの判定に用いられる.エンジン油やトランスミッション油などの自動車用潤滑油についてはSAE粘度分類が,産業機械に使用される工業用潤滑油についてはISO粘度分類が適用されている(表4.3,4.4).

4.1 潤滑剤の概要

表4.1 潤滑油に使用する主な添加剤の種類と機能

種類	主な化合物	
酸化防止剤	ZDTP, フェノール系化合物, アミン系化合物	油の酸化劣化を防止する
摩耗防止剤	ZDTP, リン系化合物, 硫黄系化合物	金属などの摩耗を防止する
極圧剤	ZDTP, リン系化合物, 硫黄系化合物	金属などの焼付きを防止する
油性剤	脂肪酸, エステル系化合物, アミン系化合物, アルコール系化合物, 有機金属系化合物	金属間などの摩擦を防止する
清浄剤	金属スルホネート, 金属サリシレート, 金属フェネート	金属などに堆積した劣化物をかき出し清浄にする
分散剤	アルケニルコハク酸イミド	油不溶性物質を凝集沈殿することなく油中に分散させる
さび止め剤	金属スルホネート, エステル系化合物, アミン系化合物	金属のさびを防止する
金属不活性化剤	ベンゾトリアゾール系化合物	金属の溶出を防止する
粘度指数向上剤	PMA, OCP	粘度-温度特性を向上する
流動点降下剤	PMA	低温流動性を向上する
消泡剤	シリコーンオイル, エステル系化合物	泡立ち性を改善する

ZDTP：ジアルキルジチオリン酸亜鉛　PMA：ポリメタアクリレート
OCP：オレフィンコポリマー

表4.2 潤滑油の主な性状と試験法

性状	試験法	性状	試験法
密度	JIS K 2249	アニリン点	JIS K 2256
引火点	JIS K 2265	水分	JIS K 2275
色相	JIS K 2580	汚染度	JIS B 9931
動粘度	JIS K 2283	不溶分 (n-ペンタン, ベンゼン)	JPI 5 S-18-80
粘度指数	JIS K 2283	泡立ち性	JIS K 2518
低温粘度（ブルックフィールド）	ASTM D 2983	銅板腐食性	JIS K 2513
中和価（全酸価, 塩基価）	JIS K 2501	さび止め性	JIS K 2510
流動点	JIS K 2269		

表 4.3　自動車用エンジン油の SAE 粘度分類

SAE 粘度分類	CCS 粘度 (℃) (ASTM D 5293) mPa·s 最大	MRV 粘度 (℃) (ASTM D 4684) mPa·s 最大, ただし降伏応力なし	動粘度 (100 ℃) (ASTM D 445) mm^2/s 最小	動粘度 (100 ℃) (ASTM D 445) mm^2/s 最大	HTHS 粘度 [*1] (150 ℃, 10^6 s^{-1}) mPa·s 最大
0 W	6200 (−35)	60000 (−40 ℃)	3.8	—	—
5 W	6600 (−30)	60000 (−35 ℃)	3.8	—	—
10 W	7000 (−25)	60000 (−30 ℃)	4.1	—	—
15 W	7000 (−20)	60000 (−25 ℃)	5.6	—	—
20 W	9500 (−15)	60000 (−20 ℃)	5.6	—	—
25 W	13000 (−10)	60000 (−15 ℃)	9.3	—	—
20	—	—	5.6	9.3	2.6
30	—	—	9.3	12.5	2.9
40	—	—	12.5	16.3	2.9/3.7 [*2]
50	—	—	16.3	21.9	3.7
60	—	—	21.9	26.1	3.7

*1：ASTM D 4683, ASTM D 4741, CEC L-36-A-90
*2：0 W-40, 5 W-40, 10 W-40 は 2.9　15 W-40, 20 W-40, 25 W-40, SAE 40 は 3.7

(2) 潤滑油の種類と選定

潤滑油は用途により様々な種類があり，自動車用潤滑油，船舶用潤滑油，工業用潤滑油，金属加工用潤滑油に大別される[3]．

1) 自動車用潤滑油

a) 内燃機関用潤滑油（エンジン油）

内燃機関用潤滑油は，ガソリンエンジンやディーゼルエンジンにおけるピストンリング-シリンダライナ間などのしゅう動部における摩耗防止作用や未燃焼燃料などにより生成したスラッジをエンジン部品に付着させない清浄分散作用などの働きをする．

ガソリンエンジン油はピストン周辺で高温（200～250 ℃）にさらされ，窒素酸化物（NO_x）の混入により劣化を受けやすいため，高い熱・

表 4.4　ISO 粘度分類

ISO 粘度グレード	中心値の動粘度 (40 ℃), mm^2/s	動粘度範囲 (40 ℃), mm^2/s
VG 2	2.2	1.98 以上　2.42 以下
VG 3	3.2	2.88 以上　3.52 以下
VG 5	4.6	4.14 以上　5.06 以下
VG 7	6.8	6.12 以上　7.48 以下
VG 10	10	9.00 以上　11.0 以下
VG 15	15	13.5 以上　16.5 以下
VG 22	22	19.8 以上　24.2 以下
VG 32	32	28.8 以上　35.2 以下
VG 46	46	41.4 以上　50.6 以下
VG 68	68	61.2 以上　74.8 以下
VG 100	100	90.0 以上　110 以下
VG 150	150	135 以上　165 以下
VG 220	220	198 以上　242 以下
VG 320	320	288 以上　352 以下
VG 460	460	414 以上　506 以下
VG 680	680	612 以上　748 以下
VG 1000	1000	900 以上　1100 以下
VG 1500	1500	1350 以上　1650 以下

酸化安定性や清浄分散性が要求される．ガソリンエンジン油の品質は一般に API (American Petroleum Institute) 規格や ILSAC (International Lubricant Standardization and Approval Committee) 規格などで規定されている．主な要求性能項目としては高温酸化安定性，動弁系摩耗防止性，省燃費性，蒸発特性などが求められる．

　ディーゼルエンジン油は軽油中に含まれる硫黄が燃焼後水分と反応し硫酸となるため酸中和性能が求められる．また，すすが油に混入し，その凝集を抑えるために必要に応じて分散剤が使用される．ディーゼルエンジン油の品質も API 規格で規定されている．しかし，API 規格が認証する CG-4 油ついては，国内自動車メーカーからの動弁系摩耗に対する問題があるとの指摘を受け，JASO (Japan Automobile Standards Organization) では日本独自の DH-1 規格を 2001 年に制定した．

b）自動変速機油（ATF）

自動車の自動変速装置はトルクコンバータ，湿式摩擦材を用いた変速クラッチ，それらを制御する油圧装置から構成されており，自動変速機油（Automatic Transmission Fluid；ATF）が用いられる．ATFは湿式摩擦材との摩擦特性に優れ，油圧作動油としての粘度特性，摩耗防止性，酸化安定性などにも良好な必要がある．特に摩擦特性はシフトフィーリングや変速ショックなどに影響を与える重要な特性である．

ATFの規格としてはDEXRON®（GM規格）[4]およびMERCON®（Ford規格）[5]が国際的に使用されている．主な要求項目は粘度特性，せん断安定性，摩擦特性，酸化安定性などである．

c）自動車用ギヤ油

自動車，建設機械，農業機械などの手動変速機や終減速機の潤滑に自動車用ギヤ油が用いられる．自動車用ギヤ油には高い極圧性が求められ，また工業用ギヤ油に比較して高温にさらされるため熱・酸化安定性にも優れていなければならない．APIでは自動車用ギヤ油を用途，性能により7種類に分類している[6]．GLレベルはギヤ油組成，相当規格などにより決められ，GLレベルが高くなるにつれて耐荷重能は良好になる．

2）船舶用潤滑油

舶用機関は2サイクルクロスヘッド型と4サイクルトランクピストン型に大別され，前者の潤滑油にはシリンダ油とシステム油が，後者にはトランクピストンエンジン油が使用される．

シリンダ油は燃焼室のシリンダ部に注油されシリンダライナおよびピストンリングの摩耗を防止する．舶用機関用燃料は硫黄分を多く含むため腐食摩耗が起きやすく，そのため塩基価の高い潤滑油が使用される．一方，システム油は燃焼ガスと直接接触しないため高い塩基価は必要ないが，クランク室内のクロスヘッド，ピストンピン，クランク軸などの軸受や歯車などの潤滑油に使用されるため高い耐荷重性能や

熱酸化安定性が必要とされる．また，クランク室内のスラッジの付着を防止するため清浄分散性も求められる．

トランクピストンエンジン油はピストンリングとシリンダライナ間の潤滑およびクランク室内の軸受部の潤滑を行うため，シリンダ油とシステム油の両性能を保有しなければならない．そのため，摩耗防止性，酸中和性，清浄分散性，熱・酸化安定性などの性能が求められる．

舶用エンジン油については品質を規定する国際規格はなく，JIS（日本工業規格）の内燃機関用潤滑油規格（JIS K 2215）に使用区分と性状等の品質について規定されているのみである．

3）工業用潤滑油

a）タービン油

タービン油は水力，火力，原子力タービン発電機の軸受油として古くから使用されているだけでなく，低圧の油圧設備や低荷重の歯車などの潤滑油にも用いられている．タービン油の品質は JIS K 2213 で規定され，1種（無添加）と2種（添加）に分類されている．

電力の安定供給という観点からタービン油は長期間安定した品質・性能を維持することが求められる．特に最も重要な性能である酸化安定性の評価は JIS K 2514 で規定され，その中のタービン油酸化安定度試験（TOST）や回転ボンベ式酸化安定度試験（RBOT）がよく用いられる．その他に，錆止め性，消泡性能や水分離性能などが重要な性能である[7]．

発電設備で使用されるタービン油は発電方式により蒸気タービン油，ガスタービン油，水力タービン油に大別される．蒸気タービン油に比較してガスタービン油は軸受温度が高くなるためより高い酸化安定性が求められ，使用される酸化防止剤のタイプも異なる[8]．水力タービン油は比較的穏やかな使用条件であるため無添加タービン油が使用されることがある．ただし，バルブの作動不良対策としてスラッジ分散剤を添加した専用油も開発されている[9]．

b) 油圧作動油

　油圧装置は，鉄鋼，射出成型機，工作機械などの一般産業機械のほか，建設機械，船舶，自動車などあらゆる機械に使用されている．そのため，油圧作動油の使用条件，使用環境もさまざまであり，多種多様な種類がある[10,11]．比較的低圧の装置では，さび止め剤と酸化防止剤を添加したR&O型作動油が使用可能であるが，高圧の油圧設備では耐摩耗型油圧作動油が主に使用され，現在の主流となっている．寒冷地などの低温環境で運転される機器や数値制御（NC）機械のように高い応答性が要求されるような油圧機器には温度に対する粘度の変化が小さい高粘度指数型油圧作動油が用いられる．油圧作動油に使用される添加剤はZDTP（表4.1参照）が主流であるが，高温ではスラッジ化しやすい欠点をもつ．最近では，油圧システムの高圧化，高速化，小型化，高制御化に伴い使用温度が高くなり，より酸化安定性に優れた非亜鉛系油圧作動油の使用が年々増加している[11]．

　難燃性油圧作動油は鉄鋼の連続鋳造設備，圧延設備，ダイカストマシン，各種加熱炉など引火の危険がある油圧機器に用いられている[12]．含水系は難燃性に優れるが，鉱油系油圧作動油に比べ使用液管理や廃液処理性が問題である．合成系のうち，リン酸エステル系は耐火性に優れるが加水分解安定性やシール材との適合性に劣り，価格も高い．一方，脂肪酸エステル系は鉱油系と同じ油圧機器が使用可能で，潤滑性，安定性に優れるがやや難燃性に劣る傾向にある．

　生分解性油圧作動油は日本国内ではまだ需要が少ないものの，法規制の厳しい欧州などでは建設機械を中心に使用されている．合成系に比較して植物油系は低価格で生分解性に優れるものの一般的に酸化安定性に劣る欠点がある[13]．

　油圧作動油の品質については鉱油系油圧作動油についてはISO 11158で，難燃性油圧作動油についてはISO 12922で，生分解性油圧作動油についてはISO/DIS 15380で規定されている．

油圧作動油の選定にあたっては，まず難燃性が必要かどうかを決め，使用機器のポンプの種類，型式，使用温度範囲，使用圧力範囲，シール材との適合性，経済性などから総合的に判断する必要がある[14]．特に粘度選定は重要で，粘度が高すぎるとポンプ内部の摩擦増加，油温上昇，油圧配管の圧力損失増大，逆に低すぎると油膜切れによるポンプの焼付きや内部漏れ量の増加による流量低下などの問題を引き起こすため，適正な粘度の油圧作動油を選定する必要がある．

c) 工業用ギヤ油

歯車は動力あるいは回転を伝えるための機械要素として各種産業機械に広く使用されている．歯車は種類も多く，歯面の接触状態も異なる．歯車の潤滑は歯面の接触圧力が高く，荷重が変化し，すべりと転がりが同時に行われるなど複雑である．したがって，歯車用潤滑油であるギヤ油に対する要求性能も厳しいものとなる．ギヤ油に要求される性能としては，① 適切な粘度，② 高い極圧性，③ 優れた熱安酸化安定性，④ 優れたさび・腐食防止性能，⑤ 良好な消泡性，⑥ 優れた水分離性などが挙げられる[15]．

歯車の形式には，3.4.2 で述べたように平歯車，はすば歯車，かさ歯車，ウォーム歯車などがあり，寸法，荷重，速度，温度，給油法など使用条件は多種多様である．したがって，ギヤ油にも種々のタイプがあり，ANSI/AGMA (American National Standard Institute/American Gear Manufacturers Association) では工業用密閉歯車ギヤ油について分類を行っている[15]．一方，国内では JIS K 2219 にギヤ油の分類を規定している[15]．ギヤ油には高い極圧性が求められるため，硫黄系化合物やリン系化合物が使用される SP 系処方が主流である．また，有機金属系化合物や固体潤滑剤などの摩擦調整剤を添加した省エネタイプのギヤ油，高粘度指数型ギヤ油，耐熱ギヤ油などの高性能ギヤ油も使用されている．

ギヤ油の選定は歯車の種類，使用条件に応じて行われ，例えば平歯車，

はすば歯車，かさ歯車の軽荷重条件ではR＆Oタイプ，重荷重条件では極圧（EP）タイプのギヤ油が適している．また，ウォームギヤ，ハイポイドギヤ，開放式ギヤには専用のギヤ油を使用する必要がある．ギヤ油の選定上最も重要なのは運転条件に適した粘度をもつ油を選択することである．最適粘度の求め方については種々の方法が提案されており，使用歯車，使用条件にあったギヤ油を選定することが大切である[15]．

d）軸受油

軸受油は機械の軸受の潤滑，冷却，シール作用のために用いられ，軸受の種類（転がり軸受やすべり軸受など），使用条件（温度，回転数，荷重など），給油方法（全損式や循環式など）により要求性能が異なる[16]．軸受油の品質はJIS K 2239に規定され，ISO VG2からVG460まで15種類を定めている．ISO VG22以下の低粘度軸受油は工作機械の高速主軸，紡績機械のスピンドル軸受，低圧の油圧装置などに使用されている．ISO VG32からVG100までの中粘度軸受油は錆止め剤と酸化防止剤を添加したR＆Oタイプが主流で，主にタービンポンプ，軽荷重歯車，空気圧縮機，中低圧の油圧装置などに使用される．また，VG100以上の高粘度軸受油は主に抄紙機のロール軸受や圧延機の油膜軸受などに用いられている．

軸受油の選定にあたっては，全損式の場合，減摩効果が必要とされるため適正な粘度が重要であるが，循環式の場合は粘度以外に酸化安定性，水分離性，消泡性，錆止め性などが要求され，機械によっては摩耗防止性や清浄性なども要求される場合がある．

e）すべり案内面油

マシニングセンタなどの工作機械のすべり案内面にはすべり案内面油が使用される．すべり案内面で問題となるのは，低速領域での不安定なすべり現象であるスティックスリップの発生と高速領域におけるテーブルの浮上がり現象である．スティックスリップの発生を抑える

ために，すべり案内面油には一般に油性剤などが添加され摩擦特性を向上させている．一方，テーブルの浮上がりを防止するためには低粘度化するのが有効であるが，粘度が低すぎると摩擦係数の高い境界潤滑領域が広がるためスティックスリップが発生しやすくなる．したがって，適正な粘度が必要となる[17]．

また，すべり案内面油は切削や研削時の加工液に混入する可能性が高く，これが加工液の性能低下を招く場合があり注意が必要である．特に水溶性加工液に混入するとその寿命が早まってしまうこともあることから，すべり案内面油にとっては，水溶性加工油剤との分離性に優れることも重要な性能の一つである．

すべり案内面油はJIS B 6016に規格化されており，すべり案内面専用油と油圧兼用油に分類されている．

f) 圧縮機油

圧縮機は機構別に容積型とターボ型に分かれ，前者は往復動式と回転式，後者は軸流式と遠心式に分類される．圧縮ガスにより空気圧縮機とガス圧縮機に分けられるが，前者が主流である．往復動空気圧縮機油と回転式空気圧縮機油は潤滑条件と要求性能が大きく異なるため，それぞれに専用油が使用されている[18]．

往復動式空気圧縮機油はピストンとシリンダのしゅう動部などを潤滑する内部油とクランクケース内のクランクロッド，クランクピン，軸受などを潤滑する外部油に分けられ，大型機では条件に応じて内部油と外部油を使い分けることがある．内部油はシリンダ内で高温・高圧の空気とともに霧状となって吐出弁に付着するため，高温でもカーボン化しにくい性能が要求される．また，鉱油のみならず合成油が使用される場合もある．ISO 6743では往復動式空気圧縮機油の品質が規定され，吐出圧，温度，運転方法により3種類に分類されている．

回転式空気圧縮機油は，圧縮機内でミスト状になり断熱圧縮熱を奪って冷却し，吐出空気温度を70〜90℃に保つため，厳しい酸化条件下で

使用される．そこで，他の潤滑油に比べて極めて高い熱・酸化安定性が要求され，合成油が使用される場合もある[19]．また，良好な水分離性，錆止め性なども必要である．回転式空気圧縮機油もISO 6743に規格化されており，3種類に分類されている．

ターボ型圧縮機油は圧縮ガスと潤滑油が直接接触せず，軸受潤滑が主目的であるため添加タービン油や軸受油などが使用される．

g) 冷凍機油

冷凍機油は冷蔵庫，ルームエアコン，カーエアコンなどの冷凍装置における，冷媒用圧縮機の潤滑，冷却，シール作用を担うために用いられる[20]．冷凍機油は低温での流動性とともに高温・高圧の冷媒と接触するため高温での安定性も必要である．また，ごくわずかではあるが，一部の冷凍機油が冷媒とともに冷凍サイクル内に吐出されるため，冷凍サイクル内を循環するためには冷媒との相溶性に優れることも重要な性能の一つである．さらに，モータ内蔵型の密閉型冷凍機油には高い電気絶縁性が求められる．冷凍機油の品質はJIS K 2211に規格化され，1種（開放型用）と2種（密閉型および半密閉型）に分類されている．

近年ではオゾン層保護のために塩素を含有するCFC（クロロフルオロカーボン）冷媒は全廃となり，一部塩素を含有するHCFC（ハイドロクロロフルオロカーボン）冷媒も，塩素を含まないHFC（ハイドロフルオロカーボン）冷媒への切替えが進んでいる．冷凍機油は従来CFC冷媒との相溶性が良いナフテン系鉱油やアルキルベンゼンなどが主に基油として用いられてきたが，HFC冷媒との相溶性が不十分ため，より相溶性の高いポリオールエステルやポリアルキレングリコールなどの合成系基油が主流となりつつある[21,22]．

4) 金属加工油

金属加工油には切削油，研削油，圧延油，プレス油，鍛造油，引抜き油，放電加工油など多種類の潤滑油があり，それらの詳細については成書など[3]にゆずる．

4.1.2 グリース

グリースとは「潤滑油中に増ちょう剤を分散させて半固体又は固体状としたもの．特殊な性質を与える他の成分が含まれる場合もある．」とJIS K 2220で定義しているように，その特徴は，半固体または固体状の潤滑剤の総称であり，増ちょう剤と基油（潤滑油）さらに添加剤の3成分で構成される．増ちょう剤は，グリース中に5～20質量%含まれ，基油を半固体状にして保持する役割を担いグリースの流動特性を大きく左右する成分である．基油は，グリース中の80質量%以上を占めており，潤滑性能に関わる重要な成分である．添加剤は，酸化防止性，極圧性，錆止め性など使用条件により要求される性能を補充するために加えられている．グリース潤滑は，半固体状であることにより，油潤滑と比べ表4.5に示すような利点・欠点を有している[23]．

この項では，グリースを使用するにあたり，グリースの基本性状およびグリースの種類と選定について述べる．

(1) グリースの基本性状

液状の潤滑油と違って，グリースは半固体状としての特有の性状を示

表4.5 油潤滑とグリース潤滑の得失〔出典：文献23)〕

油潤滑	グリース潤滑
何らかの形で連続給油必要（滴下，はねかけ，循環など）	長期無給油可能（密封軸受も可）
必要油量多	少量で可
潤滑系複雑大規模	潤滑系単純（軸受だけでも可）
密封装置複雑	密封単純（グリース自体にシール作用あり）
異物連続除去可能（ろ過，遠心分離など）	異物の除去不可能
高速回転まで可	高速限界低い（特にすべり軸受に不適）
冷却能大	冷却能なし
摩擦損失一般に小（粘度選定，潤滑法よろしきを得て）	一般には損失大（転がり軸受ではチャネリングによる低トルク実現可）
長期間停止中油面上部の油膜保てずさび防止できず	周囲に付着してさびを防止できる
添加剤の効果良	添加剤の必要濃度高くなる（固体潤滑剤は沈降せずむしろ利用しやすい）

し，これがグリース選定のためには重要な指標となる．その特性の評価には，潤滑油と異なる試験条件が用いられることが多く，現在わが国では，日本工業規格（JIS K 2220），米国材料試験協会規格（ASTM D），英国石油協会規格（IP）などに規定されている方法が採用されている．なお，目的によっては使用者が独自に決めている方法もあるが，ここでは一般的に実施されている代表的なものを示す．

1）ちょう度とちょう度番号

ちょう度はグリースの最も基本的な性状である硬さを表すもので，規定の円すいを試料に進入させた深さを mm の 10 倍で示した数値である．したがって，値が小さいほど硬いことを，値が大きいほど軟らかいことを示す．グリース試料をできるだけ混ぜないようにして測定する不混和ちょう度と，所定の条件で試料を混ぜた後に測定する混和ちょう度とがある．ちょう度番号は表 4.6 に示すように，グリースの混和ちょう度の範囲によって分類された番号であり，ちょう度とは反対にその値が大きいほど硬いことを示す．

表 4.6　ちょう度分類

ちょう度番号	混和ちょう度	硬さ
000	445～475	軟
00	400～430	↑
0	355～385	
1	310～340	
2	265～295	
3	220～250	
4	175～205	
5	130～160	↓
6	85～115	硬

2）耐熱性

グリースがどの程度の高温まで使用可能かの性能を示す．グリースは加熱されると軟化し半固体状から液状に変化したり，そこから分離する油分が多くなったりして使用の限界が生じる．耐熱性の目安として滴点があり，それは規定の試験装置でグリースを加熱し容器の穴より油滴が初めて落下する時の温度で示す．滴点は，グリースの実用性能と直接的な関係にはないが，グリースの選択にあたっては使用時の温度より数十度高い滴点のものを用いるとされる[24]．滴点の高低は主に増ちょう剤の種類に依存する．

3）機械的せん断安定性

グリースが使用されて強いせん断を受けるともとの硬さに戻らず，グリースの構造が破壊され軟化する．使用条件や環境条件によっては，まれに硬化することもある．この硬さの変化度合いはグリースの種類やせん断の条件により異なる．その評価は，混和安定度試験およびロール安定度試験で行われ，いずれも試験前と比べたせん断後のちょう度変化が小さいほど機械的せん断安定性は良いと判定する．

4）耐水性

グリースが水や湿気と接触する条件で使用されると軟化など性状が変化し，性能が損なわれることがある．その影響度合いを耐水性と呼び，グリースを充てんした玉軸受を回転させながら温水を吹き付け，洗い流されたグリース量を測定する水洗耐水度試験や，水をグリースにあらかじめ一定量混合してロール安定度を測定する含水ロール安定度試験などで評価される．

5）低温特性

グリースは低温になると硬くなり，軸受のトルクやしゅう動抵抗が増大する．その硬さの変化は，グリースの種類（特に基油の種類）により異なる．評価として低温トルク試験があり，グリースを充てんした玉軸受を低温槽内で回転させ，起動トルクと回転トルクを測定する．また，低温における見掛け粘度などのレオロジー特性を評価することも行われている．

6）酸化安定性

グリースは保存中や使用時に大気中の酸素により酸化され，性能の低下をきたす．その酸化劣化に対する安定性が酸化安定性で，増ちょう剤・基油および添加剤が複雑に関与する．その評価方法の一つとして，酸素で加圧された容器の中に試料を入れ，規定された条件でその吸収量を圧力降下値で示す酸化安定度試験がある．この試験による評価結果は貯蔵中の酸化劣化と相関するといわれている．

7）油分離

時間の経過や温度，外力（遠心力など）により油がグリースから分離する現象を油分離，離油あるいは離しょうといい，グリースの構造，使用環境や条件などに影響される．転がり軸受などでは，グリースの離油傾向が極端に大きいものは潤滑寿命が短くなり，極端に少ないものは潤滑不良にもつながるとされる．その評価は，一般に，金網で作られた円すいろ過器に試料を入れ，規定温度に保ち規定時間までに分離した油を質量％で示す．また，圧力を加える方法もある．

8）耐荷重能

耐荷重能とは，摩擦部に用いられる潤滑剤が，どの程度の荷重まで要求される潤滑性能を維持できるかを示すもので，潤滑油と同様に，目的により極圧添加剤をグリースに添加し耐荷重能を向上させている．その評価には，各種の耐荷重能試験機が使用されるが，試料の供給などの点で潤滑油の場合とは異なるグリース特有の試験法となっている．その代表的な評価法はチムケン試験と高速四球試験であり，いずれも試験の停止にいたる最大荷重が高いほど耐荷重能が高いことを示す．

9）圧送性

グリースを供給することを給脂といい，グリースをある圧力で送り出す（圧送する）ときの給脂システムの配管，分配弁およびノズルなどでの流動特性の指標が圧送性である．圧送性には基油の種類（特に粘度），増ちょう剤の種類や量が関与し，その評価は，規定の温度，せん断率で毛管中にグリースを圧送したときの圧力を測定し，見掛け粘度として求める．それより給脂システムの所要圧力などが算出される．

10）その他

上述した他に，使用目的によって，錆止め性，腐食防止性，耐ゴム・耐樹脂性などが評価される．

（2）グリースの種類と選定

市場の要求に合わせ多種のグリースが開発され市販されている．この

数多いグリースの中から，目的に合った適切なグリースを選定することは重要な作業である．以下にグリースの種類とその選定についておおよその目安を述べる[25]．

1）グリースの種類

グリースは前述したように，基油，増ちょう剤および添加剤からなり，各々の成分に基づく分類がある．

最も一般的に使用されるのが，半固体状の特性を支配する増ちょう剤による分類である．表4.7に代表的な増ちょう剤の種類と特徴を示す．リチウム石けんを増ちょう剤としたグリースは，各種の性能がおおむね良好なことから万能グリースと呼ばれ，現在，なお広く使用されている．また，ウレア系グリースは，耐熱性に優れるとともに，石けん系グリースと比べると，基油の酸化劣化に対する増ちょう剤の触媒的な作用が小さいため，高温で長寿命であることが最大の特長である．

基油による分類には，増ちょう剤によるほど細分化したものがないのが一般的である．使用している基油が鉱油か合成油かの違いによって，鉱油系グリース，合成油系グリースに大きく分けられる．グリース基油としての代表例を表4.8に示す．

2）グリースの選定

使用条件から要求性能に合致しているグリースを選定することが重要である．その手法について以下に述べるとともに，フローチャートを図4.1に示す．

a）ちょう度の選定

まず，ちょう度を選定する．軟らかければ圧送しやすいが洩れやすく，硬ければ洩れにくいが流動性に欠ける．したがって，集中給脂用としてはちょう度番号No.1以下の軟らかいものを使用し，密封軸受用としてはNo.2（またはちょう度300）より硬めのものを使用するのが一般的である．

表4.7 代表的な増ちょう剤の種類と特徴〔出典：文献25)〕

増ちょう剤の種類			最高使用可能温度	耐水性	せん断安定性	備考
セッケン系	金属セッケン系	カルシウムセッケン（牛脂系）	70℃	△	△	構造安定剤として約1％の水分を含む
		カルシウムセッケン（ひまし油系）	100	○	○	水分を含まない
		アルミニウムセッケン	80	○	×	粘着性に優れる
		ナトリウムセッケン	120	×	△	水により乳化する
		リチウムセッケン（牛脂系）	130	○	○	最も欠点が少なく，万能型
		リチウムセッケン（ひまし油系）	130	○	◎	最も欠点が少なく，万能型
	複合系	カルシウムコンプレックス	150	○	○	径時，熱により硬化する傾向
		アルミニウムコンプレックス	150	◎	◎	撥水型，圧送性良好
		リチウムコンプレックス	150	○	◎	リチウムセッケンの耐熱向上型
ウレア系	ジウレア	芳香族ジウレア	180	☆	☆	ウレア系では最も安定，密封用に適する
		脂肪族ジウレア	180	◎	◎	万能・せん断軟化型，集中給脂用に適する
		脂環式ジウレア	180	◎	◎	万能型，一部のものはせん断で硬化
	トリウレア		180	○	△	熱により硬化
	テトラウレア（ポリウレア）		180	○	△	せん断により軟化，ロットのばらつき大
有機系	ナトリウムテレフタラメート		180	○	○	油分離大，金属基含有のため酸化劣化大
	PTFE		250	☆	☆	最も安定，コンパウンドで多量に要，コスト高
無機系	有機化ベントナイト		200	△	○	長期間高温使用で炭化
	シリカ		200	×	×	水の存在下で発錆しやすい

☆：非常に優れる　◎：優れる　○：良好　△：普通　×：劣る

b) グリース成分からの選定

次に，グリース成分からの選定を増ちょう剤，基油，添加剤の順で行う．

4.1 潤滑剤の概要

表 4.8 代表的なグリース基油の種類と特徴 [出典：文献 25]

	鉱油	ジエステル	ポリオールエステル	合成炭化水素油	ポリグリコール	フェニルエーテル	シリコーン	フッ素系合成油
構造式(代表例)	混合炭化水素	$RO-\overset{O}{\overset{\|}{C}}-R'-\overset{O}{\overset{\|}{C}}-OR$	$C-(CH_2OCOR)_4$	$-\overset{R}{\overset{\|}{C}HCH_2}-)_n$	$-\overset{R}{\overset{\|}{C}HCH_2-O})_n$	$-\langle\bigcirc\rangle-O)_n$	$-\overset{R}{\overset{\|}{Si}O})_n$	$-\overset{CF_3}{\overset{\|}{C}FCF_2-O})_n$
想定油種	P系中粘度油	DOS	中粘度 PET	中粘度 PAO	中粘度 PPG	ADE	ジメチルシリコーン	中粘度 PFAE
潤滑性(油性)	○	◎	◎	○	△	○	×	○
耐熱性	×	△	○	○	○	◎	☆	☆
酸化安定性	×	△	○	◎	△	◎	☆	☆
低温性	△	☆	◎	◎	○	○	☆	☆
耐ゴム性	△	×	×	☆	☆	◎	☆	☆
耐樹脂性	△	×	×	◎	×	◎	☆	☆
備考	安価	耐ゴム性に劣る		一般に耐ゴム性に優れるが天然ゴム、EPDMには不適合	天然ゴム、EPDMにも適合	耐放射線性にも優れる	鋼対鋼の境界潤滑性に劣る	現状では最も化学的に安定、非常に高価

DOS：ジエチレンヘキシルセバケート（通称：ジオクチルセバケート），PET：ペンタエリスリトール，PAO：ポリアルファオレフィン，PPG：ポリプロピレングリコール，ADE：アルキルジフェニルエーテル，PFAE：パーフルオロアルキルエーテル

☆：非常に優れる ◎：優れる ○：良好 △：普通 ×：劣る

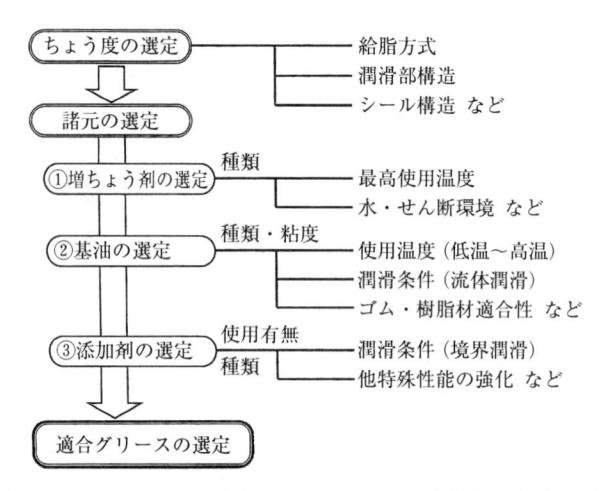

```
ちょう度の選定 ─┬─ 給脂方式
                ├─ 潤滑部構造
     ↓          └─ シール構造 など
諸元の選定
     ↓              種類
①増ちょう剤の選定 ─┬─ 最高使用温度
                    └─ 水・せん断環境 など
     ↓              種類・粘度
②基油の選定 ─┬─ 使用温度(低温~高温)
              ├─ 潤滑条件(流体潤滑)
              └─ ゴム・樹脂材適合性 など
     ↓              使用有無
③添加剤の選定 ─┬─ 潤滑条件(境界潤滑)
       種類    └─ 他特殊性能の強化 など
     ↓
適合グリースの選定
```

図4.1　グリースの選定方法フローチャート〔出典：文献25)〕

① 使用温度により増ちょう剤を選定する．さらに表4.7より耐水性，せん断安定性などの要求性能に適合する増ちょう剤の種類を選ぶ．例えば，100℃以上で使用するのであれば，カルシウムセッケン，アルミニウムセッケンは除外される．

② 使用条件による要求性能で，表4.8に示す耐熱性，低温性，耐ゴム・耐樹脂性などの性能から基油を選定する．

　例えば，−40℃で使用可能なことが条件であれば，一般の鉱油，エーテル油，高粘度ポリαオレフイン，高粘度PFAEは除外される．

③ 特別な要求性能，例えば極圧添加剤を含有する必要があるかどうかなどの選定を行う．

　目的が耐久性すなわち寿命の向上の場合，各成分の種類だけで決まるものではないので，総合的な観点からの選定が必要となる．

以上，グリース選定に関する基本的な考え方を述べたが，より良いグリースの使用をめざすためには，このような机上の選定だけにとどまらず，適切な試験による評価や実機による性能確認を行うのが望ましい．

4.2 潤滑方法

4.2.1 潤滑油系の給油システム
(1) 給油システムの種類

　潤滑油系とは，摩擦・摩耗防止などの目的で潤滑油を必要とする部位に適材かつ適量の潤滑油を供給するための給油・廃油系および付属機器を総称したものをいう．給油方法も機械装置の構造，仕様や運転条件に応じ数多くあるが，大別すると，潤滑油を潤滑面に少量ずつ給油し使い捨てる全損式と，潤滑油を閉回路の中で何度も使用する回収式の給油方法がある．表4.9, 4.10に給油方法の分類，給油装置の種類を示し，それらの代表例について以下に説明する．

1) 全損式給油方法

a) 機力給油

　機力給油装置の例を図4.2に示す．装置本体の回転軸あるいは専用モータによって駆動される偏心カムにより，ピストンを作動させ，ストローク分の油を供給する構造となっている．供給量の調整はピストンストロークあるいはカムの回転速度で行う．この方法は，主にエンジン，圧

表4.9　給油方法と給油装置

給油方法	潤滑剤	給油装置の種類
手給油	潤滑油	手差し給油器，塗布
	グリース	グリースカップ，グリースガン，塗布
滴下給油	潤滑油	可視滴下給油器，びん形給油器，灯心給油装置
自己循環給油	潤滑油	リング給油装置，カラー給油装置，チェーン給油装置，詰物給油装置，油浴給油装置，飛沫給油装置
	グリース	密封軸受
強制給油	潤滑油	循環給油装置，噴霧給油装置，集中給油装置
	グリース	手動集中給油装置，自動集中給油装置

表 4.10 油潤滑法の種類と特徴

分類	種類	適用範囲	特徴	設備費	保全費
全損式	手差し	低中速・低荷重(間欠運転される機械の軸受,しゅう動部,開放歯車等)	装置は簡単であるが頻繁に給油が必要.オイルニップル,キップからのごみの侵入に注意.	安価	安価
	滴下	低中荷重の軸受(周速4〜5 m/s以下)	手差しと比較し人手が省け信頼性が高い.温度,油面高さにより給油量が変化する.	安価	普通
	灯心	低中荷重の軸受(周速4〜5 m/s以下)	給油量は灯心の数で調整.温度,油面高さ,油の粘度で給油量は変化する.	安価	安価
	機力	高速・高荷重シリンダ,しゅう動面,プレスの軸受	高圧で適量を正確に給油できる.大量の給油はできない.	高価	普通
	集中(グリース)	低中速・中荷重	集中,自動化が可能.	高価	普通
	噴霧	高速転がり軸受	集中,自動化が可能.空気による冷却効果大.給油量に制限があり,環境汚染も考慮すべき.	普通〜高価	高価
	エアオイル	工作機械用精密軸受や高速高精度スピンドル	集中,自動化が可能.常に新鮮な油を必要最小量供給できる.	普通	普通
回収式	油浴	低中高速軸受,歯車	多少の冷却効果あり.オイルレベルの管理に注意.	安価	不要
	飛沫	中小型減速機,中小型往復動圧縮機,内燃機関	多少の冷却効果あり.低速または超高速には不向き.	安価	不要
	パッド	中速・低中荷重,鉄道車両,クレーンの車軸軸受,ドラム軸受	給油の煩雑さが避けられる.目詰まりに注意が必要	安価	安価
	リング・ディスク	中速・低中高荷重,電動機,遠心ポンプ軸受	冷却効果大.低速回転や高粘度ゆでは給油不足となる.	安価	不要
	循環	大型設備用機械(高速・高温・高荷重)	給油量,温度,圧力の細かい調整が可能	高価	高価

縮機シリンダやプレスの軸受,しゅう動部材などに適用されている.

b) 滴下給油

滴下給油装置の例を図4.3に示す.滴下装置は主に低速,低荷重の小型軸受や歯車,チェーンに用いられる.可視滴下給油器は,のぞき窓から滴下の状態を見ながら,上部の調整ねじによってニードルバルブ

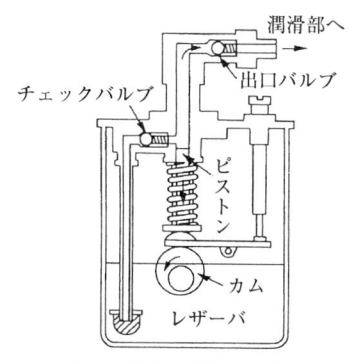

図 4.2 機力潤滑器の一例

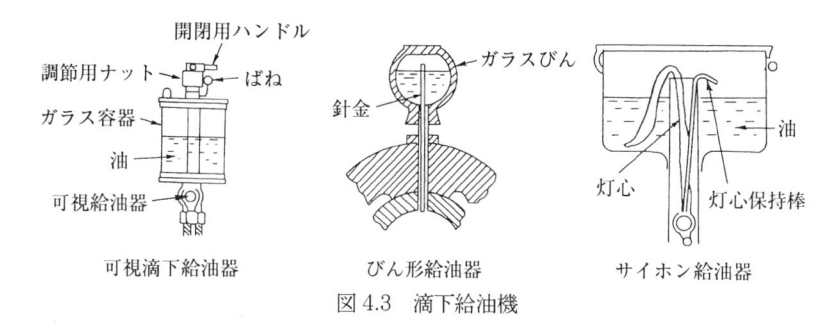

図 4.3 滴下給油機

の開き具合を調整する．びん形給油器は，すべり軸受に用いられ，軸の面に軽く接触したピンの振動によってスリーブのすきまから少量の油が滲み出し，軸に供給される．サイホン給油器は灯心給油器とも呼ばれ，油中に浸した灯心の毛管現象とサイホンの原理から，徐々に給油される機構をもっている．油に浸した灯心の数でおおよその給油量が調整できる．これらの滴下式給油装置に共通していえることは，油量の減少に伴い給油量が変化することで，日常点検では特に油面レベルに注意し，一つの目安として油量が1/3になるまでに補給する．また，滴下給油は高粘度の油に対して適用しにくい点もあるので，油の粘度を上げる場合には給油量の変化に注意する必要がある．

c) 噴霧給油

噴霧給油は潤滑油を圧縮空気でオイルミストにして，空気とともに潤

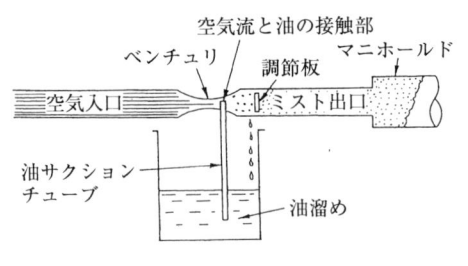

図4.4 オイルミスト発生の原理

滑箇所へ送り，そこでオイルミストは潤滑に適した液状に戻され潤滑面に給油する方法である．

オイルミスト発生の原理を図4.4に示す．空気中に分散された潤滑油の微粒子（1～3μm）はドライミストと呼ばれ，空気と混合状態で配管中を運ばれる．ドライミストになる量は，サクションチューブから吸い上げられた量の数%とごくわずかで，次の特徴があるため製鉄機械，工作機械，製紙・繊維機械など広い分野で使用されている．

(1) 低圧空気が使用可能（1～4 kgf/cm^2）である．
(2) 潤滑油の使用量が少ない．
(3) ドライミストは約0.1 kgf/cm^{2}の圧力で送られるので高圧配管の必要がない．
(4) 全損式給油方式のため，戻り配管の必要がない．
(5) オイルミスト発生装置は小型であり，設置面積が小さい．

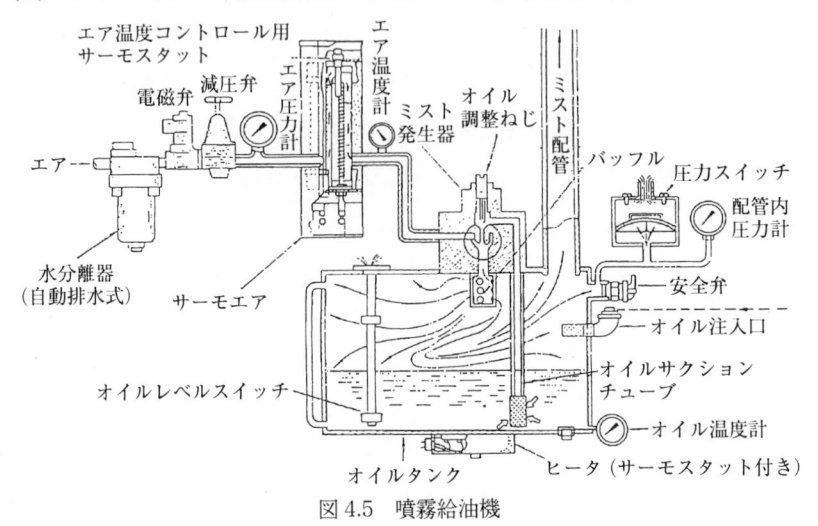

図4.5 噴霧給油機

（6）気体のため，多数の給油箇所に配分することができる．

図4.5に噴霧給油器の構成を示す．この装置の最大の特徴は少量の潤滑油で多数の部位を潤滑することにあるが，ドライミストは空気1 m^3 に4～10 ml しか含まれていない．このため，ドライミスト量が減少したり，空気量が減少すると潤滑不良につながるので，オイルミスト潤滑装置を採用する際には十分注意して検討を進めなければならない．

2）回収式給油方法

a）油浴給油

油浴給油装置の例を図4.6に示す．すべり軸受の給油法には，リング，カラー，チェーンなどによる油浴給油があり，モータやポンプなどに使用されている．主に，低速域でチェーン給油，中速・中荷重でリング給油，高速でカラー給油が使用されている．

転がり軸受の油潤滑の場合には，ほとんどが油浴式であり，油面レベルはころや玉の半分ぐらいまで浸すくらいが目安である．また，歯車の場合には，歯面は油浴式で潤滑し，かつ歯面によって跳ね上げられたギヤ油で軸受を潤滑する飛沫給油法がある．

これらの油浴給油では，油面レベルの点検管理が重要である．装置には多くの場合，油面計と給油口，ドレン抜きがついているので，常に最適油面レベルを維持するように留意する．油面レベルが下がり，軸受転動体や歯車の歯面の位置より下がると，急に潤滑されなくなる．ま

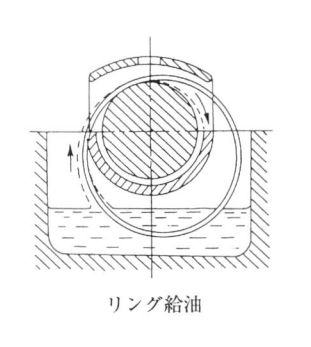

図4.6 油浴給油装置

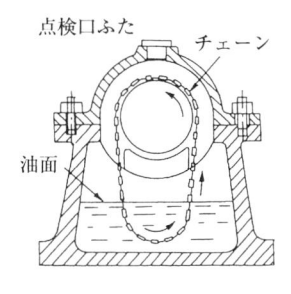

た，油量が多すぎると油温の上昇，かくはん抵抗による動力損失の増大，油漏れ等の問題を生じるので注意が必要である．

b）強制循環給油

強制循環給油は，タンクに貯えられた潤滑油をポンプによって，配管，ホース，ノズル等を通して一定量を潤滑部に直接供給する方式である．潤滑部から排出された油はタンクに戻り，反復使用される．強制循環給油の特徴をまとめると，次のような点が挙げられる．

（1）多数の潤滑部に温度，圧力，油量をきめ細かく調整して給油でき，潤滑効果も高く，また自動化も容易である．
（2）大量の油を供給することができ，潤滑面の冷却効果も高く，大型機械にも適する．
（3）タンク内での沈降作用や別途フィルタを使用することにより，油中異物や水分が分離され，常に清浄な油を潤滑部に供給することができ，摩耗防止効果が大きい．

強制循環給油は，このようにして潤滑法として優れた機能を有し，蒸

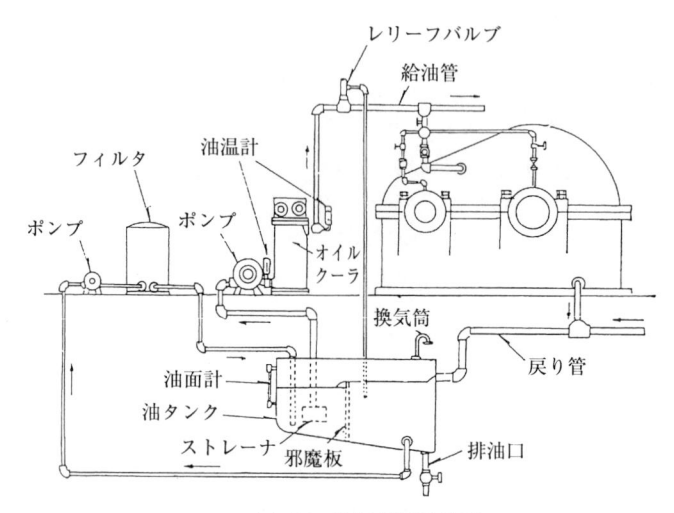

図4.7 強制循環給油系

気タービン軸受，圧延機の軸受，減速機，内燃機関をはじめ，多くの機械に適用されている．循環給油システムは図4.7に示すように，タンク，ポンプ，フィルタ，油温コントロールのためのクーラー，油面計などの各種計測器から構成されている．

(2) 給油システムの選定

給油装置は使用機械の潤滑の目的，潤滑剤の使用および環境条件によって選択される．給油装置は一度設置すると簡単に変更することは難しいので慎重に検討すべきである．以下に給油方法を選定するのに必要な検討項目とその考え方について説明する．

1) 潤滑箇所数

給油装置を決めるには潤滑箇所が要求する潤滑作用，潤滑箇所の数が重要な要素となる．潤滑箇所が少なくて，単に摩擦と摩耗を減少させる場合には手給油または自己循環給油のように構造が簡単で，安価な給油装置で良い．

同一機械または設備に多数の潤滑箇所が存在するときは循環給油装置，集中給油装置などの強制潤滑方法を選定する．

2) 潤滑油

機械の潤滑箇所には潤滑油が使用されており，前項で述べた給油システムで供給されている．そのため潤滑油も機械要素ごとに潤滑油を選定することが最適である．しかし，機械要素ごとに潤滑油を選定していたのでは種類が多くなり，管理面で煩雑になる．いろいろな機械要素に使用できる多目的潤滑油もあるので，機械メーカー，潤滑油メーカーと相談の上，選定することが望ましい．

3) 給油位置

クレーンなどの高所にある機械や高温下で運転中に近寄れない機械の給油には，自動給油装置あるいは給油頻度が少なくてよい給油方法を選択することが望ましい．なお，給油装置は点検および潤滑剤の補給が容易な位置に設置する必要がある．

4）給油頻度と潤滑箇所

潤滑剤を連続的に，または間欠的に給油するかどうかは潤滑部分の構造と使用条件によって決まる．平軸受，歯車および高速回転の転がり軸受などは潤滑油の連続給油が必要であり，潤滑面の発熱が少ない場合には滴下給油または自己循環給油で良い．しかし，発熱量が多い場合は循環給油装置が必要となる．

5）他の給油装置との関係

強制潤滑装置を設置する際に種類の異なる給油装置を多く採用すると給油装置の管理，取扱い，予備部品の管理等から見て好ましくない．同一系統の給油装置で統一すれば，給油装置が故障したとき，装置間で予備部品の互換性をもたせることができ，予備部品の保有数を少なくすることができる．

以上の項目を総合的に検討して，設備費および維持費が安く，しかも十分な信頼性があって構造が簡単な給油装置を選定することが必要である．

4.2.2 グリース系の給脂システム

グリースは，一般的に長期間無給脂で使用が可能だが，使用条件によっては給脂が必要とされる．ここでは，グリースの給脂システムの種類およびその選定について述べる．

（1）給脂システムの種類

グリースの給脂システムには以下の四つがある．

1）手差し

ベアリングに対しグリースを手（ヘラ）で塗りこむ方法であるが，グリースを過剰に入れることは発熱などを起こすので好ましくない．一般的には，軸受内の空間容積の1/3程度である．

2）グリースカップ

ねじ込み式，ハンドル式，スプリング式などがありグリースに圧力をかけて軸受に圧入するもので，集中給脂の配管スペースがなかったり，

独立した箇所にあったりする場合に用いられる．最近では，グリースを封入したグリースカップも販売されている．

3）グリースガン

軸受の給脂口にグリースニップルが装着されているものに，グリースガンの口金を密着させてグリースを圧入するもので，工作機械，建設機械，車両，エレベータなどのメンテナンス用に使われる．圧送方法としては手動，電動，エアなどがあり，手動式のものはカートリッジ式が主流である．

4）集中給脂

タンク，ポンプ，分配弁，配管および制御装置からなるもので1台のポンプから圧送されたグリースが配管，分配弁を通し，多数の軸受に所定量ずつ送られる．図4.8に集中給脂システムの例を示す[26]．

集中給脂の利点としては，給脂に要する運転休止時間の節約，グリースの節約，労力動力の節約，軸受部の寿命延長および給脂時の危険防

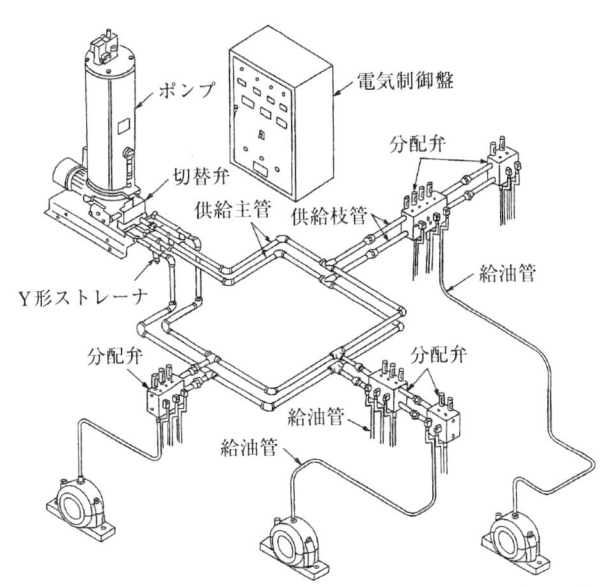

図4.8 集中給脂システムの例（並列作動複管式ループタイプ）
〔出典：文献26）〕

止が挙げられる．集中給脂は，従来製鉄設備の圧延機など大型機械のみに使われてきたが，最近では製紙機，鋳造機などの単独機にも付けられており，大型トラック，バスのシャーシまわりの給脂にも普及しつつある．

(2) 給脂システムの選定

潤滑の目的および使用環境によって適する給脂システムを選定する．低・中速の転がり軸受ではグリース潤滑がほとんどであり，密封装置

表4.11 集中給脂システムの種類と特徴〔出典：文献28)〕

形式	系統図	主管長さ Max	給油口数 Max	分配弁 油量調整	特徴	適用例
並列作動複管式 ループタイプ		200 m	500口	可	長い配管，多くの給油箇所，主管から任意に枝管がとれ設置設計容易．	製鉄設備等大型機械から機械全般
並列作動複管式 エンドタイプ		200 m	500口	可	長い配管，多くの給油箇所，戻り管がないので直線的配置の機械に適す．	製鉄設備等大型機械から機械全般
並列作動単管式 エンドタイプ		50 m	100口	可	主管の圧力開放に配管長さ給油間隔に注意が必要．動作保証内．蓄圧形．	工作機械等，中小形産業機械
進行作動単管式 ループタイプ		30 m	30口	固定	小形で取扱い管理が比較的簡便．動作保証がある．	工作機械等，小形産業機械
進行作動単管式 エンドタイプ		100 m	200口	固定	必要給油量に見合ったサイズの分配弁の組合せ設置計画に面倒さがある．動作保証がある．	大中設備機械全般

の構造，使用環境（水，熱）により給脂頻度が変化する．潤滑箇所が少なく（20箇所以下），給脂頻度が1日以上の場合，上記グリースガンを利用できるが，それ以上の場合は集中給脂システムを用いることが望ましい[27]．

集中給脂システムは，分配弁と配管の種類の組合せにより分類される．分配弁は並列作動式および進行作動式の2種類で，配管は単管式および複管式の2種類，さらに複管式にはループタイプとエンドタイプがある．それらを組み合わせた集中給脂システムの種類と特徴を表4.11に示すが[28]，使用の目的に応じた給脂システムを選定する．

グリースを給脂する際の取扱いについては，以下の点に注意する必要がある．
・異物を混入させないこと．
・加熱をしないこと．
・空気（気泡）を混入させないこと．
・異なるグリースの混合を避けること．

4.3 オイルマネジメント

4.3.1 オイルマネジメントの目的
(1) オイルマネジメントとは

潤滑油は機械の血液とも称されるように，設備機械を円滑に動作する上でなくてはならないものである．したがって，オイルマネジメントは，潤滑油を適正な状態に維持することで，機械の異常や故障を未然に防止することを目的として実施される．同時に，潤滑油そのものの劣化・変質を防止し，更油間隔の延長を図ることも目的の一つである．なお，本書で用いるオイルマネジメントは，従来からよく使われている潤滑管理と基本的に同義であり，ここでは潤滑油だけでなくグリースに関する項目も含めて扱う．

(2) オイルマネジメントの進め方

オイルマネジメントは，潤滑箇所の特性や条件にあわせて適油選定するところからすでに始まっている．その際，各潤滑油が有する機能を事前に十分に熟知しておくことが重要となる．最近では環境問題への対応という観点から機能が付加された潤滑油も市販されており，そのような動向についても注意を払う必要性が高まっている．

次に，実際に潤滑油の使用中に実施する管理（分析）項目・管理間隔を決定する．また，管理・分析の担当責任者を明確にし，機械の保全項目の一つとして扱い，記録を残すことが大切である．

これらの活動を通じて，それぞれの生産現場に特有の潤滑上の問題を抽出し，設備保全項目を充実させていくことにより，機械の寿命延長，不具合の早期発見というオイルマネジメントの目的が達成できる．

(3) オイルマネジメントの効果

オイルマネジメントは，設備保全の最適化を進め，生産性の向上を図る上で極めて有効な方法である．この最適化は生産現場の目的意識を刺激し，機械設備がむだなく生産実績を上げることを目的に実施されるTotal Production Maintenance（総合生産保全）活動，いわゆるTPM活動などの活性化につながる．そして修理・補修といった生産活動にとっては非効率な作業を最小限に抑えることも可能となる．

究極的には，生産性の向上や設備機械の寿命延長は，設備投資金額の抑制や保全費用の低減という企業経営に直結した効果を生むことが期待される．

4.3.2 潤滑油の劣化と診断

(1) 潤滑油の劣化と診断法

1) 潤滑油の劣化形態

潤滑油は使用中に絶えず潤滑箇所で熱的負荷を受け，さらに酸素，金属，水等との接触によって次第に外観，性状，性能が変化していき，初期状態に有していた目的の機能を失って，ついには寿命に至る．これ

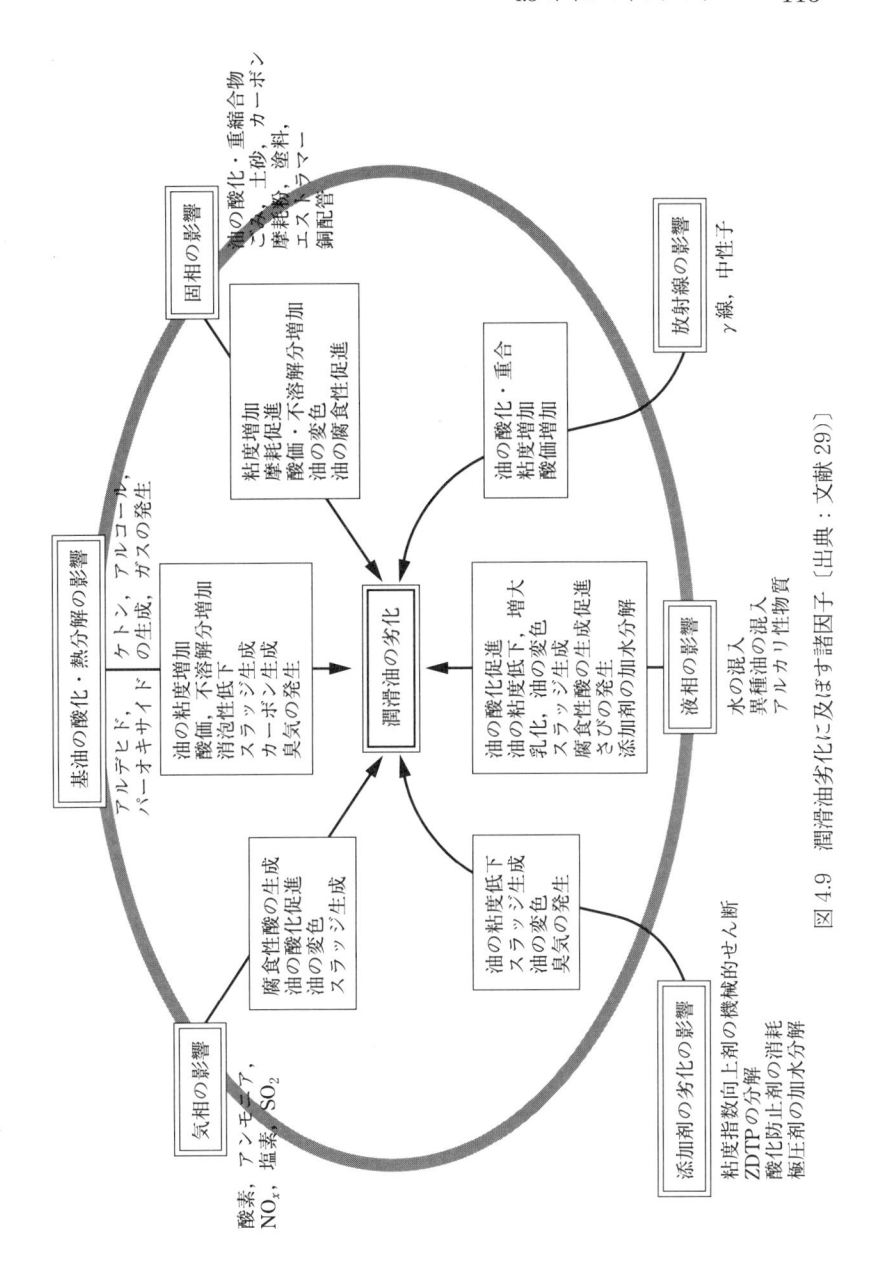

4.3 オイルマネジメント 115

図4.9 潤滑油劣化に及ぼす諸因子〔出典：文献29〕

中心：潤滑油の劣化

固相の影響
- 油の酸化・重縮合物
- 土砂，カーボン
- 摩耗粉，塗料，
- エストラマー
- 銅配管

（固相からの作用）
- 粘度増加
- 摩耗促進
- 酸価・不溶解分増加
- 油の変色
- 油の腐食性促進

放射線の影響
- γ線，中性子

（放射線からの作用）
- 油の酸化・重合
- 粘度増加
- 酸価増加

液相の影響
- 水の混入
- 異種油の混入
- アルカリ性物質

（液相からの作用）
- 油の酸化促進
- 油の粘度低下，増大
- 乳化，油の変色
- 腐食性酸の生成促進
- さびの生成
- スラッジの発生
- 添加剤の加水分解

添加剤の劣化の影響
- 粘度指数向上剤の機械的せん断
- ZDTPの分解
- 酸化防止剤の消耗
- 極圧剤の加水分解

（添加剤劣化からの作用）
- 油の粘度低下
- スラッジ生成
- 油の変色
- 臭気の発生

気相の影響
- 酸素，アンモニア，塩素，SO_2
- NO_x

（気相からの作用）
- 腐食性酸の生成
- 油の酸化促進
- 油の変色
- スラッジ生成

基油の酸化・熱分解の影響
- アルデヒド，ケトン，アルコール，
- パーオキサイド，ガスの発生

（基油酸化・熱分解からの作用）
- 油の粘度増加
- 酸価，不溶解分増加
- 消泡性低下
- スラッジ生成
- カーボン生成
- 臭気の発生

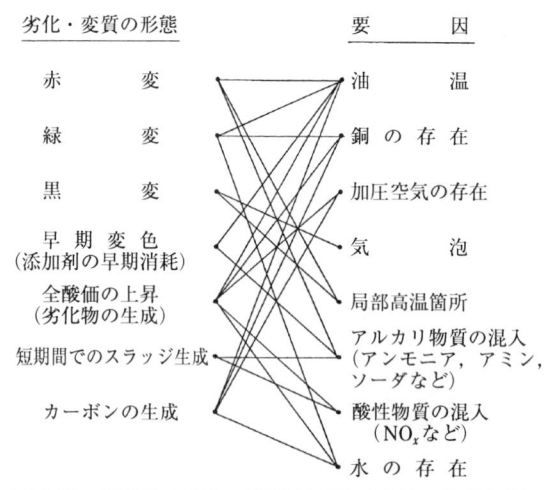

劣化・変質の形態	要因
赤　　　　変	油　　温
緑　　　　変	銅　の　存　在
黒　　　　変	加圧空気の存在
早 期 変 色 (添加剤の早期消耗)	気　　泡
全酸価の上昇 (劣化物の生成)	局部高温箇所
短期間でのスラッジ生成	アルカリ物質の混入 (アンモニア, アミン, ソーダなど)
カーボンの生成	酸性物質の混入 (NO_xなど)
	水　の　存　在

図 4.10　潤滑油の劣化・変質と要因〔出典：文献 30)〕

が，いわゆる潤滑油の劣化である．潤滑油の劣化には，潤滑油自身の化学的変化によるものと外部的要因によるもの(水分，塵埃，摩耗粉等異物の混入)とがある．前者は①酸化劣化，②添加剤の消耗・変質，後者は③汚損(汚染)であり，劣化の三要素と呼ばれている．潤滑油の劣化に及ぼす諸因子を図 4.9[29)]，潤滑油の劣化形態とその要因を図 4.10 に示す[30)]．様々な因子が劣化の引き金や加速要因として働いたり，複数の因子が互いに関連し合って各々の劣化形態が現れたりする[31)]．劣化，汚損により潤滑油本来の性能が低下してくるので，そのまま使用し続けると機械の故障につながることになる[32)]．ここでは，劣化の三要素に関係する主な要因をとりあげて詳述する．

a) 酸化劣化に関わる事象

潤滑油が空気雰囲気，高温条件下で使用されると，潤滑油の構成成分(基油，添加剤)は速やかに空気中の酸素と反応して部分的に酸化されていく．潤滑油の酸化反応機構を図 4.11 に示す[33)]．潤滑油のような炭化水素は熱，光などのエネルギーを受けて，まずアルキルラジカルを生成し，これが空気中の酸素と反応して化学的に不安定なパーオキ

4.3 オイルマネジメント

		反応機構	
(1) 開始反応 （Initiation）	RH 炭化水素　（熱・光触媒）	→ R・＋・H ……………… (1) 〈ラジカルの生成〉	
(2) 連鎖反応 （Propagation）	R・＋O_2 ROO・＋RH	→ ROO・ ………………… (2) → ROOH＋R・ …………… (3) 〈パーオキシラジカル 　ハイドロパーキサイド　の生成 　アルキルラジカル〉	
(3) 分解反応 （Branching）	（熱分解）ROOH （酸分解）ROOH （塩基分解）ROOH （金属分解）ROOH	→ RO・＋・OH → RO^+＋OH^- → ROO^-＋H^+ → RO・＋・OH 〈アルコキシラジカルの生成〉	(4)
(4) 移動反応 （Transformation）	RO・＋RH ・OH＋RH	→ ROH＋R・ ……………… (5) → H_2O＋R・ ……………… (6) 〈アルコール・水の生成〉	
(5) 停止反応 （Termination）	2ROO・ 2R・ R・＋ROO・	→ ROOR＋O_2 …………… (7) → RR　　〈高分子化合物〉 (8) → ROOR ……………………… (9)	

図4.11　潤滑油の酸化反応メカニズム〔出典：文献33）〕

シラジカルや過酸化物となり，続いてアルデヒド，ケトン等を生成し，さらに重縮合を繰り返してカルボン酸，エステルを主体とする高分子量の物質に変化していく．このような酸化劣化生成物が油中に蓄積してくると，粘度，全酸価，不溶解分，水分等の性状に変化が現れてくる．こうした酸化劣化を促進する因子には様々なものがあり，それらについて次に具体的に説明する．

まず温度の影響について，回転ボンベ式酸化安定度試験（RBOT）における温度と寿命との関係を図4.12に示す[30)]．この試験で求めた本油の寿命（RBOT値）は，100℃で約8000分，150℃で約250分となり，温度が50

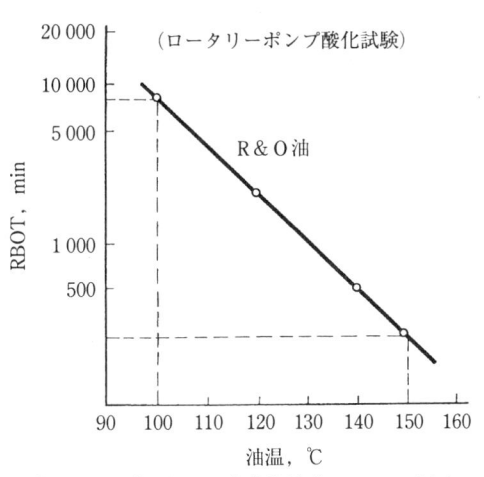

図4.12　回転ボンベ式酸化試験における温度と寿命の関係〔出典：文献30）〕

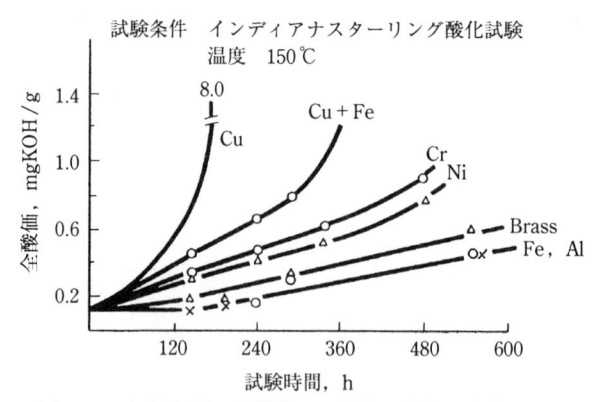

図4.13 各種金属の触媒作用の比較〔出典：文献30)〕

℃上昇すると寿命は1/32，言い換えると酸化劣化の速度が32倍になっていることがわかる．このように，一般に酸化速度と温度との関係は2倍/10℃則が成り立つといわれている．

続いて金属触媒の影響であるが，金属は酸化触媒として働き，酸化反応が促進されることは容易に推測できる．各種金属の触媒作用を比較した結果を図4.13に示す[30]．潤滑油系統内に通常に存在する金属のうち銅が最も触媒作用が高いが，銅合金になるとその影響は比較的小さい傾向にある．

その他に，圧力や空気との接触率の影響が挙げられる．圧力が高くなると酸素との化学反応速度が増し，酸化劣化が促進される．また，空気吹込み式酸化試験にて空気流量を増やして酸素との接触効率を高めることでも，酸化劣化は促進される．流量が2倍になると寿命は約2/3に低下するといったデータもある[34]．酸化劣化を防止するには，油温を下げる，できるだけ銅を使用しない，高酸化安定性油を使用する等の配慮が望まれる[35]．

b) 添加剤の消耗変質に関わる事象

潤滑油が熱履歴を受け酸化劣化していく過程において，添加剤自身の消耗や変質に起因した事象も現れる．これは，特に蒸気タービンに用

いられる潤滑油（タービン油）において顕著に認められる現象である．一般のタービン油にはフェノール系酸化防止剤〔主に2,6-ジtertブチル-P-クレゾール（DBPC）〕が配合されているが，この添加剤は潤滑油の酸化劣化を防止する一方で，自分自身は次々と構造を変えて変質していく[36]．また，比較的分子量が小さいこともあって一部は酸化防止に関与することなく系外に揮発・消失していく．こうして油中の酸化防止剤量は徐々に減少していき，同時に酸化寿命の目安であるRBOT値も低下していく[37]．しかし，酸化防止剤やRBOT値が新油の20％以上残存している間は油の性状（粘度，全酸価，不溶解分等）に大きな変化は見られない．このため，通常は新油を適宜補給しながら10年以上の長期間にわたって使用されている．ところで，昨今の定期修繕間隔の延長化（2年または4年）に伴い，使用タービン油の的確な寿命予測や適正な補給量の算出等の要望が高まっている．これに応えるべく実機における酸化劣化現象を実験室的にシミュレートした加速劣化試験装置が開発され，適正な補給量の算定に適用されている事例もある．具体例を図4.14に示す[38]．

このグラフから1年後（約7000時間後）にRBOT値の管理基準値100分を維持するためには，現時点で補給量は少なくも15％以上必要であると算定できる．

続いて，使用に伴ってギヤ油が酸化劣化し，極圧剤が変質・消耗した場合の影響について述べる．酸化劣化したギヤ油のFZG歯車試験結果より，酸化劣化があ

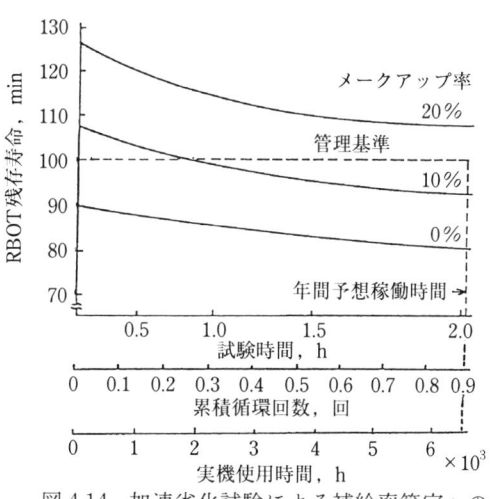

図4.14 加速劣化試験による補給率算定への適用例〔出典：文献38）〕

る限度以上に進行すると，耐焼付性が著しく低下することも確認されている[39]．このことから，劣化した潤滑油を使用し続けることのないよう定期的な性状管理が必要である．

c）混入異物に関わる事象

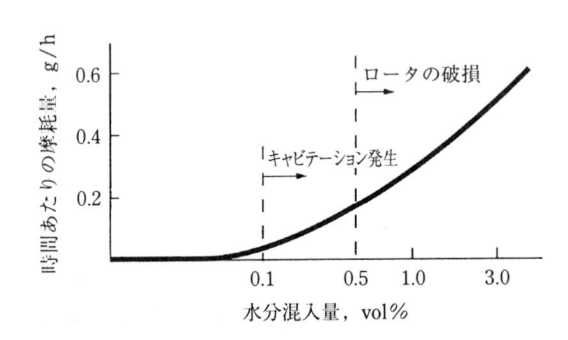

ポンプ：ベーンポンプ V104C　作動油：VG32（R&O）
圧　力：13.8MPa　　　　　油　温：50℃
回転数：1500rpm

図4.15　ポンプ摩耗に及ぼす水分の影響〔出典：文献41）〕

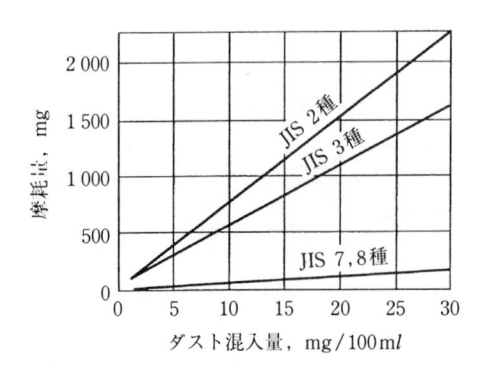

ポンプ：ベーンポンプ V104C　作　動　油：VG32（R&O）
圧　力：6.9MPa　　　　　　油　　温：50℃
回転数：1500rpm　　　　　混入異物：JIS標準ダスト
時　間：50h

図4.16　ポンプ摩耗に及ぼす固形異物の影響〔出典：文献41）〕

潤滑油には使用中に外部から水，塵埃等の異物が混入してくることが多々ある．次に，これら異物の混入に関わる事象について述べる．

まず，水分の影響であるが，水分が混入するケースとしては空気中の水分の凝縮，蒸気の漏洩，オイルクーラーの漏れ等がある．酸化安定性に及ぼす影響としては，水分量が0.2 vol％以上で影響が出始め，1 vol％になると酸化寿命は約60％に低下する[40]．また，潤滑性については，図4.15より水分量が0.1％以上になるとポンプの摩耗が促進され，さらにキャビテーションエロージョンの発生やポンプ破損に至ることもある[41]．

次に，固形異物の摩耗に及ぼす影響を図4.16に示す[42]．この試験はJIS標準ダストで汚染した作動油のポンプ摩耗を調べたものであるが，特に，硬度の高いSiO_2を多く含むJIS2種，3種ダストにおいて摩耗が著しく増大している．また，異物の混入はFZG歯車試験での耐焼付性能を著しく低下させることも確認されている[39]．この他，固形異物（塵埃，錆，塗料片等）はフィルタの目詰りやサーボバルブの作動不良等を引き起こすこともある．これらのトラブルを防止するためには，しゅう動部分のクリアランスと同程度のろ過粒度を有するフィルタを用いて固形物を取り除くことが大切である．

三つ目として，酸化劣化残油の影響がある．RBOT寿命に対して，劣化残油1％程度の混入はさほど影響ないが，5％混入すると寿命は約60％も低下する．この影響度合いは，酸化防止剤のタイプによっても異なっているようである[34]．通常，油を抜き取っただけでは系内に10～20％もの旧油が残存すると見られており，旧油の劣化度合によってはオイルフラッシング等の処置が必要である．

四つ目として，異種油の混入がある．この場合，問題となるのはスラッジの析出である．特に，添加剤のタイプが大きく異なるタービン油・油圧作動油と切削油・ギヤ油・エンジン油などでは添加剤同士の反応物，酸化安定性の低下に伴うスラッジの析出やその他性能の大幅な低下が認められることがある．特に，水溶性切削油を用いる工作機械においては，しゅう動面，油圧，軸受系統へ切削油剤が混入して制御弁の固着やフィルタの目詰り等のトラブルを引き起こすことが多々ある．この対策として，切削油剤が混入してもスラッジを生成しないように分散性や切削油剤との分離性に優れた多目的工作機械油が開発されており，トラブル減少に大いに貢献している[42]．

その他として，酸性・塩基性物質の混入がある．化学プラントで使用される潤滑油にはその使用環境から窒素酸化物，硫化水素，塩素ガスなどの酸性物質やアンモニア，ソーダなどの塩基性物質が混入するこ

とが容易に想像できる．これらの物質は潤滑油中の各成分と反応して特有の劣化変質（変色，スラッジ析出，腐食等）を引き起こすことが知られており，それぞれに対応した専用油を使用することが必要である．

2）潤滑油の劣化診断法
a）性状分析に基づく劣化診断

これまで述べてきたように，使用に伴う潤滑油の劣化は様々な形態を呈しており，油の物理・化学的性状変化の他に本来の性能の低下も引き起こしている．使用現場においては，日常点検の中で簡易的に目視観察が実施されているが，それに加えて定期的に使用油の性状を分析して劣化や汚損状況を把握するといった性状管理が一般的な劣化診断法として定着している [43~45]．潤滑油の劣化に伴う性状変化は，粘度，色，全酸価，不溶解分，水分等に現れることが多く，推定原因とあわせて表4.12に示す [41]．また，表4.13には代表的な油種について性状管理基準値の一例を示す [34]．なお，油種によって各分析項目の重要度が異なっていたり，さらに性能試験として酸化寿命（RBOT値），水分離性，泡立ち性，防錆性等の項目が付け加えられたりしているので注意されたい [46]．使用油の性状が著しく変化して，これらの管理基準値

表4.12　潤滑油の性状変化とその原因〔出典：文献41)〕

項目	変化	原因
比重	増加または低下	異種油の混入，潤滑油の劣化
引火点	低下	異種油の混入，熱による分解
色相	濃くなる 不透明になる	潤滑油の劣化，スラッジの生成 水分の混入
粘度	増加または低下	異種油の混入，潤滑油の劣化 高粘度指数油の場合は，添加剤のせん断による粘度低下
全酸価	増加または低下	潤滑油の劣化，添加剤の消耗，変質
水分離性	分離時間が長くなる	潤滑油の劣化，異種油の混入
消泡性	泡立ちの増大 消泡時間が長くなる	添加剤の消耗，潤滑油の劣化

表 4.13 潤滑油の性状管理基準値の一例〔出典:文献 41〕

項目	油種	油圧作動油 R&O	油圧作動油 耐摩耗性	タービン油 タービン・ターボポンプファン	汎用軸受油 汎用ギヤ油	圧縮機油 往復動圧縮機・外部機	圧縮機油 スクリュー圧縮機	ギヤ油
色相 (ASTM)		2以下	4以下	4以下	5~6以下	5~6以下	4以下	—
粘度変化率, %		±10	±10	±10	±10	±15	±15	±15
全酸価, mgKOH/g	R&O	0.25以下		0.25以下	±0.5	+0.5	+0.5	+1.0
	耐摩耗性	0.4以下						
水分, vol%		0.1以下		0.1以下	0.1以下	0.1以下	0.5以下	1.0以下
汚染度 ミリポアフィルタ, mg/100ml	高圧	5以下		10以下	10以下	20~40以下	20~40以下	—
	低圧	10以下		—	—	—	—	—
n-ペンタン不溶解分, wt%		—		—	—	—	—	10以下

を超えている場合には早めに新油と交換する必要がある．また，潤滑油に関わるトラブルを未然に防止するためには，性状管理の他に油種管理，油量管理，油温管理，漏洩管理を日常点検の中に組み入れて確実に実施していくことが大切である．

b) 機器分析に基づく劣化診断

潤滑油の酸化劣化に伴って添加剤が変質，消耗したり，酸化劣化生成物が油中に蓄積してくる．こうした状態は性状管理だけからは把握できないこともあり，機器分析装置を用いて潤滑油の構成成分を詳細に分析することで劣化診断することができる．最もよく利用されるのが赤外分光分析（IR）やガスクロマトグラフィ（GC）であり，酸化防止剤の残存量測定，劣化酸の生成度合いの把握，基油の分子量分布の変化から異種油混入の有無等の診断に活用されている．その他，高速液体クロマトグラフィ（HPLC），ゲルパーミエーションクロマトグラフィ（GPC）および化学発光分析法によってタービン油の酸化劣化度合いを診断する手法も開発されている[47〜49]．このように，機器分析装置を用いた劣化診断はミクロ的観点から酸化劣化度合いを把握しようとするものであり，今後の発展が期待されている．

一方，第5章で詳述するフェログラフィやSOAP法を採り入れて油中摩耗粉の形態と量を調べ，機械の潤滑状態をモニタする診断方法もかなり普及している[50〜52]．この方法によれば機械の異常箇所の特定や損傷発生原因の推定もある程度可能であり，故障トラブルの未然防止に有用な手法である．ただし，機械によって摩耗の許容レベルが異なるといった，機械ごとに判断の特徴があるので十分なデータの蓄積と解析が必要である．これらの詳細については，第5.2節を参照されたい．

（2）グリースの劣化と診断法

1）グリースの劣化形態

グリースは基油（75〜90％），増ちょう剤（5〜20％），添加剤（〜5％）から構成されており，いかに長時間使用できるか，また，いかに給

4.3 オイルマネジメント 125

図 4.17 グリースの劣化過程 [出典：文献 53)]

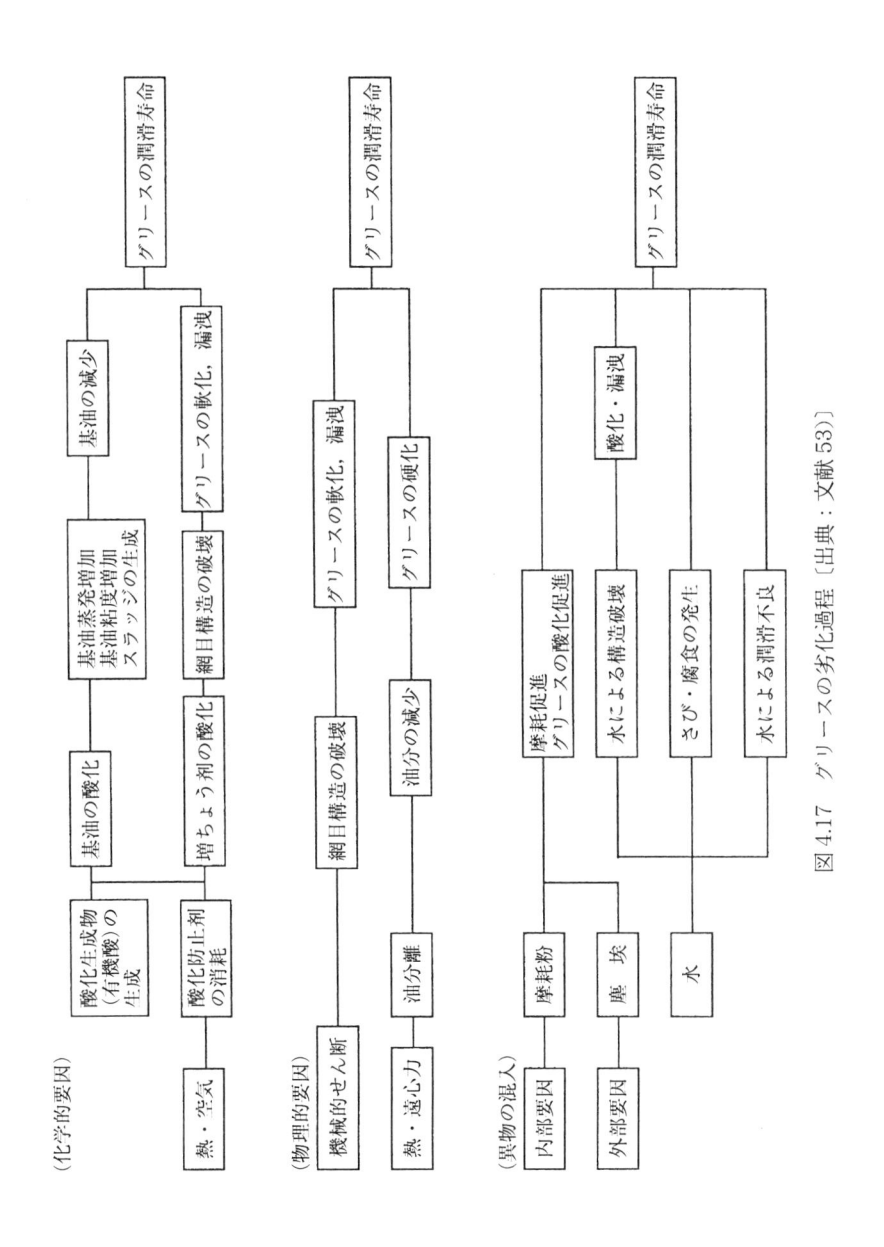

脂間隔を延長できるかがグリース潤滑における最大の課題である．例えば，グリース潤滑がほとんどの転がり軸受はグリース自体の劣化に起因して寿命に達する場合が多く，これを軸受のグリース寿命あるいは潤滑寿命と呼んでいる．

劣化の原因となる因子には，潤滑油の場合と同様に温度，ガス雰囲気，異物等多数の要因がある．グリースの劣化過程を図4.17に示す[53]．グリースの劣化は，① 熱，酸素による酸化劣化といった化学的要因，② しゅう動部での機械的なせん断や遠心力といった物理的要因，③ 異物の混入に大別される．潤滑油と同様に，これらの各種要因が複雑に関係し合って成分変化や性状変化をもたらし，最終的に寿命に至る[54〜56]．劣化の三要素について以下に詳述する．

a) 化学的要因に関わる事象

グリースの酸化劣化に最も影響する因子は温度であり，潤滑油と同様に温度が10℃上昇すると潤滑寿命は半減するといわれている．熱，酸素の影響で，まずグリース中の酸化防止剤が消耗していき，その後，基油や増ちょう剤の酸化劣化が始まって酸化劣化物やスラッジ状物質が生成し寿命となる．グリースの場合は，流動性がないため空気と接する部分から酸化劣化が進行することに特異性がある．酸化劣化によって，増ちょう剤の網目構造が破壊されるとグリースは軟化し，漏洩しやすくなって寿命はいっそう短くなる．この対策としては，高酸化安定性グリースを選定したり，給脂間隔を短縮することが効果的である．

b) 物理的要因に関わる事象

一つには機械的せん断の影響があり，グリースは使用中にせん断を受けて増ちょう剤の網目構造が破壊され軟化してくる．そのまま使用し続けると軸受から漏洩し，潤滑不良に陥って寿命となる．ロールせん断試験にて機械的せん断を与えた時のちょう度の変化を図4.18に示す[55]．いずれのグリースについても軟化（ちょう度が大きくなる）傾向が見られるが，せん断安定性は増ちょう剤のタイプによってかなり異

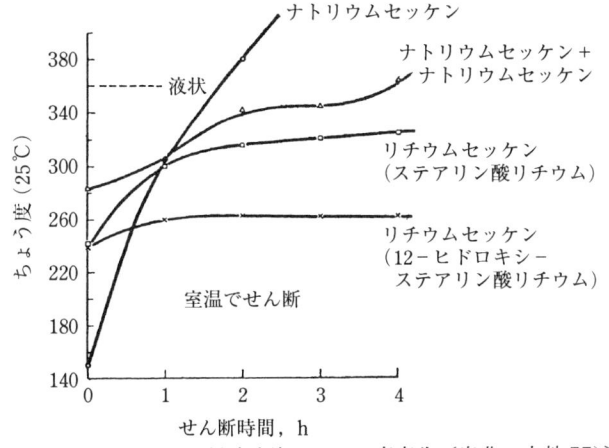

図 4.18 ロールせん断試験後のちょう度変化〔出典：文献 55)〕

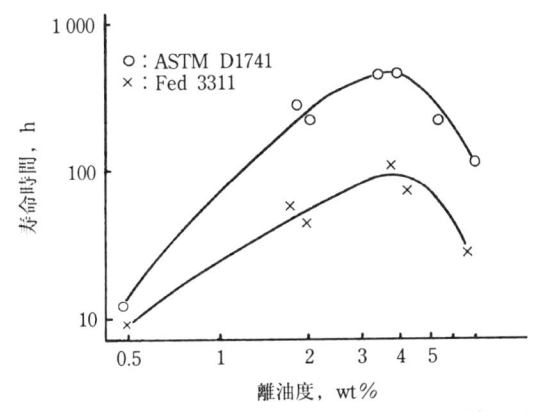

図 4.19 離油度と潤滑寿命の関係〔出典：文献 34)〕

なっていることがわかる．

次に，遠心力の影響が挙げられる．基油は増ちょう剤の網目構造の中に毛管作用により保持されているが，遠心力，熱によって離油し，摩擦面に供給される．このため適度の油分離は必要である．しかし，油分離が多過ぎると油分が早期に枯渇し，寿命は短くなる．この関係を図 4.19 に示す[34)]．また，グリース中の残油分が 40～60 % 以下になると，もはや増ちょう剤から油分が分離せず潤滑寿命に至る．

もう一つには充てん量の影響もある．グリースの必要量は，軌道面に薄くグリース膜が存在する程度で十分であるが，実際には使用に伴って消耗していくので，これに補給分を加えた量程度でよい．充てん量が過多の場合，グリース自体のかくはん抵抗による発熱が多くなって潤滑寿命は低下する．一般に，適正な充てん量は空間容積の 1/3～2/3 であるといわれている．

c) 混入異物に関わる事象

まず，固形異物として摩耗粉や塵埃等の影響がある．摩耗粉としては軌道面からの鉄分と保持器からの銅分が主体である．また，塵埃には SiO_2，Al_2O_3 などが含まれており，これらの異物は潤滑上悪影響を及ぼす．これら固形異物の影響を表 4.14 に示す[57]．また，摩耗粉や塵埃は酸化劣化触媒としても働き，特に銅合金の影響が大きいことがわかっている．

もう一つには，水分の影響が挙げられる．グリースに水分が混入すると増ちょう剤の網目構造が破壊されて軟化を生じることが多い．含水量とちょう度の関係を図 4.20 に示す[58]．特にナトリウムセッケングリースは多量の水分を吸収して著しく軟化する傾向があり，選定に際しては注意が必要である．

その他に，異種グリース混入の影響もある．リチウムセッケングリースに異なるタイプの増ちょう剤グリースを混合した各種グリース A～G のちょう度の変化を図 4.21 に示す[59]．混合グリースのちょう度はい

表 4.14 異物混入の潤滑寿命への影響〔出典：文献 57)〕

グリース記号	NA	D 10	D 20	D 50	F 10	F 50	C 03	C 10	C 50
混入異物	未混入	ダスト 1%	ダスト 2%	ダスト 5%	鉄 1%	鉄 5%	銅 0.3%	銅 1%	銅 5%
ASTM	1	0.86	0.81	0.57	0.98	0.72	2.98	2.59	1.98
曽田式	1	0.70	0.44	0.34	0.77	0.83	1.94	1.85	1.55

注：未混入グリースと異物混入グリースの平均寿命の比

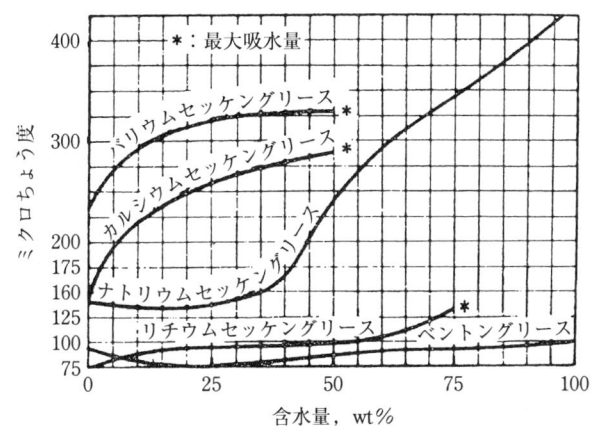

図 4.20 含水量とちょう度の関係〔出典:文献 58)〕

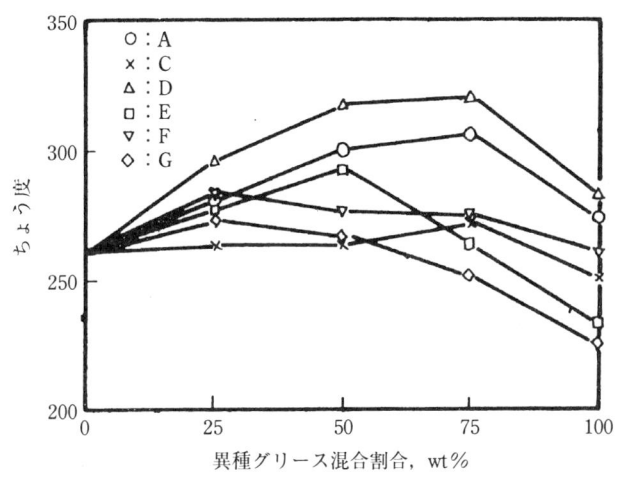

図 4.21 異種グリース混入によるちょう度変化〔出典:文献 59)〕

ずれも単独の場合より軟化する傾向にあり,また,滴点についてもほとんどの場合低くなる傾向にある.このため,グリースの混合使用は原則的に不可であるが,やむ得ない場合は同じ増ちょう剤グリースを使用することが必要である.

表4.15 グリース劣化の判定基準値の一例〔出典:文献53)〕

判定項目		劣化の目安
基油分		60 % 以下
ちょう度		100 以下または 400 以上
		新グリース比 ± 20 % 以上
滴点	Li系	150 ℃ 以下
	Al複合,Li複合,ウレア系	
異物		鉄分:0.5 % 以上 銅分:0.3 % 以上
	粒径	10 μm 以上 [59)]
劣化(酸化)生成物 IR:1 710 cm^{-1} 検出分		9 % 以上(オレイン酸換算)

表4.16 グリースの劣化度評価法〔出典:文献60)〕

グリース劣化度		分析方法
劣化	指標	
化学的劣化度の評価	全酸価	電位差滴定法
	酸化防止剤残存率	ガスクロマトグラフィ,赤外線分光分析
	基油の分子量比 Mw/Mn	ゲルパーミエーションクロマトグラフィ
物理的劣化度の評価	グリース漏れ率	重量てんびん
	油分離率	原子吸光分析,ろ過法
	ちょう度	ちょう度計 JIS K 2220
	滴点	滴点装置 JIS K 2220
異物の評価	金属粉(摩耗量)	原子吸光分析
	摩耗粉の形態	フェログラフィ
	水分量	カールフィシャー法
増ちょう剤構造の評価	増ちょう剤構造	走査または透過電子顕微鏡
	増ちょう剤化学構造	赤外線分光分析

2）グリースの劣化診断法

　グリースの場合も，性状の変化量から劣化診断を行う方法がとられている．グリース劣化判定基準の一例を表 4.15 に示す[53]．しかし，グリースの場合，潤滑油と違って実機の潤滑箇所から採取できる量は僅少であり，測定項目が限られることが多い．このため，グリースの劣化形態と原因を想定したうえで，表 4.16 に示すような機器分析装置を駆使して劣化診断を実施しているのが実情である[60]．例えば，電子顕微鏡観察によって増ちょう剤の網目構造の破損状況を，また，赤外線分光分析では増ちょう剤・基油のタイプ，異種グリース混入の有無，劣化酸の生成度合い，添加剤の消耗度合い等を診断することができる．元素分析からは金属の種類，量が判明し，摩耗の進行度合いや塵埃の混入量を把握することができる．いずれにしても，使用グリースは不均一系になっており，測定結果が真に劣化を捉えたものとなっているかよく吟味した上で最終的な劣化診断を行うことが大切である．

4.3.3 汚染管理

（1）汚染管理の必要性

　前述のとおり，使用環境によって，潤滑油には異物が侵入したり，水分や空気（気泡）が混入する場合が少なくない．また，潤滑油を長期間使用すると酸化等の進行にともなって劣化し，その一部が変質して油に溶けない酸化生成物を生じる．さらに，劣化による潤滑油の機能低下は摩耗を増大させ，油中の摩耗粉量の増加につながる．

　潤滑油中のこれら異物や摩耗粉，酸化生成物，水分，そして空気などは，潤滑油にとって汚染物質（コンタミナント）であり，機械の順調な運転を妨げる原因になる．したがって，これら汚染物質を最小限にとどめ潤滑油の清浄度を高める汚染管理は機械のトラブル低減に不可欠なだけでなく，機器の寿命延長や設備の信頼性向上にとっても極めて大切である．

(2) 汚染粒子の管理と除去

機械内部で発生した摩耗粉や外部から侵入した異物など固形の汚染粒子は摩耗を増大させ，軸受の寿命を短くしたり，油圧ポンプ不具合の原因になる．この汚染粒子としては，図 4.22 [61] に示すように，しゅう動部材間のすきまと同程度の大きさのものが摩擦部に入りやすく，研磨作用による，いわゆるアブレシブ摩耗を引き起こして摩耗量を増加させる [62]．一方，このすきまより十分大きい粒子は摩擦部に侵入できず，小さい粒子は通過するため，摩耗増加への影響は小さい．

したがって，汚染粒子による摩耗を回避するためには，しゅう動部すきま程度の大きさのものを除去すればよいことになる．しかし，しゅう動部をもつ機械要素のすきまは，例えば $0.5\,\mu m$ 程度から数百 μm 以上までさまざまな大きさをもつことが通常であるため，実際にはかなり広い粒径範囲の汚染粒子を除去する必要がある [62]．

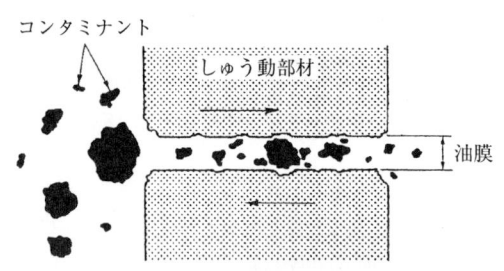

図 4.22　コンタミナントの摩耗作用〔出典：文献 61)〕

1) 清浄度の規格と測定法

潤滑油中の汚染粒子を除去する際には，機械がどの程度の汚染粒子の存在を許容できるかという管理基準，すなわち潤滑油の清浄度（あるいは汚染度）の目安を定めることが，実作業上も経済性の面からも有効である．

潤滑油の清浄度を表示する規格として，従来から日本では，油圧作動油に対して Aerospace Industries Association of America, Inc. が制定した NAS 等級がよく用いられてきた．NAS 等級には，潤滑油 100 ml あたりに存在する汚染粒子について，重量で表す重量法と粒径別の個数で表す計数法があり，それぞれの等級を表 4.17 と表 4.18 に示す．一般

表4.17 NAS汚染度等級（重量法） NAS 1638, mg/100 ml

等級	100	101	102	103	104	105	106	107	108
重量	0.02	0.05	0.10	0.30	0.50	0.70	1.0	2.0	4.0

表4.18 NAS汚染度等級（計数法） NAS 1638, 個/100 ml

等級＼粒径, μm	00	0	1	2	3	4	5	6	7	8	9	10	11	12
5～15	125	250	500	1000	2000	4000	8000	16000	32000	64000	128000	256000	512000	1024000
15～25	22	44	89	178	356	712	1425	2850	5700	11400	22800	45600	91200	182400
25～50	4	8	16	32	63	126	253	506	1012	2025	4050	8100	16200	32400
50～100	1	2	3	6	11	22	45	90	180	360	720	1440	2880	5760
100以上	0	0	1	1	2	4	8	16	32	64	128	256	512	1024

表4.19 ISO清浄度コード（ISO 4406）

粒子数, 個/ml	清浄度コード	粒子数, 個/ml	清浄度コード
10000000	30	320	15
5000000	29	160	14
2500000	28	80	13
1300000	27	40	12
640000	26	20	11
320000	25	10	10
160000	24	5	9
80000	23	2.5	8
40000	22	1.3	7
20000	21	0.64	6
10000	20	0.32	5
5000	19	0.16	4
2500	18	0.08	3
1300	17	0.04	2
640	16	0.02	1

油圧の場合の管理基準としては重量法で 5 mg/100 ml 以下，あるいは計数法で10級以下，電気・油圧サーボ弁を用いた油圧システムでは計数法で7級以下が目安とされる[63]．

NAS等級とは別に，ISO 4406で表4.19に示すような清浄度コード

が制定され，多くの国で使用されている．これは，5μm以上と15μm以上の粒子個数に対応するそれぞれの清浄度コードを求め，スラッシュ「/」の左側に前者のコードを，右側に後者のコードを書いて表示するもので，5μm以上と15μm以上を区分する管理基準上の意味は，前者が摩耗による油圧機器の性能劣化判定，後者が突発故障防止のためとされる[64]．なお，油圧システムでは5μm未満の粒子が問題となる状況も多く発生するので，その場合はISO 4406を拡張して2μm以上の粒子も対象に加え，「2μm以上/5μm以上/15μm以上」の3コードで表示する．

清浄度の測定には，ろ紙を用いて潤滑油中の汚染粒子を分離後，それを顕微鏡で拡大して粒径ごとに計数する方法（JIS B 9930）あるいは画像処理等で自動計測する方法や，所定の計測セル内に潤滑油を通過させ，そのセルを透過するレーザ光の変化で油中の粒子個数をカウントする方法などがある[65]．この測定のための試料油を採取する際の作業にともなう汚染を最小限にする方法としてISO 4021が規定されている．

一方，採取現場とは別の分析場所で試料油を調べるオフラインの方法では，採取する位置や人による採取方法の違いが判定結果に影響することが懸念される．これに対して最近では，潤滑油中粒子の粒径分布やNAS等級あるいはISOコードによる汚染度をオンラインで計測できる方法が開発されている[66,67]．また，必ずしもオンラインではないが，現場で即座に汚染粒子を自動計測できるハンディタイプの測定器も使用されている．

2）汚染粒子の除去

潤滑油中の汚染粒子を除去するにはフィルタを用いる場合が多い．フィルタのろ過性能を示す代表的指標としては，ISO 4572マルチパスフィルタ性能試験で規定されるβ値（β_x）がよく用いられる．これはフィルタ一次側における粒径 xμm以上の粒子数をフィルタ2次側における粒径 xμm以上の粒子数で割った値として次式で算出される．

$\beta_x =$ 一次側の $x\,\mu\mathrm{m}$ 以上の粒子数/二次側の $x\,\mu\mathrm{m}$ 以上の粒子数

フィルタは汚染物質の捕獲機構によってメッシュ型と吸着型に大別される．メッシュ型フィルタはろ過媒体（エレメント）の網目，孔，すきまなどの目詰りを利用して捕獲するもので，さらに表面ろ過型と層ろ過型に分けられ，一般に前者より後者の方が捕獲容量は大きい．吸着型フィルタとしてよく用いられるものは静電浄油機である．これは，電極間に誘電体を組み込むことで電気泳動と誘電泳動現象を同時に行わせ，正および負に帯電している粒子は前者の現象を，中性の粒子は後者の現象を利用して除去するものである[68]．さらに，アモルファス合金繊維をエレメントとし，メッシュ型の深層フィルタと吸着型の磁気フィルタを組み合わせた複合型の浄油機も開発されている[69]．

このようにフィルタにはさまざまな種類があり，それぞれのろ過性能も異なるため，使用する目的に合致したフィルタを選定しなければならない[70]．

（3）酸化生成物の除去

潤滑油の酸化生成物は，しばしば高分子化して粘着性が高まり，フィルタの目詰まりやオイルクーラの性能低下などを引き起こす．この酸化生成物は，主成分である有機化合物の比誘電率が一般に油より大きいことから誘電泳動現象によって選別できるため，潤滑油中の酸化生成物の除去には上述の静電浄油機が有効である[71]．

酸化生成物の一部は磁性体粒子と結合し，油タンク内で流動・沈殿する．そこで，タンク底面へ JIS B 0125 に規定されるマグネットセパレータを設置し，そこに酸化生成物と磁性体の結合物を付着させることも行われる[72]．この場合には，付着物の除去管理が必要である．

（4）水分および空気の除去

水分の混入は潤滑油の劣化を促進するばかりでなく，さびの発生や凍結といった問題を生じる．一般に水分の除去には次の方法が用いられる[61]．

a. 密度の差を利用して静置分離する．
b. 遠心力を利用して分離する．
c. 真空下で油を微小粒子や薄い被膜として蒸発させる．
d. 紙や綿など水を吸収する繊維や高分子材料に吸着させる．
e. フィルタ繊維や金網などで微小な水滴を凝集させ粗大化させて密度差で分離する．

また，静電浄油機でも 500 ppm 程度までであれば水分の除去が可能であるが，多量に水分が混入する場合には絶縁破壊が起きるため用いることができない[73]．

潤滑油に空気が混入すると，油膜強度に悪影響を与え摩耗が増大したり，油自身の酸化劣化促進を引き起こす．また，特に油圧システムでは，空気の存在が油の体積弾性係数や圧力伝達速度を低下させるばかりか，キャビテーションの原因にもなり，システム特性の悪化につながる．さらには，潤滑油が絞りやバルブなどの狭いすきまを通過するとき，あるいはサクションストレーナが目詰りしたときなどに，油への空気の溶解度が低下することで気泡が発生し，混入空気と同じ問題を生じる場合もある．これらの不具合を解消する方法としては，旋回流を利用した気泡除去装置が有効である[74]．

4.3.4 漏れ管理

機械には多くの可動部があり，可動部の摩擦面を滑らかに作動させるために，各種潤滑剤を供給して使用されている．最適な潤滑剤および潤滑方法の選定，潤滑剤の管理，ならびに潤滑剤の漏出防止などが適切でないと可動部の摩擦面に摩耗や焼付きなどの損傷やそれに伴う作動不良が発生し，機械の故障に至ることになる．漏れ管理とは，最適なシール選定，適正なシール取付け部精度，適切なメンテナンスが三位一体となって潤滑剤の漏出防止を図ることであり，機械の適正かつ長期間の運転を可能にするための重要な技術である．

シールの種類は多種多様であるが，漏れ管理を最も必要とするのは回

転軸シールである．潤滑油の代表的シールとしては，オイルシールとメカニカルシールであるので，取付け部精度を含め解説する．

(1) オイルシール

オイルシールは，軸と直接接触しゅう動して密封する接触式の円筒面シールで，0.3 MPa程度までの比較的低圧領域で主に回転軸シールとして用いられる．構造が簡単，かつ，小スペースで装着でき，密封性能および耐久性に優れ，しかも安価であるので，自動車や鉄道車両，一般産業機械などに広く使用されている．基本構造と各部の名称を図4.23 [75]に，また軸との接触状態を図4.24 [76]に示す．リップ先端はくさび状の断面形状をしており，リップの締め代とばねによる緊迫力で適正な締付け力を与えられて軸表面に押し付けられ，密封する働きをする．同時に，リップ先端と軸表面間には薄い油膜を介在させて潤滑することにより，低摩擦・長寿命を達成している．シールリップはフレキシブルなエラストマー製で機械の振動や潤滑油の圧力変動に追随してリップ先端と軸表面との接触状態を安定させる働きをする．オイルシールの外周面はハウジング内周面に固定され，このはめあい部の密封と回り止めを行う働きがある．オイルシール取付け部の軸の設計仕様を表4.20 [77]に，ハウジングの設計仕様を表4.21 [78]に示す．

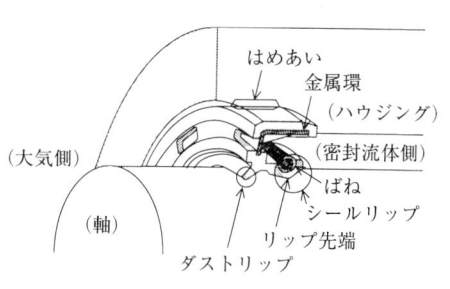

図4.23 オイルシールの基本構造と各部の名称〔出典：文献75)〕

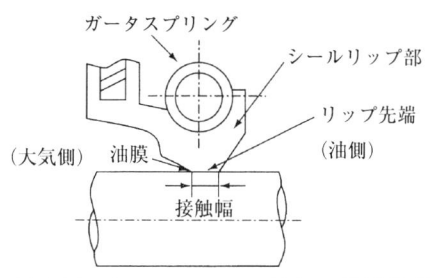

図4.24 オイルシールの軸との接触状態〔出典：文献76)〕

表4.20 オイルシール取付け部の軸の設計仕様〔出典：文献77)〕

材質	機械構造用炭素鋼
表面硬さ	30 HRC 以上
表面粗さ	$(0.63〜0.2)\ \mu mRa$, $(2.5〜0.8)\ \mu mRy$
加工方法	送りをかけない，グラインダ仕上げ
寸法公差	JIS h9

軸端部

ϕd			ϕd_1
10 以下			$d-1.5$
10 を超え		20 以下	$d-2.0$
20	〃	30 〃	$d-2.5$
30	〃	40 〃	$d-3.0$
40	〃	50 〃	$d-3.5$
50	〃	70 〃	$d-4.0$
70	〃	95 〃	$d-4.5$
95	〃	130 〃	$d-5.5$
130	〃	240 〃	$d-7.0$
240	〃	300 〃	$d-11.0$

注：軸径 ϕ 300 以下を示す．

表4.21 オイルシール取付け部のハウジングの設計仕様〔出典：文献78)〕

	材質	熱膨張係数の小さい金属
内面粗さ	外周金属オイルシール	$(3.2〜0.4)\ \mu mRa$, $(12.5〜1.6)\ \mu mRy$
	外周ゴムオイルシール	$(3.2〜1.6)\ \mu mRa$, $(12.5〜6.3)\ \mu mRy$
寸法公差		JIS H8

ハウジング穴部

オイルシールの呼び幅 b	W_1 の最小寸法	B
6 以下		1.0
6 を超え 10 以下		1.5
10 〃 14 〃	$b+0.5$	2.0
14 〃 18 〃		2.5
18 〃 30 〃	$b+1.0$	3.0

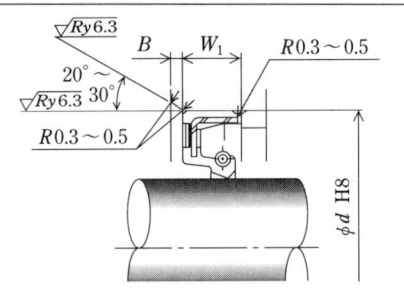

注：オイルシール外径寸法 ϕ 400 以下，圧力なしの場合を示す．

（2）メカニカルシール

メカニカルシールは，回転側と固定側で構成され，軸方向に作動する端面シールである．金属，セラミックス，カーボンなどの高強度，耐熱，耐摩耗性材料が選定できるので，オイルシールの適用が困難な高圧，高周速，高温条件下にも用いることができる．基本構造と各部の名称を図4.25に示す．シール端面は，潤滑油圧力とばねにより押し付けられ，シール端面の摩耗に応じて軸方向に動くことができるとともに潤滑油圧力に応じて適正な面圧が自動的に与えられるように設計されており，漏れを極少に制限する働きをする．同時に，シール端面間には薄い油膜を介在させて潤滑することにより，低摩擦・長寿命を達成している．回転側および固定側の二次シールにより，それぞれシールリングと回転軸間，メイティングリングとカバープレート間との密

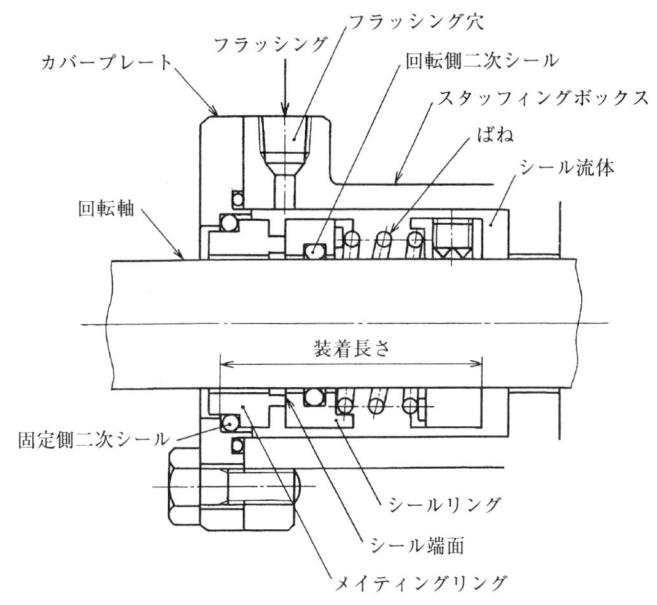

図4.25 メカニカルシールの基本構造と各部の名称

図4.26 メカニカルシールの取付け部の設計仕様〔出典：文献79)〕

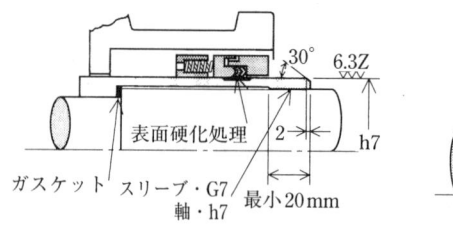

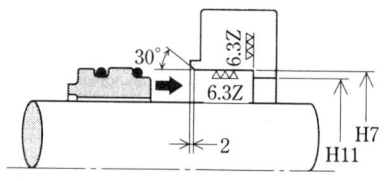

封をする働きがある．メカニカルシール取付け部の設計仕様を図4.26[79)]に，メカニカルシール取付け機器精度許容値を図4.27[80)]に示す．

(3) HFIによる漏れ管理

漏れ管理では，以上のシール技術に加えて適切なメンテナンスが重要な技術であることを既に述べたが，これを潤滑管理の一環として取り組んだ事例に，HFIを指標に用いた油漏れ低減活動がある[81)]．HFIはHydraulic Fluid Indexの略で，1年間に使用した潤滑油量をその全タンク容量で除した値と定義される．すなわち，この値が1であれば，1年間で潤滑油量の全てのタンクが入れ替わったことを意味し，HFIが小さいほど適正な潤滑油使用量以外の消費（＝漏れ）が少ないことになる．

HFI低減活動には，管理面，技術面が一体となった展開が必要である．例えば，管理面からは設備のクリーン化，点検強化，各種の掲示による目で見る管理などが実施され，技術面からは油漏れの要因調査・解析にもとづく高性能パッキンの実用化やホースの長寿命化，最適配管クランプの選定などの対策が施された結果，当初は1を越えていたHFIが0.2程度にまで大幅に低減できた成果が報告されている[81)]．

4.3.5 油種統一の考え方

生産工場においては多種多様の機械設備があり，そこで使用されている潤滑剤は50種以上に及ぶことも珍しくない．このため，使用現場では管理の煩雑さに加えて給油作業に多大の労力を要し，また，給油間違い，必要量の給油がなされなかったりするのが大方の実態である．こ

4.3 オイルマネジメント　141

1. 軸振れ許容値

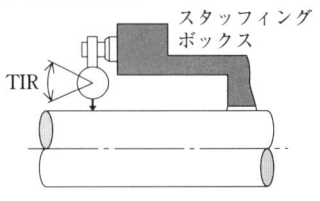

TIR = Total Indicating Reading
（ダイヤルゲージの読み）

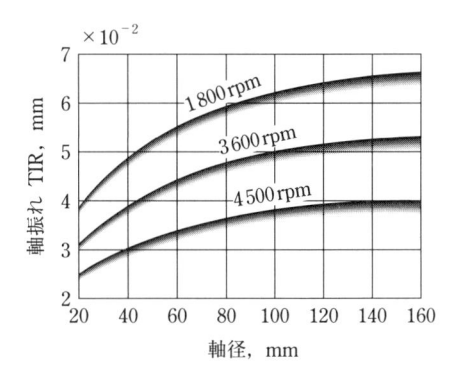

2. 軸とスタッフィングボックスの同芯度

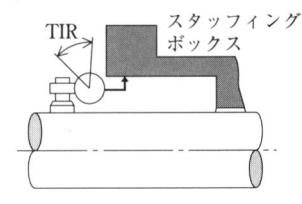

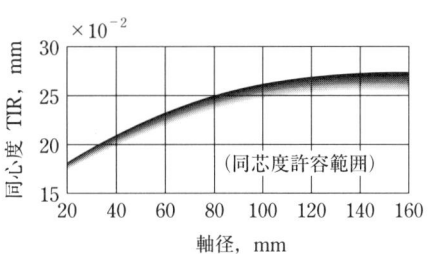

3. 軸とスタッフィングボックスの直角度

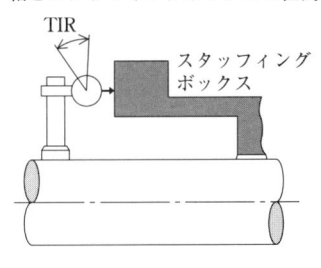

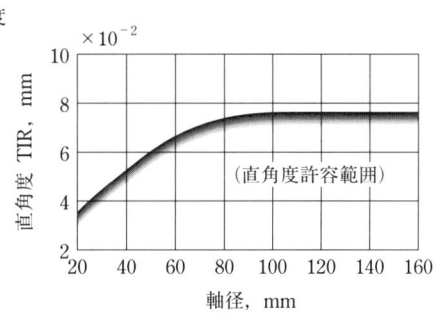

4. 軸とスラスト方向移動量

軸のスラスト方向移動量（End Play）は，軸受のあそびの許容量で，ポンプの起動時にだけ生じ，通常の運転中での軸移動はないものとする。

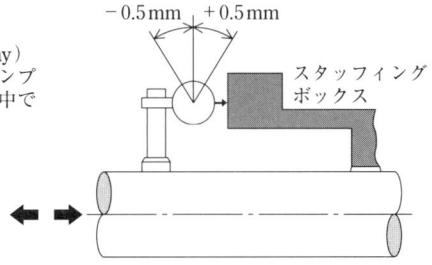

図4.27　メカニカルシール取付け機器精度許容値〔出典：文献80）〕

のように多種類の潤滑剤がそのまま使用されている原因には，油種統一の考え方が十分に浸透していないことが挙げられる．

　一般に，潤滑剤の選定は次のような手順で行われている．潤滑剤の選定に際して，まず根拠となるのが機械メーカーの推薦の有無である．次に，機械装置の使用条件（温度，速度，荷重，雰囲気，運転形態等）を把握したうえで実用に適合した性能を有する潤滑剤を選定する．当然，推薦油をそのまま使用していると，機械の種類が多くなるにつれて油剤の種類も多くなる．そこで，油剤の品質や粘度グレードを見直し，油種統一を行って，油種の数を減らすことが重要である．この際，潤滑剤を常に良好な状態に管理しておくことが前提条件であり，その管理方法が明確で管理しやすい油剤を選定することも忘れてはならない．

　ここで，油種統一を実施するうえでの基本的な考え方を述べる．

・同じ機種，同じ用途は同じ油で統一する；
　　給油の自動化，集中化が容易となる．
・同じ粘度グレードの油は一種類とする；
　　使用条件（油温，荷重等）を調査，把握することで統合できる場合が多い．
・粘度グレード分類の簡略化を図り，グレードの数を少なくする；
　　安全性の点からは高粘度側に統一する．なお，推薦粘度にはかなり安全率が見込まれているので，低粘度化が可能なこともある．
・消費量の極めて少ない油剤はできるだけ他油に統合する；
　　消費量が極めて少ない油剤には，その理由を十分調査した上で，可能な限り統合する．
・現場毎に油種を少なくする；
　　工場全体を一括して油種統一できない場合は，管理エリアごと（例えば建屋ごと）に油種を削減する．これによっても保全担当者の負担は軽くなる．

- 手差し，滴下給油箇所の油種を統一する；

  これらは大きな作業労力を要するので，同じ油で統一して保全担当者の負担を軽減する．

- 油剤納品元の簡素化を図る；

  発注，在庫管理の軽減や，場合によっては一括購入によるコスト削減につながる．

上記内容を踏まえて，最近では油種統一を掲げた高性能多目的潤滑剤が開発されており，これを十分に活用して油種統一を進めることが望まれる．特に，グリースの場合，給脂箇所が多くなると全部を確実に管理するには相当の労力を要するため，油種統一が可能な高性能グリースの開発は，省力化の他，経済面，環境面にわたって大いに貢献することになる[82]．油種統一の一例を表4.22に示す[83]．このように設備機械用潤滑剤においては，油種統一を実施することで，油種数を平均して約半分に減らすことができるともいわれている．

表4.22 油種統一効果の実例〔出典：文献83)〕

業種	油種	統一前	統一後	削減率, %
A. ベアリング（工作機械約1 000台）	潤滑油 グリース	20 3	8 2	60
B. 電機	潤滑油 グリース	23 4	11 3	52
C. 製鉄所	潤滑油 グリース	36 24	25 14	31
D. 自動車（工作機械約600台）	潤滑油 グリース	33 9	13 2	61
E. 自動車	潤滑油	40	18	55
F. 電機	潤滑油	24	15	38
G. ベアリング	潤滑油	33	14	58
H. 製紙工場	潤滑油 グリース	38 15	12 4	68

参考文献

1) 桜井俊男：石油製品添加剤, 幸書房 (1973) 183-465.
2) 桜井俊男：新版 潤滑の物理化学, 幸書房 (1991) 242-261.
3) 日本トライボロジー学会編：トライボロジーハンドブック, C編 (2001) 641-703.
4) DEXRON Ⅲ ATF Specification GM 6297-M (1993).
5) A Specification for MERCON, Ford Motor Company (1992).
6) SAE Handbook, **1**, (1999) 12.
7) 吉田俊男：潤滑, **32** (1987) 856-863.
8) J. D. Herder : Lub. Eng., **33** (1977) 303-307.
9) 板橋重幸・佐々木義和・宮本秀夫：日石レビュー, **25** (1983) 154-160.
10) 岡田美津雄：トライボロジスト, **34**, 8 (1989) 581-586.
11) 小西　徹：月刊トライボロジ, 9 (1999) 23-25.
12) 白井浩匡：トライボロジスト, **42**, 7 (1997) 513-516.
13) 小西　徹：油空圧技術, 9 (2000) 1-5.
14) 深尾儀一朗：日石レビュー, **16** (1974) 209-220.
15) 日高照雄：日石レビュー, **28** (1986) 38-48.
16) 広井鎮男：日石レビュー, **20** (1978) 163-172.
17) 林　　宏：日石レビュー, **29** (1987) 204-215.
18) 福島英夫：日石レビュー, **29** (1987) 122-129.
19) 松隈正樹：トライボロジスト, **35**, 9 (1990) 654-657.
20) 山口敏雄：日石レビュー, **29** (1987) 168-176.
21) 開米　貴：ペトロテック, **18**, 12 (1995) 1053-1059.
22) 角南元司・瀧川克也：トライボロジスト, **42**, 8 (1997) 607-612.
23) 星野道男・渡嘉敷通秀・藤田　稔：潤滑グリースと合成潤滑油, 幸書房 (1983) 6.
24) 星野道男・渡嘉敷通秀・藤田　稔：潤滑グリースと合成潤滑油, 幸書房 (1983) 114.
25) 遠藤敏明：グリースの種類と選定方法, 月刊トライボロジ (1989) 9-13.
26) 赤岡　純：現場の潤滑技術,（社）日本プラントメンテナンス協会,（1984）114.
27) ibid, p.97.
28) 春山賢三：集中給油装置における潤滑管理のポイント, 潤滑経済 (1999) 2-7.
29) 日本トライボロジー学会編：トライボロジーハンドブック, 養賢堂 (2001) 820.

30) 畑　一志：日本機械学会講習会教材（No.940-67）(1994) 32.
31) 柴田正明：トライボロジスト, **39**, 7 (1994) 559.
32) 渡辺誠一他：トライボロジスト, **41**, 2 (1996) 126.
33) W. A. Waters : The Chemistry of Free Radicals 2nd Ed, Oxford University Press (1948) 226.
34) 出光興産（株）潤滑技術資料.
35) 赤岡　純（監修), 潤滑設計マニュアル, 日本規格協会 (1988) 207.
36) 橋本勝美：トライボロジスト, **39**, 10 (1994) 857.
37) 藤田　稔他：新版潤滑剤の実用性能, 幸書房 (1980) 177.
38) 長尾哲哉, 出光トライボレビュー, **10** (1984) p.550.
39) 西村憲二：出光トライボレビュー, **10** (1984) 553.
40) 石井正昭：潤滑, **22**, 7 (1977) 415.
41) 松山雄一：油空圧技術, **36**, 6 (1997) 50.
42) 橋本勝美：トライボロジスト, **38**, 2 (1993) 148.
43) 橋本勝美：トライボロジスト, **44**, 6 (1999) 432.
44) 木村好次（監修）：トライボロジーデータブック, テクノシステム (1991) 55.
45) 脇園哲郎：トライボロジスト, **44**, 4 (1999) 254.
46) 潤滑油協会編：潤滑管理マニュアルブック (1990) 31.
47) 嶋　光正他：火力原子力発電, **51**, 1 (2000) 108.
48) 橋本勝美他：火力原子力発電, **51**, 6 (2000) 710.
49) 橋本勝美：第39回トライボロジー先端講座教材 (1994) 71.
50) 実践保全技術シリーズ編集委員会編：潤滑技術, 日本プラントメンテナンス協会 (1991) 32.
51) 松本善政：トライボロジスト, **39**, 7 (1994) 572.
52) 倉橋基文：トライボロジスト, **39**, 7 (1994) 596.
53) 日本トライボロジー学会編：トライボロジーハンドブック, 養賢堂 (2001) 710-825.
54) 森内昭夫：トライボロジスト, **20**, 10 (1975) 733.
55) 小松茂樹：機械の研究, **25**, 8 (1976) 951.
56) 鈴木八十吉：潤滑, **15**, 7 (1970) 439.
57) 混入異物のグリース寿命への影響に関する研究会：トライボロジスト, **38**, 12 (1993) 1059.
58) C. J. Boner : Manufacture of Lubricating Greases, Reihold Publishing Corp. (1954) 745.

59) 畠山　正：潤滑, **19**, 4 (1974) 331.
60) 伊藤裕之：メンテナンス (1994-5) 25.
61) 倉橋基文・澤　雅明：トライボロジスト, **39**, 7 (1994) 596.
62) 実践保全技術シリーズ編集委員会編：潤滑技術, 日本プラントメンテナンス協会 (1991) 212.
63) 四阿佳昭：油空圧技術, **32**, 8 (1993) 43.
64) 伊沢一康：機械設計, **41**, 11 (1997) 18.
65) 実践保全技術シリーズ編集委員会編：潤滑技術, 日本プラントメンテナンス協会 (1991) 47.
66) 吉長重樹・岩井善郎 ほか：光学, **26**, 5 (1997) 273.
67) 潤滑経済, **410**, 5 (2000) 30.
68) 佐々木徹：トライボロジスト, **45**, 11 (2000) 809.
69) 実践保全技術シリーズ編集委員会編：潤滑技術, 日本プラントメンテナンス協会 (1991) 226.
70) 潤滑経済, **410**, 5 (2000) 1.
71) 日本トライボロジー学会編：トライボロジーハンドブック, 養賢堂 (2001) 853.
72) 浜田彦弥太・佐藤理有：機械設計, **41**, 11 (1997) 54.
73) 佐々木徹：機械設計, **41**, 11 (1997) 25.
74) 鈴木隆司・横田眞一：トライボロジスト, **39**, 9 (1994) 756.
75) 中村研八：これでわかるシール技術, 工業調査会 (1999) 8.
76) 勘崎芳行：これでわかるシール技術, 工業調査会 (1999) 23.
77) 川端秀雄：これでわかるシール技術, 工業調査会 (1999) 116.
78) 川端秀雄：これでわかるシール技術, 工業調査会 (1999) 117.
79) 下村孝夫：これでわかるシール技術, 工業調査会 (1999) 137.
80) 下村孝夫：これでわかるシール技術, 工業調査会 (1999) 138.
81) 実践保全技術シリーズ編集委員会編：潤滑技術, 日本プラントメンテナンス協会 (1991) 26.
82) 増田和久：出光トライボレビュー, **24** (2001) 1512.
83) 出光興産 (株) 潤滑技術資料.

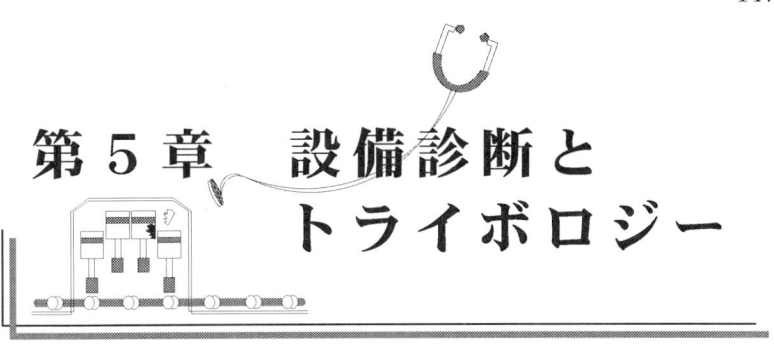

第5章　設備診断とトライボロジー

5.1 設備診断とトライボロジーの考え方

5.1.1 トライボ損傷進行のメカニズム

　機械設備の自動化，無人化，高度化が急速に進む中で，生産と品質に直結する設備保全の重要性が高まっている．機械設備の損傷や寿命を支配する要因は，多くの場合摩耗である．したがって，機械要素の潤滑状態を良好に保つことにより，その進行を大幅に抑制することができる．図5.1に機械のトライボ損傷進行プロセスの概念図を示す．機械部品にかかる多くのストレスにより潤滑不良が発生すると，摩耗によるガタ，リーク，摩擦などの増大や損傷が進行し，各種のトラブルが発生することになる．摩耗モードにより進行は大幅に異なる．比較的ゆるやかに進行する転がり摩耗やすべり摩耗，腐食摩耗に比べ，アブレシブ摩耗や凝着摩耗は摩耗速度が速く，かつ指数関数的に増大する．

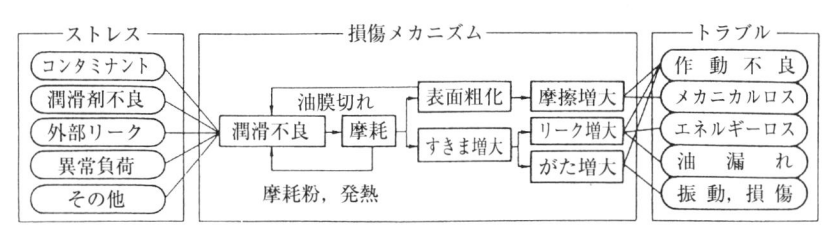

図5.1　機械のトライボ損傷進行プロセス

図5.2 損傷進行と検出モデル

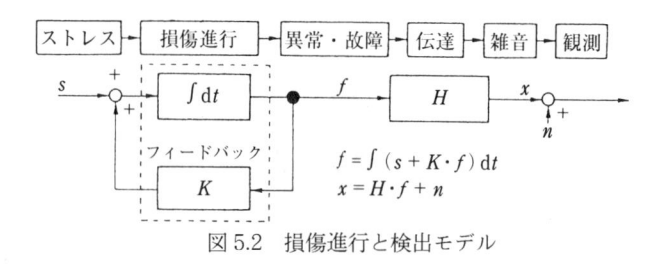

$$f = \int (s + K \cdot f) \, dt$$
$$x = H \cdot f + n$$

このような，摩耗による機械の損傷モデルを図5.2に示す．ストレス（S）により表面温度や粗さ，摩耗粉の増大がストレス増幅（K）となってフィードバックされ，さらに，潤滑不良と摩耗がいっそう進行する悪循環によって，加速度的に摩耗と損傷が進むことになる．そして，機能低下や異常振動，温度上昇などが発生し，ついには破損して機械の動作異常や故障（f）に至る．機械内の損傷異常は振動や熱，摩耗粉などとなって内部を伝播（H）し，外部のセンサにより検出（x）され，信号処理で雑音（n）と分離され設備異常診断がなされる．

本モデルでの，一定の外部ストレス印加時の摩耗損傷の進行，すなわちストレスに対する摩耗量のステップ応答は次式で表される．

$$f = T(1 - e^{-t/T}) \quad T = 1/K \quad K = 0 \text{ の時は } f = t \qquad (5.1)$$

本式のストレス増幅係数 K は潤滑状態と密接に関係し，潤滑が不良の場合は大きく，良好の場合は小さくなる．潤滑が良好になると表面は摩擦により平滑化され，ますます油膜形成能が向上し，ストレスが低減（K がマイナス）され良循環となる，いわゆる「なじみ現象」により摩耗量は著しく減少する．図5.3は K 値を変化させた場合の摩耗曲線の計算結果であるが，摩耗モードによる摩耗曲線に良く類似しており，定性的には，この単純なモデルでも摩耗と潤滑の現象を良く表現しているといえる．すなわち，潤滑管理は摩耗管理そのものであることを意味しており，「保全の原点は潤滑管理にある」「機械の寿命は潤滑管理で決まる」といった経験的常識の当然の帰着ではあるが，数学

図 5.3 損傷進行モデル計算結果

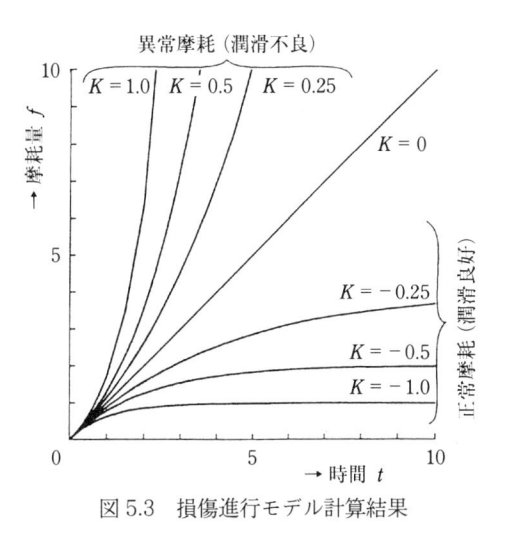

的，物理的に潤滑管理に意味を理解するうえで意義深い．こうした，トライボ損傷のメカニズムから，メンテナンストライボロジーのキーテクノロジーとしては，診断技術と潤滑技術のペアが重要であるといえる．

5.1.2 設備診断技術の重要性

摩耗による故障防止のため，機械部品を早めに定期取替えしたり，オーバーホールするタイムベースの保全（TBM）が従来の主流であった．しかしながら，機械部品の信頼性やストレスが常に同じであるとは限らず，現実の寿命には大きなばらつきがあり，オーバーメンテナンスや突発故障が避けられないことから，近年では機械の健康状態を診断して異常があれば修理するコンディションベースの保全（CBM）が要求されるようになった．そこで，図 5.4 に示すように異常の徴候を早期に発見し，異常の原因を的確に診断し，損傷要因を除去することにより機械部品の損傷進行防止と長寿命化を図るため，各種の設備異常診断技術が開発され産業界で幅広く実用的に利用されるようになった．初期の内科的段階では摩耗粉を診断するフェログラフィや SOAP が有効であり，損傷が進行した外科的段階では異常振動や温度上昇が発生するた

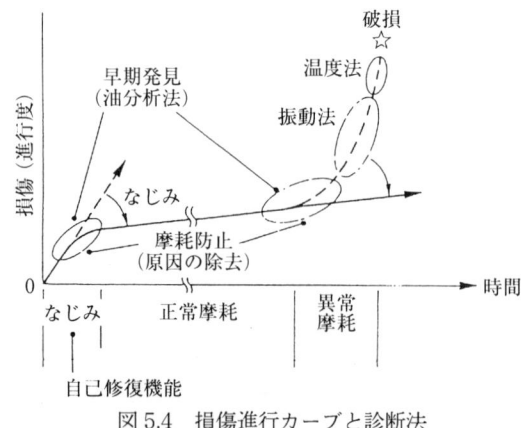

図5.4 損傷進行カーブと診断法

め，振動診断やAE診断が有効である．早期診断によって，潤滑状態を改善すれば損傷進行抑制やなじみ現象により，故障防止や長寿命化ができるので，診断技術と潤滑技術は重要な技術である．

5.2 異常診断法

5.2.1 信号処理法

設備診断を実施する際に，設備の状態を正確に把握するためには，測定原理や電子計測の基本を理解したうえでの評価が必要である．一般的な計測システム例を図5.5に示す．

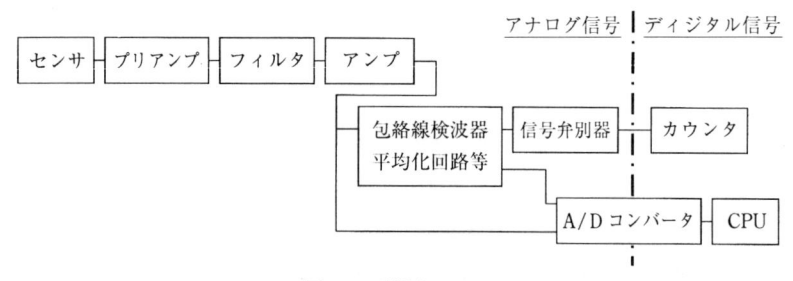

図5.5 計測システム

センサは，計測目的に適した物理量を電気信号に変換するセンサを選択する．センサには物理量に比例した電圧を発生するもの，電流（電荷）を発生するものとあり，得られる電気信号が直流なのか，交流なのか，交流の場合には周波数特性を知っておく必要がある．

センサから出力される信号は微弱であり，ノイズの影響を受けやすいためプリアンプを使用し信号を増幅しインピーダンス変換を行う．

プリアンプで増幅された信号は，ノイズの除去，信号の分離，解析に必要な周波数帯の信号を抽出する目的でフィルタ処理を行う．フィルタの種類には，直流成分や低周波数の振動成分を除去する際に使用されるハイパスフィルタ（HPF：高域通過フィルタ），高周波のノイズ成分除去やA/D変換する際に発生するエイリアスを除去するため，サンプリング周波数の1/2より高い周波数成分を除去するローパスフィルタ（LPF：低域通過フィルタ），HPFとLPFを組み合わせ解析に必要な帯域を抽出したり（広帯域），特定の周波数成分のみを抽出する（狭帯域型）

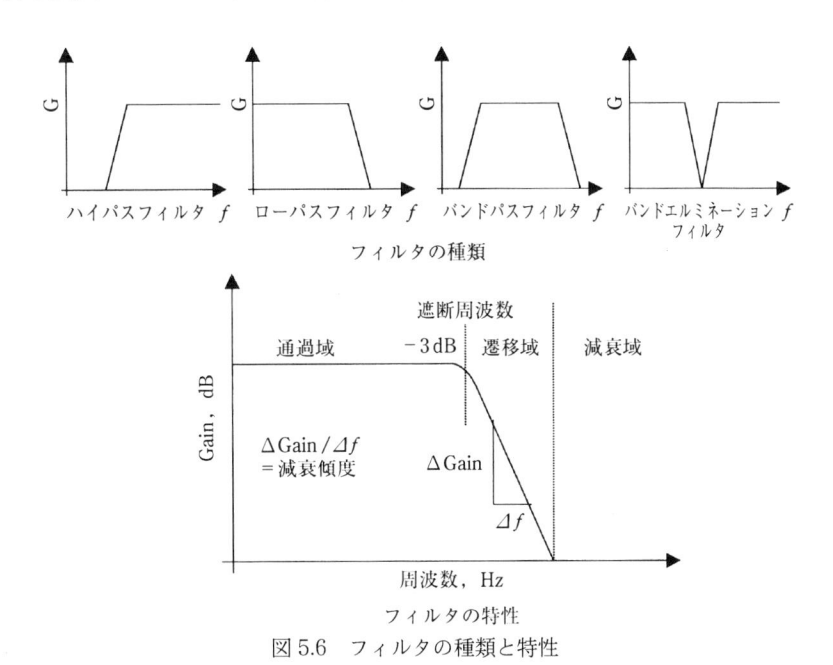

図5.6 フィルタの種類と特性

バンドパスフィルタ（BPF：帯域通過フィルタ），商用電源のラインノイズ50 Hz，60 Hzを除去するバンドエルミネーションフィルタ（BEF：帯域阻止フィルタ）がある（図5.6参照）．

実際のフィルタは，遮断周波数を境に全ての信号成分が除去されるのではなく，遮断周波数で通過域から約 -3 dB（0.707）減衰する．フィルタには特徴があり計測目的に合ったフィルタを選択する．例えば，周波数解析（FFT：高速フーリエ変換）を行う場合等は，通過域がフラットな特性をもつバターワース型（最大平坦型）を使用する．フィルタで抽出した出力信号波形はひずみが生じ，減衰傾度が大きくなるほど波形ひずみが大きくなる．このことは各周波数での位相のずれからくるもので，振動解析等で波形情報が重要な場合は，位相が周波数に対して直線であるベッセル型（位相直線型）を使用する．

フィルタで抽出された信号は，メインアンプで増幅され，解析目的により包絡線検波処理や平均化処理または信号弁別等を行う．包絡線検波処理とは，信号波形の上部を結んだ信号と考えればよく，波形の発生周期を検討する場合や信号弁別器を用いてあらかじめ設定したしきい値（トリガレベル）より大きな信号を計数する場合等に用いられる．絶対値検波（全波整流）とローパスフィルタを用いる方法やゼロクロス検出とサンプルホールドを用いる方法等がある．波形記録のためディジタルオシロやパソコンを使用する場合には，A/Dコンバータによりアナログ信号をディジタル信号に変換し演算処理を行う．

5.2.2 振動診断

振動法では，異常の程度を判断する簡易診断法と，その結果に応じて異常の部位を特定し，有効な対策を決定するための精密診断法がある．

（1）簡易診断法

異常程度の判別では，携帯式の振動測定器等で測定し，その結果が正常，または初期値の何倍になったかで判断する．転がり軸受では3倍なら（初期フレーキング）注意，9倍なら（全周発生）危険と判断するが，

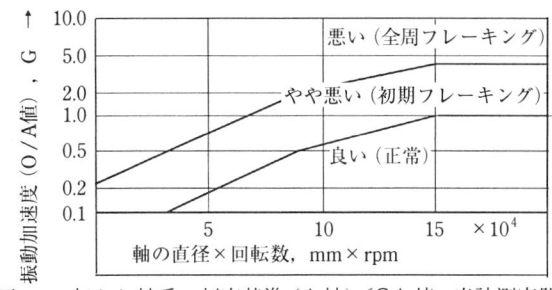

図5.7 転がり軸受の判定基準（A社）〔OA値：当該測定器の性能によって決まる振動の実効出力値（平均値）〕

その取替え処置等は重要な設備ほど早めに行われている．

比較すべき基準データがない場合には，絶対値判定法で行う．この方法は，事前に検証された判定基準と比較して行うもので，A社の判定基準例を図5.7に示す．

（2）精密診断法（波形解析法）

健康診断時に心電図をとって心臓の異常を診断するように，振動波形を観察し，その特徴から異常部位を特定する．図5.8は歯車の異常振動波形で，等間隔のピーク波形，1回転ごとのうねりが認識できることから，歯車の偏心，あるいは特定歯のピッチ誤差があると特定できる．

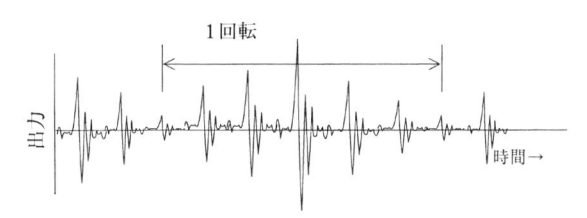

図5.8 歯車振動波形の異常パターン例

（3）精密診断法（周波数解析法）

転がり軸受の外輪にきずが発生した場合，転動体がそこを通過するごとに，ピーク状の自励振動を発生する．このピーク周波数は軸受の諸元が判明していれば，事前に計算で求められる．したがって，振動を測定し，周波数解析した結果が，先に計算した外輪傷周波数と一致し，

表5.1 転がり軸受から発生する振動周波数例

区分	異常部位	発生する振動周波数
転がり軸受	内輪きず	$f_{in}=NZ/2(1+d/D\cos\alpha)f_0$
	外輪きず	$f_{out}=NZ/2(1-d/D\cos\alpha)f_0$
	転動体きず	$f_b=ND/d(1-(d/D)^2\cos^2\alpha)f_0$

f_0：軸受の回転数，N：整数，Z：転動体玉数，d：転動体玉径，
D：ピッチ円直径，α：転動体の接触角

その値が3番以内に入る程，顕著な場合に，きずがあると同定できる．

表5.1には転がり軸受の各部傷振動周波数の計算例を示す．振動の周波数解析は高速フーリエ変換機能を有する精密診断器等にて行う．

5.2.3 AE診断

AEは，Acoustic Emissionを略したもので，「固体が変形あるいは破壊する際に，それまでに貯えられたひずみエネルギーが解放されて弾性波が生じること」である．AEの周波数領域は数百Hz～数MHzと広く，割り箸を折るときに発生する音は身近なAEの代表例である．ここで診断の対象とする機械システムは多くの場合金属で製作されているので，それの破壊を早期に診断するには人の耳では聞くことのできない50 kHz以上の超音波領域の信号を検出・処理する．

AE計測装置の例を図5.9に示す．AEセンサは診断の対象で発生したAE波をAE信号に変換するもので，変換にはチタン酸ジルコン酸鉛〔$Pb(Zr-Ti)O_3$〕などの圧電効果が利用される．AEセンサは，検出周波数領域のどこかに共振点をもっていて，それによって発生した微弱

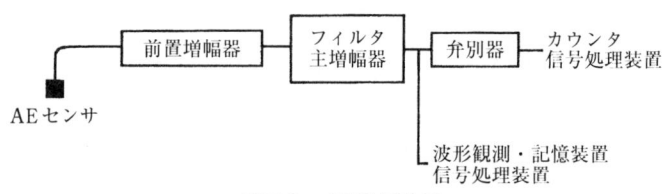

図5.9 AE計測装置

5.2 異常診断法

なAE波をAE信号に変換する．前置増幅器はAEセンサの近くに置いてAE信号へのノイズの侵入を抑制しつつ信号の増幅を行う．フィルタ・主増幅器は前置増幅器からのAE信号を周波数フィルタに通してさらに増幅する．これからの出力の一方は，弁別器に入り，包絡線検波され，しきい値と比較されてこれを超えるものがパルスなどに変換され，カウンタあるいは発生位置や発生時間間隔などを求める信号処理装置に送られる．他方は，波形観測・記憶装置に送られ，波形観測に用いられるか，あるいは信号処理装置に送られて振幅分布や発生位置などを測定するのに使用される．

機械システムの診断では，AEの波形，周波数分布，計数値，実効値，振幅分布，発生位置，発生時間間隔など[8]が注目される．

機械システムに多く組み込まれる転がり軸受の転がり疲れ損傷の診断についての実験例を図5.10に示す[9]．この場合，軸受の転がり疲れ過程においてAE事象率と振動加速度実効値が観測されていて，疲れ損傷のはく離が転がり接触面に出現して加速度実効値が増加し，実験が停止しているのに対して，AE事象率はそれ以前からAEが発生していることを示している．同時に測定されたAE発生位置の標定結果が実験停止まで発生していたAEがはく離の出現位置で発生したことを示していることから，

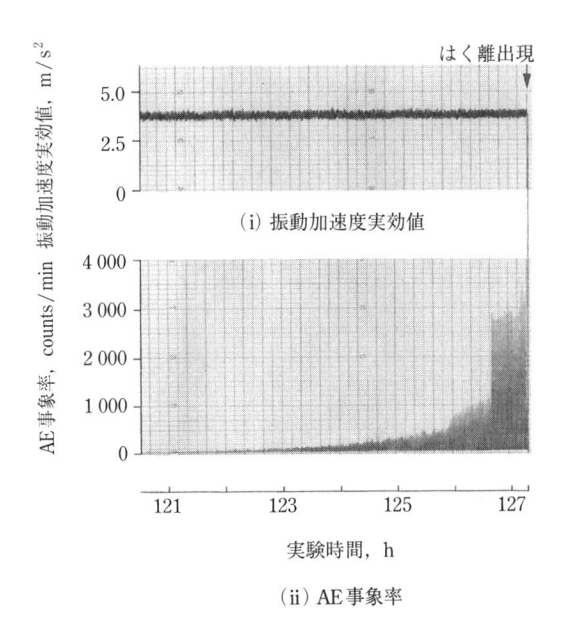

図5.10 転がり軸受の疲労過程における振動加速度の実効値とAE事象率の経時変化

この間に発生したAEがはく離の前段階のクラックの進展に伴うものと考えられる[10]．

この例のように，AEによる診断は転がり疲れ異常を損傷の出現以前に予知できるところに大きな特徴がある．さらに，転がり疲れ以外の損傷モードの検出や他の診断法では検出しにくい異常の初期検出の可能性を有しており，すべり軸受[11]や歯車[12]等の診断へのAEの使用が広がりつつある．

実用化における最大の問題点はノイズの排除であり，これへの取組みが重要である．

5.2.4 フェログラフィ法

フェログラフィ法は希釈剤と混合された潤滑油やグリースなどの試料中の摩耗粒子を，勾配をもった強力な磁場で分離し，摩耗量の測定や粒子観察が容易にできるように大きさの順に配列する方法である．分離される粒子は，磁性体，非磁性体，非金属など大部分の粒子が分離され，測定や観察の邪魔になるカーボンなどは除去される．装置には，粒子濃度を測定する定量フェログラフと，フェログラムと呼ばれる特殊な処理をしたガラス基板上に摩耗粒子を配列して顕微鏡で観察する分析フェログラフがある．

(1) 定量フェログラフ

図5.11[13]のようにガラス製の沈着管に試料を一定流量で流す．磁性粒子は沈着管の入口（D_lと呼ぶ）では5μm（Fe）以上の粒子が捕捉され，入口から5 mm下流（D_sと呼ぶ）では$1\sim2\mu$m（Fe）の粒子が捕捉され，粒子によって遮られた光量が電圧として検出される．機械が正常に動いているとき発生する粒子は小さい粒子が大部分である．逆に，異常の場合は，全摩耗量の増加と大きい粒子の割合が大きくなり，

$$\text{異常摩耗係数} \quad I_s = (D_l^2 - D_s^2)n^2, \tag{5.2}$$

$$\text{全摩耗量} \quad WPC = (D_l + D_s)n, \quad (n：希釈率) \tag{5.3}$$

で表すことができ，運転時間に対して図5.12のようなグラフになる．

5.2 異常診断法　157

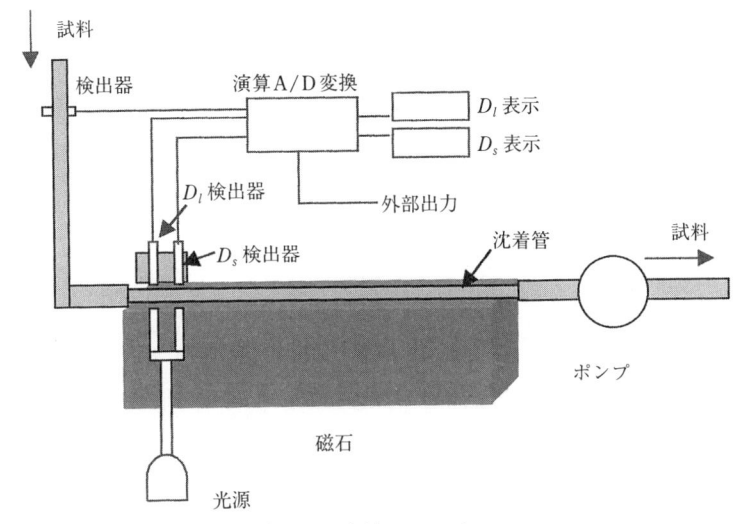

図 5.11　定量フェログラフ

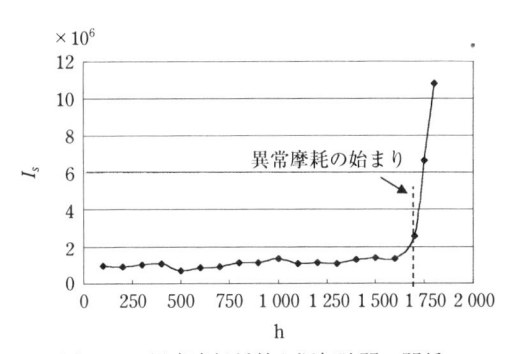

図 5.12　異常摩耗係数と運転時間の関係

(2) 分析フェログラフ

定量フェログラフでは異常の始まりを見つけることができても，その原因や状態までを知ることは困難である．分析フェログラフでは摩耗粒子が配列したフェログラムを作成し，光学顕微鏡などで観察することでいっそう詳しい情報を得ることができる．

(3) フェログラムの特徴

摩耗粒子の形状，大きさ，表面の状態や色，量から摩耗状態を知るこ

図 5.13　① シビヤ摩耗粒子と ② 黒錆粒子

とができる．粒子を12種類に分類し，その組合せと量から摩耗を診断する．粒子の配列と色から鉄や銅やホワイトメタルなどの材質を識別でき摩耗の部位を知ることができる．磁性のある粒子は試料の流れと直角方向に鎖状に配列する．非鉄金属は凝着摩耗で鉄と混ざり合った状態で粒子が発生することが多いので磁場で捕捉される．しかし磁場から受ける力が弱いので配列は規則的でない．フェログラムを加熱すると，粒子に酸化膜ができるので色の変化から炭素鋼，鋳鉄，ニッケル鋼なども区別できる．観察には落射透過型光学顕微鏡を利用し，落射光には赤色，青色，偏光フィルタ，透過光には緑色と偏光フィルタを観察目的に合わせて使用する．フェログラムの観察事例としてシビヤ摩耗粒子の写真を紹介する（図5.13）．図では，70μm程度の①シビヤ粒子（15μm以上，表面に条痕があり，直線的な辺または鋭角的な角をもつ）と②黒錆粒子（表面の色が黒や褐色で配列する）が支配的であり，摩耗は焼付き状態に近いことを示している．

5.2.5　SOAP法

(1) 概　要

この手法はしばしば血液検査による健康診断に喩えられ，血液の代わりにオイルを検査して機械の異常の兆候（摩耗，オイルの汚染・劣化）をいち早く検知し致命的破壊に至る前に適切な処置を施すことを目的としている．主体が「分光分析」による微量元素分析であるため，本法はSOAP法（Spectrometric Oil Analysis Program）と呼ばれ，エンジン，減速機，冷凍機，タービン等の機械設備の監視・診断に広く活用され

ている．機械の定期的オーバーホールがかえって故障を増やすという事実[14]から，できるだけ機械を分解せず，状態を監視しながらメンテナンスする，いわゆる CBM（Condition Based Maintenance）の手法を適用するうえで重要なツールとなっている．

（2）検査項目

主体は分光分析によるオイル中の微量元素分析で，より確かな診断を行うためにオイルの物理的性状を組み合わせて[15]検査するのが一般的である．SOAP法の大きな特長は摩耗の発生源（Source）や原因（Cause）を示唆するデータが得られることである（表5.2）．短所は 5～10 μm 以上の粒子に対する元素の分析感度が劣るため，異常摩耗時に発生する大きな粒子に対する感度が低いことである．これを補完するためにしばしばフェログラフィ分析[16]やフィルタに捕捉された粒子の分析が追加される．SOAP法で採用される分析方法としては原子吸光法，回転

表5.2　SOAP法の分析元素と発生源/原因（ディーゼルエンジンの場合）

元素	濃度，ppm	考えられる発生源/原因（Source/Cause）
鉄	1～1000	軸，軸受，ハウジング，ピストンリング，ピストン，シリンダ，ギヤ他の摩耗や腐食
クロム，ニッケル	1～100	同上．同上の合金元素あるいはめっき成分
アルミニウム	1～1000	軸受メタル，ピストン，ハウジングの摩耗・腐食
鉛	1～1000	軸受メタルの摩耗や腐食，含鉛燃料混入
スズ	1～100	軸受メタルの摩耗や腐食
銀	1～100	軸受の摩耗，クーラろう付け部の腐食
銅	1～1000	軸受メタルの摩耗や腐食，クーラの腐食
ナトリウム，カリウム	1～100	クーラント・海水の混入
ケイ素	1～1000	消泡剤の添加，ダスト・グリース等の混入
ホウ素，亜鉛，リン	1～1000	耐摩耗添加剤や酸化防止剤，油種変更
カルシウム，マグネシウム，バリウム	1～10000	清浄分散剤とその増減，異種油混入
モリブデン	1～1000	耐摩耗添加剤とその増減，グリースの混入

電極式発光分析法,ICP式発光分析法など[16]があり,それぞれの特長に合わせて使われている.

(3) 診断方法

異常を診断する方法として,限界値による方法と,傾向(Trend)による方法[16,17]がある.前者は統計的あるいは経験的に把握された正常/異常の限界値を設定し,限界値に達した時に異常と診断するもの,後者は定期的に検査(分析)する中で分析値の変化率に着目して,急激な変化が見られた時に異常と診断するものである.両者が併用される場合もあるが,一般にオイルの汚染や劣化に関しては限界値による診断が,摩耗状態に関しては傾向による診断が行われる.傾向による診断事例を図5.14および5.15に示した.図のように,正常時の元素のレベル(ベースライン)は機械ごとに異なっており,診断に際してはこのベースラインを把握しておくことが重要である.ベースラインは一定間隔で連続した3回以上のデータから把握されるのが一般的である.異常と診断されると,短い間隔での再確認,異常原因除去・浄油あるいは更油後の経過監視等,機械の分解点検前の処置がとられ,直ちに機械を分解点検することは少ない.

適切な診断のためには,「信頼性の高い分析」,「分析結果の適切な解釈」および,その前提としての「適切な場所・方法・間隔によるオイルの採取」と「診断者と設備管理者の情報交換」が不可欠となる.

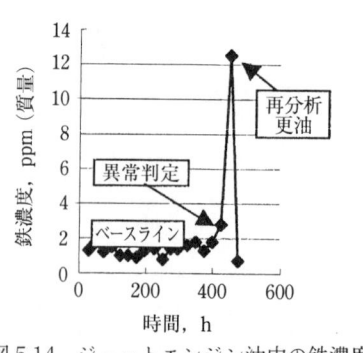

図5.14 ジェットエンジン油中の鉄濃度 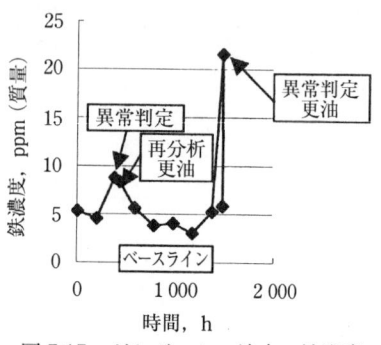   図5.15 ギヤボックス油中の鉄濃度

5.2.6 その他

前節までに，四つの異常診断法を紹介したが，これら以外の診断法を簡単に紹介する．

最も古くから用いられている方法に，音響と温度がある．音響は，機械設備から発する音の変化を検知して異常の程度を知る方法であり，もともとは人間の官能評価に頼っていたが，パワースペクトルを計測するなど，定量的評価も行われて広範に用いられている手法である．温度については，その上昇が回転機械の焼付き等の前兆現象であることが多いため，サーモシールや温度センサによる常時監視が行われる．

振動やAEの他，放射線を用いる方法にラジオアイソトープ（RI）とX線を利用したものがある．RI法は，RIをトレーサとしてオンラインで摩耗検出する手法である．放射線を検出するため制限事項が多いが，高感度であり普及が期待される手法[18]である．X線については，X線光電子分光（XPS）による表面分析や，蛍光X線・X線回折による材料評価に用いられることが多いが，いずれもオフラインの手法である．

人体の異常診断に広く用いられている手法として，超音波法が挙げられる．機械を対象とした場合にも超音波探傷が広く使われているが，メンテナンストライボロジーに対象を絞ると，残念ながら実用化（商品化）された例は見あたらない．ただし，オンラインモニタリングに適用する試みは行われており，本項ではあえて，その研究をこれからの技術として紹介する．

超音波探傷は，入力した超音波のエコーを検出して材料内部の欠陥等を調べる手法であるが，これとほぼ同じ原理で，転がり軸受の損傷評価を試みた例[20]がある．図5.16に示すとおり，軸受に対して2方向から超音波を入射し，転動体の通過による面圧の変化をエコーで検出する．正常な軸受では，エコー波形は正弦波になるが，損傷することによって転動体と内外輪との接触状態に変化が生じ，正弦波形に局所的な乱れが生じる．また，エコー高さ比を定量化処理して，運転時間に

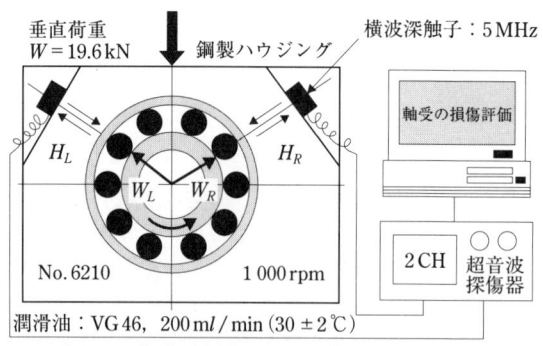

図5.16 超音波探傷の転がり軸受への応用例

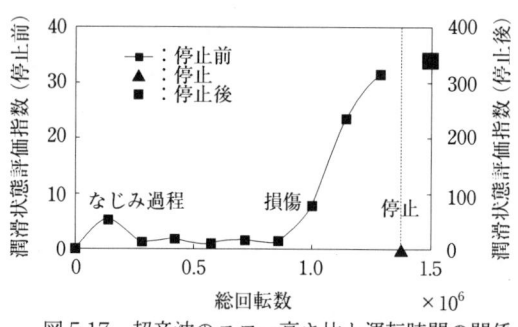

図5.17 超音波のエコー高さ比と運転時間の関係

対してプロットしたのが図5.17である．この手法は，解決すべき課題は多いものの，オンラインモニタリングに適用可能な技術である．

5.3 傾向管理

5.3.1 傾向管理の考え方
(1) 傾向管理の目的
　メンテナンスにおいては，設備劣化の状態や余寿命の定量的把握が重要な課題であり，故障物理の観点による理論的な取り組みが望ましいが，トライボロジーにかかわる劣化現象については，破壊の他，摩耗，

焼付き，転がり疲れ，漏れ現象など多岐にわたり，しかも損傷メカニズムが確立されている部分が少なく，余寿命や劣化程度の予測は現実的にはむずかしい[21]．よって実際のメンテナンスでは劣化傾向管理によるデータの把握が重要である．

傾向管理の目的を列記すると，①設備の状態が管理限界にあるかどうかのチェック，②設備の状態の変動傾向・パターンの観測，③設備の危険レベルに達するまでの期間あるいは余寿命の予測，④異常の早期発見と対策，⑤問題となる装置・部位の抽出，等が挙げられるが[22]，潤滑油診断の場合には，1回の測定タイミングで多くのデータ収集が難しく，傾向管理の中でタイミングの異なる複数のデータで判断する，というメリットもある．

（2）傾向管理の方法

傾向管理には計量値管理と計数値管理がある．計量値管理は，一般的な管理方法であり，摩耗粉濃度，摩耗量，振動，温度などの連続的な診断値の管理，またポンプの吐出圧力，エンジンの出力やオイル消費量などの性能パラメータを用いた管理を指す．一方，計数値管理は，故障や不具合の回数，不良品の発生個数などの離散量の管理を表し，事象モニタリングといわれることもある．

傾向管理においては，診断周期の決定が重要な課題である．診断周期は，安定期間（偶発故障期）と摩耗期間に分けて判断される（図5.18）．

安定期間では診断周期 T_{ds} は下記の関係になることが知られている[22]．

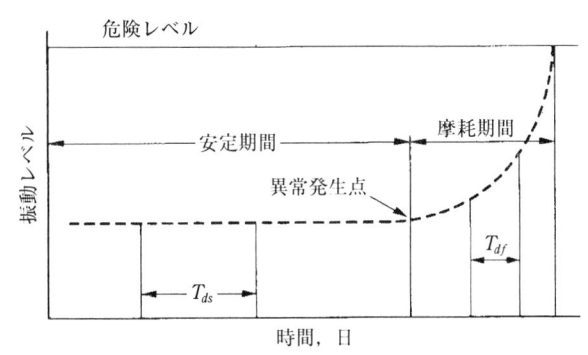

図5.18 安定期間と摩擦期間の診断周期〔出典：文献22)〕

$$T_{ds} \propto (\mathrm{MTBF})^{1/2} \times (P/(1+\beta))^{1/2}/(C_b/C_p)^{1/2} \tag{5.4}$$

ただし，MTBF：平均故障間隔，P：検出率，β：見逃し率，C_b：故障時の経済損失，C_p：予防保全コスト，である．

この式から，故障しない設備，検出率の良い診断方法は周期を延長でき，設備の重要度（損害額）の大きい設備ほど周期を短くしなければならないことがわかる．実際のメンテナンスでは，標準周期を定めて，上式に従って周期を補正していくというやり方が合理的である．標準周期がわからない場合は，経験的な目安として，MTBFの1/20で開始して，以後修正していけば良い．

摩耗期間における診断周期 T_{df} は，傾向管理データに一定の増加傾向が認められ，判定基準「注意レベル」に達した場合，データの外挿などにより「危険レベル」までの残存寿命 T_r を推定する．それを用いて次の診断時期を $T_{df} \leqq 1/2 \times T_r$ を目安として決め，周期を毎回見直す．

最後に傾向管理データの一般的な着眼点を示す．
診断タイミングによるばらつきを考慮に入れたうえで，
（1）平均的な値に比べて上下に偏ったデータが連続していないか
（2）「注意レベル」に接近するデータが多くないか
（3）全体的に増加または減少の傾向が見られないか
（4）測定値の傾向に周期性がないか（上昇/下降の繰返し，平均レベルから上方/下方のデータのつながりなど）

5.3.2 余寿命予測

余寿命予測という言葉は，転がり軸受や歯車などの機械要素が寿命（転がり接触の繰返しによって疲れ損傷を生じて使用できなくなるまでの接触繰返し数または時間）に至るまでの残存寿命を予測するということで用いられてきた．が，最近では転がり疲れ以外の損傷モードについて予兆が検知されてから損傷が出現するまでの時間を予測する場合にも使用されるようになってきている．

機械要素の劣化過程すなわち損傷の進行過程を観測パラメータとの

関係で定性的に示すと図5.19 [23)] のようになる．それは，観測パラメータ値が最小検出限界に達しない健全期 τ_N，検出限界と機能における使用限界との間にある兆候期 τ_D，機能限界を超える故障とに分けられる．損傷モー

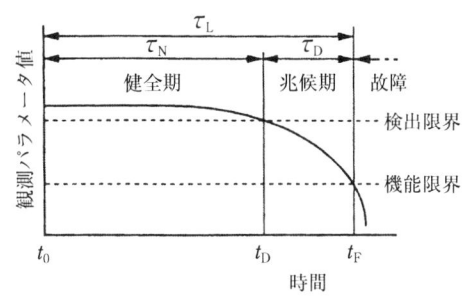

図 5.19　機械要素の劣化過程

ドと観測パラメータとの関係で $\tau_D = 0$ の場合もあるので，メンテナンスの視点からは損傷モードに対して τ_D ができるだけ長くなるパラメータを観測することが必要となる．

　転がり軸受の疲れ損傷を例にすると，損傷の出現を故障とする用途で振動を観測パラメータにするなら $\tau_D = 0$ となり，損傷の検出すなわち故障となってしまう．しかし，損傷の出現はともかく損傷の大きさすなわち振動値に機能限界がある用途では振動が最適の観測パラメータとなる．機械要素の損傷モードに適合した観測パラメータを選択することが余寿命予測におけるキーポイントである．

　ところで機械要素の使用条件が同じなら同じ損傷モードが出現して，その際の $\tau_D =$ 一定となるかといえばそうではない．転がり疲れの実験を同一の条件で行い，観測パラメータとして AE と振動を測定して損傷を生じた位置で AE が発生し始めてから損傷の出現で振動が増加するまでの τ_D を測定したところ，1〜25 min に分布した [24)]．油膜厚さが厚くなるよう潤滑条件を変えて同様な実験を行ったところ，τ_D は 2〜197 min となった [25)]．τ_D の分布を軸受の寿命と同じワイブル分布と仮定してそれらの破損確率 10 % と 50 % の値を求めたところ，前者が 1 min と 4 min，後者が 8 min と 83 min となった．このように劣化過程は一様ではないうえ使用条件の影響を強く受けるので，τ_D に関するデータベースを確立し，それに基づいて兆候期すなわち予兆が認められてから故

障となるまでの余寿命を予測せざるをえない.

以上のことは,他の損傷モードにおいて同じであり,他の機械要素についても同様であると考えられる.また,AEや振動以外の観測パラメータ,例えば油分析の場合においても余寿命予測はデータベースに基づかざるをえないと考えられる.

5.3.3 傾向管理の実際

振動診断による傾向管理は設備診断関連の多くの文献[26, 27]に解説されているので,本項ではフェログラフィなどの摩耗粉診断による傾向管理について,実際面での留意点や事例を記す.

(1) 摩耗粉診断における測定値の性格

摩耗粉は,設備の摩耗状態を直接伝える情報であり,振動のように発生源から測定点までの信号伝達ロスやノイズ混入がなく,高感度であるが,観測値の応答性などには留意が必要である.

代表的な摩耗粉診断法が検出対象とする摩耗粒子径の範囲を図5.20に示す[28, 29].SOAPは比較的微細な粒子径の摩耗粉に対応するのに対し,フェログラフィでは$10^1 \sim 10^2 \mu$mオーダの粒子径を対象としている.

一般に潤滑給油系では,オイルポンプから吐出された油が装置内部を循環しオイルタンクに戻るが,循環ライン内にはフィルタが設置されている.よってオイルサンプリングによって得られる情報は,機械系から発生した摩耗粉がオイルを媒体に循環し,フィルタに捕捉された

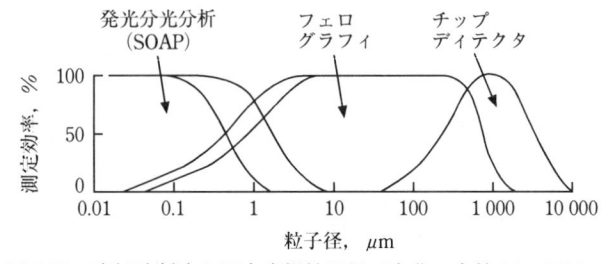

図5.20 摩耗診断法と測定摩耗粒子径〔出典:文献 28, 29)〕

り，タンク内で沈降・分離されたりする作用の重ね合わせの中で観測されるものである．

その結果，同じ摩耗粉発生量でも，粒子径が大きい場合，タンク内での沈降速度やフィルタの捕捉効率が大きく，観測点での粒子濃度の均衡が早い．また粒子径が小さいとその逆になる．その結果，一般にSOAPに比べフェログラフィは濃度変化への応答時間が短くなる．

(2) 摩耗粉診断による傾向管理事例

図5.21はSOAPにより，圧延機の圧下スクリューの摩耗について，傾向管理を行った例である[28]．ウォームホイールの摩耗モニタリングのため銅の濃度変化を管理しているが，図から新油に交換すると濃度が下がり，その後漸増していることがわかる．摩耗速度はこの増加曲線の傾きと見なされ，データから油交換前後に摩耗速度変化は見られないことがわかる．

一方，図5.22にフェログラフィにて発電所の取水ポンプの電動機軸受の傾向管理事例を示す[28]．度々油交換を行っても，観測される摩耗粉濃度は変化なく，油粘度の変更や合成油の採用などの潤滑改善対策を行うと，直ちに減少することが確認された．図5.21と比較してわかる

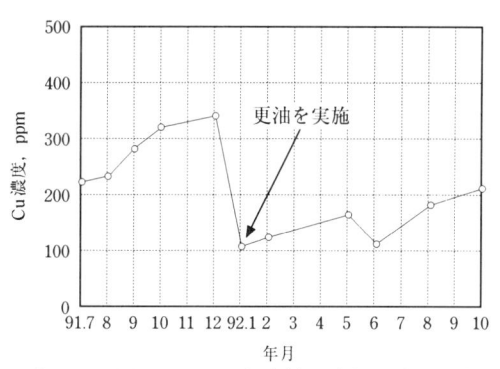

図5.21 SOAPによる傾向管理事例〔出典：文献28)〕

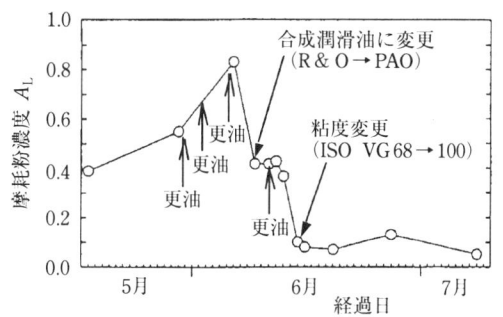

図5.22 フェログラフィによる傾向管理事例〔出典：文献28)〕

ようにフェログラフィによる摩耗粉濃度は応答時間が短い．

以上のように，診断方法により傾向管理のデータの読み方が異なる点に留意すべきである．

最近では，摩耗粉診断による傾向管理に関連する技術として，オンライン画像処理による摩耗粉のリアルタイム形状解析[30]，潤滑系の配管に設置するだけのオンライン摩耗粉モニタリング装置[31]などの提案があり，今後，合理的な傾向管理，省力化に寄与すると考えられる．

参考文献

1) 鳥居孝夫：計測と信号処理，コロナ社（1997）．
2) 遠坂俊昭：計測のためのアナログ回路設計，CQ出版社（1997）．
3) 遠坂俊昭：計測のためのフィルタ回路設計，CQ出版社（1998）．
4) 豊田利夫：回転機械の診断の進め方，日本プラントメンテナンス協会（1991）．
5) 井上紀明：振動法による設備診断，日本プラントメンテナンス協会（1998）pp. 78-82.
6) 豊田利夫：設備診断の進め方，日本プラントメンテナンス協会（1985）pp. 189-191.
7) 牧　修市：振動法による設備診断の実際，日本プラントメンテナンス協会（1982）pp. 224.
8) 吉岡武雄：機械システムのメンテナンスへのAE法の応用，トライボロジスト，47, 2 (2002) 109.
9) T. Yoshioka & H. Mano : Relationship between Acoustic Emission Source Position and Spalling Position in Radial Rolling Bearings, Tribology Series 34, Tribology for Energy Conservation, Elsevier (1998) pp. 413-422.
10) T. Yoshioka : Detection of rolling contact subsurface fatigue cracks using acoustic emission technique, Lubrication Engineering, **49**, 4 (1993) pp. 303-308.
11) 米山隆雄・佐藤式也・畠　裕章・田中聡介・佐藤耕一：AE法によるロータリ圧縮機のAE挙動解析としゅう動部評価，トライボロジスト，**35**, 10 (1990) pp. 718-725.
12) 三輪博史・灰塚正次・樋口義孝・金子克己・吉岡武雄：歯車強度におけるAEの有効性（スポーリングの検出とその歯の特定），日本機械学会論文集（C編）**67**, 664 (2001) pp. 3961-3968.

13) 木村好次 監修：潤滑油分析による設備診断技術,（社）日本プラントメンテナンス協会（2000.3）pp.4, 6.
14) A. M. Smith : Reliability Centered Maintenance, MacGraw-Hill, 1993 あるいは豊田利夫 : Plant Engineer, Oct. 2001, p.58.
15) Jack Poley : CRC Handbook of Lubrication and Tribology Vol Ⅲ. p.33. 他.
16) 日本プラントメンテナンス協会編：メンテナンス便覧（1992）p.1050.
17) 日本潤滑学会編：潤滑ハンドブック（1987）p.1150.
18) 日本トライボロジー学会：トライボロジーハンドブック（2001）809.
19) A. W. バッチェラー, M. チャンドラセラカン, Y. フー, H. シン：X線顕微鏡による摩擦摩耗試験のその場観察, トライボロジスト, **43**, 1（1998）.
20) 竹内彰敏ほか4名：超音波法による玉軸受の運転異常検出, 日本機械学会論文集, **69**, 687（2003）3086.
21) 似内昭夫：メンテナンストライボロジーの概要, トライボロジスト, **46**, 12（2001）914.
22) 豊田利夫：予知保全［CBM］の進め方,（社）日本プラントメンテナンス協会（1992）.
23) 高田祥三：ライフサイクルメンテナンスとモデルベースの劣化予測システム, JASTトライボロジー・フォーラム'95（1995）pp.17-40.
24) 吉岡武雄：ころがり疲れ過程におけるAEと振動（第4報）—ころがり疲れクラックの進展開始時点と進展時間の測定—, トライボロジスト, **37**, 2（1992）pp.150-157.
25) 吉岡武雄：ころがり疲れ過程におけるAEと振動（第5報）—ころがり疲れクラックの進展時間への油膜パラメータの影響—, トライボロジスト, **37**, 2（1992）pp.158-165.
26) 豊田利夫：回転機械診断の進め方,（社）日本プラントメンテナンス協会（1991）.
27) 豊田利夫：予知保全［CBM］の進め方,（社）日本プラントメンテナンス協会（1992）.
28) 四阿佳昭：潤滑剤を調べて何がわかるか？, 日本機械学会機素潤滑設計部門 No.00-77 講習会教材（2001）67.
29) 倉橋基文・澤 雅明：製鉄所におけるトライボロジー管理と寿命予測, トライボロジスト, **39**, 7（1994）596.
30) 吉長重樹・岩井善郎 他：潤滑油中のリアルタイム形状解析としゅう動面劣化診断への適用, 日本機械学会論文集（C編）, **64**, 618（1998）662.
31) 松本義政：油中金属摩耗粒子のオンラインモニタリングシステム, トライボロジスト, **39**, 7（1994）572.

第6章 メンテナンストライボロジーの実際

6.1 プロセスライン

6.1.1 製鉄所

(1) 製鉄設備の特徴とメンテナンス

製鉄プロセスの概略を図6.1に示す．製鉄設備の機械要素は，機械や製品に噴霧する冷却水や高温の鋼材表面に発生する酸化スケールの飛来などの悪環境下で高負荷に耐え連続稼働している[1]．よって，製鉄業では設備メンテナンスが建設当初から重要視されてきた．設備保全の方式も事後保全から予防保全，そして予知保全・改良保全ベースの現在まで常に進化し，それを支える保全技術も発展してきた[2,3]．

機械設備の保全に関わる要素技術としては，設備診断技術とともに，トライボロジーである潤滑技術と材料・表面改質技術が重要であり，それらに取り組む専門のグループを設置している場合も多い．

(2) メンテナンストライボロジー的課題と活動概要

製鉄におけるメンテナンストライボロジーの分野を，圧延潤滑などの

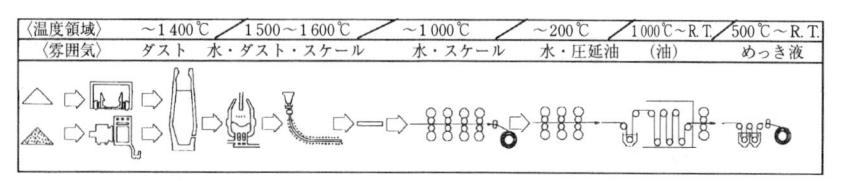

〈温度領域〉	～1400℃	1500～1600℃	～1000℃	～200℃	1000℃～R.T.	500℃～R.T.
〈雰囲気〉	ダスト	水・ダスト・スケール	水・スケール	水・圧延油	（油）	めっき液

図6.1 製鉄工程の概要と環境条件〔出典：文献1)〕

表6.1 製鉄設備のメンテナンストライボロジー課題と対応

対策	項目	課題	対応
潤滑要素	機械要素の長寿命化	軸受,歯車,しゅう動面等の潤滑向上	高性能潤滑剤の開発 機械要素改良(シール等)
	油圧装置信頼性向上,高耐用化	バルブ等の誤作動防止,ポンプ等の高耐用化,漏れ防止	浄油技術,信頼性設計
非潤滑要素	粒状体処理設備長寿命化(シュート,ホッパライナ類)	アブレシブ・エロージョン摩耗対策	材料改善,表面改質
	搬送ロール類長寿命化	摩擦力安定化,表面粗度安定化(付着物によるきず対策)	材料改善,表面処理

加工プロセスのトライボロジー課題を除いた設備保全に関わるものとすると,その主な課題と対応状況は表6.1に示される.

潤滑技術活動は,軸受,歯車,しゅう動面など汎用機械要素の長寿命化・故障防止,および油圧装置の故障防止・機器の耐用性向上を目的とし,工程を問わず幅広い現場活動および技術開発がなされている[4~6].本稿では,主として潤滑技術活動の事例を通してメンテナンストライボロジー活動の内容と効果について述べる.

(3) 製鉄所の潤滑技術活動の事例と効果

製鉄所の潤滑技術のポイントは,摩耗粉診断技術,油性状劣化診断,汚染診断技術などの潤滑系診断技術,高性能潤滑剤の開発などの対策技術,およびそれらを現場に展開し維持するための潤滑管理が"三位一体"で推進されるところにある.

1) 潤滑管理活動

図6.2は多くの製鉄所で日常実施されている潤滑管理のフローを示す.定期的な油サンプリングと通して現場と潤滑管理担当者が日々連携し,問題点の把握から対策の立案・実行まで一貫した活動が展開される[2,4].

潤滑管理のベーシックな活動は,当初は油漏れ対策や故障防止を主たる目的に推進されてきたが,近年では高性能潤滑剤などの開発による設備長寿命化や技術の進歩に対応して標準化や教育活動なども継続的に推進されている.また最近では,合理化が進展し保全担当者と運転

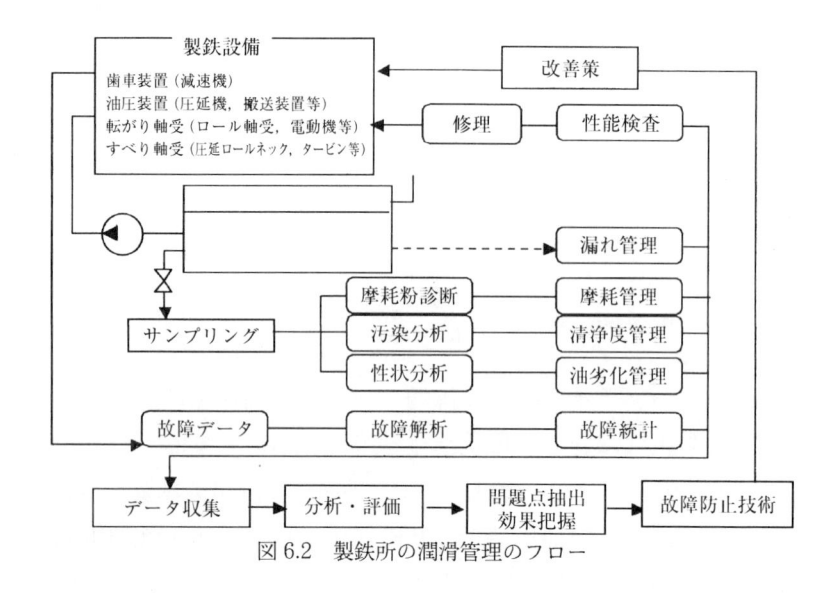

図 6.2 製鉄所の潤滑管理のフロー

担当者の協力関係の最適化,給油脂などの日常業務の効率化,潤滑管理や設備診断のシステム化などの動きもみられる.

2) 潤滑診断技術

フェログラフィ等の摩耗粉診断技術は,感度が高く機械の異常を早期に検知し,設備故障の防止に効果を発揮している.また各工程の設備全般の把握を通じて,共通的な課題の抽出ができ,高性能潤滑剤の開発など応用範囲の広い対策へと展開されている.

3) 長寿命化技術開発

表 6.2 は潤滑技術活動において開発された長寿命化技術の例を示す[1].これらの技術は,現場での潤滑問題を的確に把握し課題を提示する製鉄所側と,対策を具現化できるメーカーの共同開発によって完成し成果を上げてきた.表 6.3 に,その経済効果の例を示す[2].潤滑技術による対策は,少ない投資で最大限の効果が得られるという利点がある.

(4) 非潤滑領域のトライボロジー課題への対応

非潤滑領域の機械設備のトライボロジー課題は,多岐にわたっている.

表 6.2 機械要素の長寿命化技術開発（例）

対象	対策技術開発	技術内容
歯車	省エネ型ギヤ油	固体潤滑剤（グラファイト）適用 → ギヤ歯面平滑化・摩耗低減
転がり軸受	高性能ウレアグリース	ウレア増ちょう剤によるグリース特性安定化 → 軸受長寿命化
	合成系ウレアグリース	合成エステル基油 → 更なる高性能化，軸受長寿命化
油圧装置	高潤滑性難燃性作動油	水-グリコール系の潤滑特性向上 → 油圧機器長寿命化
	高耐久性油圧作動油	無灰系耐摩耗材を配合 → 高温高圧対応・長期耐用性
	アモルファス浄油装置	アモルファス合金応用（高勾配磁気分離法）→ コンパクト化・高効率化
すべり軸受	高性能すべり軸受油	FM剤添加 → 境界潤滑下での摩擦摩耗低減
	高性能カップリンググリース	耐摩耗性・耐焼付き性・耐漏洩性・作業性の向上

表 6.3 潤滑向上対策の経済効果（例）〔出典：文献 2）〕

項目	対策内容	効果
省エネルギー	・省エネ型高性能ギヤ油開発 ・高VI合成潤滑油開発	省電力 5.7億円/年
メンテナンスコスト低減	・高性能ウレアグリース開発 ・各種高性能潤滑油開発 ・コンタミナント対策（浄油装置開発等）	部品交換費用低減 4.1億円/年
潤滑材使用量削減	・高性能潤滑材開発 ・油漏れ防止対策活動	潤滑材購入費低減 15億円（1977年比）

工程	部品	課題	表面改質技術
製鉄	ライナー類	耐熱，耐摩耗	PTA複合肉盛，溶接肉盛，鋳造
製鋼	CCロール	耐摩耗，耐食，熱き裂	
熱延	ガイドロール	耐摩耗，耐焼付き	
	テーブルロール	耐焼付き，スリップ防止	複合溶射（自溶合金）
	コイラー・ピンチロール，ラッパーロール	耐焼付き，耐熱間摩耗，熱き裂	
冷延・表面処理	ハースロール	耐ビルドアップ性，スリップ防止	高速ガス溶射
	通電ロール	電食防止，耐摩耗，疵転写防止	
	溶融亜鉛浸漬ロール	溶融金属（Zn）腐食防止，塗れ性（Znに対する）	（プラズマ溶射） （めっき）
	搬送ロール	耐摩耗（粗度低下→スリップ防止）	
鋼管	キャリアロール	耐摩耗・耐焼付き	

図 6.3 非潤滑要素の長寿命化対策（例）

製銑工程では鉄鉱石・石炭などの粉粒体によるエロージョン，アブレシブ摩耗が顕著であり，圧延工程以降では，鋼板と搬送ロールの間の摩擦確保（スリップ対策）や搬送ロール自身の寿命，また高温の炉内ロールにおける付着物（ビルドアップ）対策などが課題となっている．

これらの課題に対して，材料や表面改質技術による多くの技術開発がなされているが[3,7~10]，ここでは図6.3に各工程の機械部品に関する課題と，対応する各種表面改質技術の適用例を示しておく[1,7]．

6.1.2 発電所

設備が，原子力発電所1基を例にとると表6.4に示すように大量である．回転機や弁の駆動軸のしゅう動，タービンロータと翼や発電機の回転軸と回転子コイル押さえているくさびあるいはコイル間，静止機器といわれている熱交換器伝熱管/配管とその支持部において微小すべりがあるため，トライボロジーとは深いかかわりがある．安全が第一であり，稼働率を高く運転するために，年間約15 000台の機器について点検/保守を行っており，メンテナンス量は膨大である．また，原子力発電所では，年に1回最短でも30数日の運転停止を行い定期検査している．したがって，運転保守費の比率が，建設費/燃料費で分けると，送電端単価において火力で約10%，原子力/水力で約30%を占めている．問題は，この大量な機器について，いかにして信頼性を高く，効率良くメンテナンスするかにある．

巡視点検では，手のひらサイズの携帯情報端末を用いて，前回の点検結果を見ながら，音や画像情報の入力を行い，事務所にて傾向管理の編集を行う．PHS等の無線情報技術や画像処理技術を用いて，現場で必要な時にその場で図面情報やマニュアルを検索し利用できるようになっている．ガスタービン/原子炉格納容器内や変電所を移動しながら点検を行う点検ロボットの運用もなされている[11]．

表6.4 原子力発電設備（110万KW）

・ポンプ	：360台
・電動機	：1 300台
・弁	：3万台
・熱交換器	：1 400基
・配管	：約300 km
・計器	：1万個

運転中の監視としては，原子力では，異常兆候の早期検知のために，約500点のプロセス信号を常時監視しており，さらに中性子束や流量の揺らぎの周波数スペクトル密度や分散を分析し，システムの熱バランス等を監視している．また，多変数自己回帰モデルを適用して温度反応度係数や安定性指標の監視も行っている[12]．重要なポンプについては，回転軸の曲がり/き裂，軸受/羽根車摩耗等の検知のため，常時周波数解析による回転同期成分とその0.5倍/2倍成分や羽根切り成分等の振幅と基準パルスからの応答遅れを監視している．最近では，図6.4に示すように監視盤とパソコンがネットワーク構成されており，事務所にても診断/監視できるようになっている[13]．発電機の状態監視としては，内部の微小すべりのために発生するフレッチングによる劣化について，機内の水素ガスの分析による絶縁物の劣化生成物の有無，固定子コイル絶縁の部分放電を監視している[14]．ITを利用した遠隔監視も実用化されており，保全情報の集中管理による効率化を図っている．また，ボイラ系や原子炉系の腐食を防止するため給水の水質管理を行っている．

定期検査としては，タービンのロータ振れ/間隙計測の無線式ディジタル計測器による自動計測，各種点検マニュアルの電子化による動画

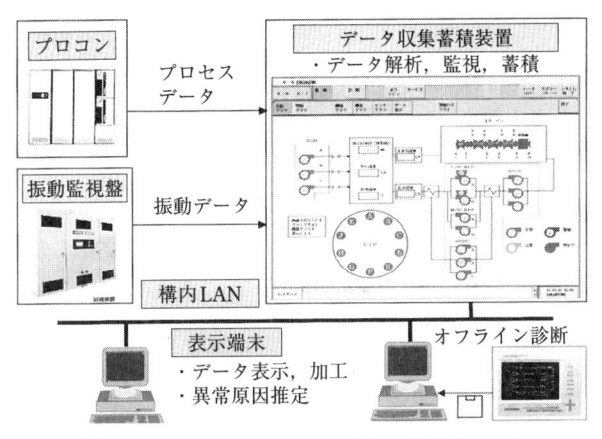

図6.4 改良型オンライン回転体診断装置の構成

や音声などのマルチメディア情報の取入れを行い，現場で活用している．また，原子力発電所1基当たり12000台の設備機器を1200形式で点検記録をデータベース化し，4基分を集中管理して，傾向管理データ編集を行い，予防保全の向上を目指している．点検の効率化としては，スケッチ等で行っていた腐食面積記録等において，ディジタルカメラ画像処理により定性的評価から定量的な評価を効率的に行っている．欠陥抽出は，画像データから線・円成分抽出による対象機器の輪郭を抽出し，理論・空間フィルタを用いて欠陥の寸法・座標計測を行っている[15]．

点検記録画像処理には，図6.5に示す複視差カメラを使い摩耗深さを計測できるものがある．このカメラは，一つのCCD素子を用いて1/60sのフィールドごとに左右映像を飛び越し操作でフレーム構成とした映像を出力する．この画像データから三角測量の原理で三次元の形状表示を行い，深さを定量化するものである[16]．

保守計画としては，リスクをベースとしたRBI/M (Risk Based Inspec-

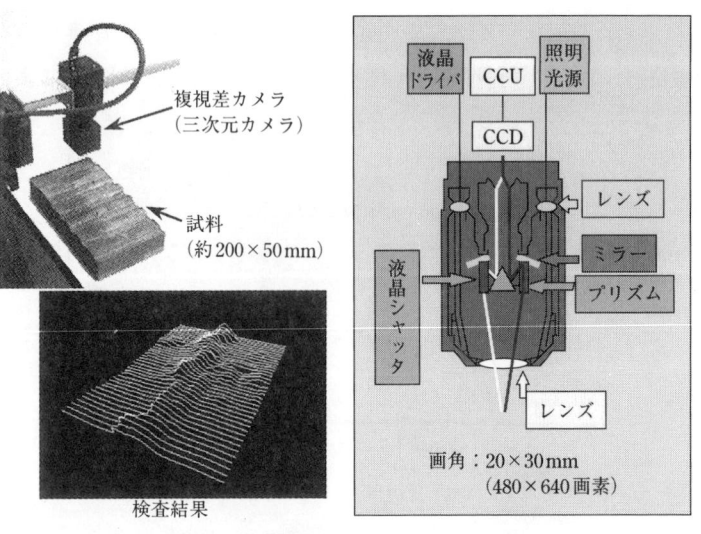

図 6.5　複視差カメラの構造と検査結果

tion/Maintenance）の適用が試みられている．これは，保守管理対象機器を合理的に選定し，効率の良い検査・試験を行うことを目的としている．プラントの健全性という観点から，一つの尺度として，プラント停止を頂上事象とした機器レベルへの事象展開を行い，個々の機器ごとの故障確率と，それらが故障した場合のプラント停止にいたる確率を推定し，この両者の積で定義される「リスク」という尺度に基づいて保守すべき対象機器を決めるという考え方である．劣化による故障確率を定量化すれば，合理的に検査の対象機器を選定でき，最適な部品交換周期等が求まる．米国では，特に配管検査に対して効果を上げている[17]．

設備管理としては，図6.6に示すシステムにより，分散管理された情報を集約して，状態監視保全を効率的に運用しようとしている．定検の作業記録や点検データを登録・管理して，必要な帳票類の出力，傾向管理をはじめとする設備健全性の総合判断支援を行い，次回定検計画，長期の保守計画のベースとなる情報を提供している[18]．

最近では，軸受摩耗を振動値から推定し，軸受交換のための分解点検頻度を低減しようという試みがなされている．図6.7に示すように，ポンプ床上のケーシングの外側から繰り返し超音波パルスを入射して，回

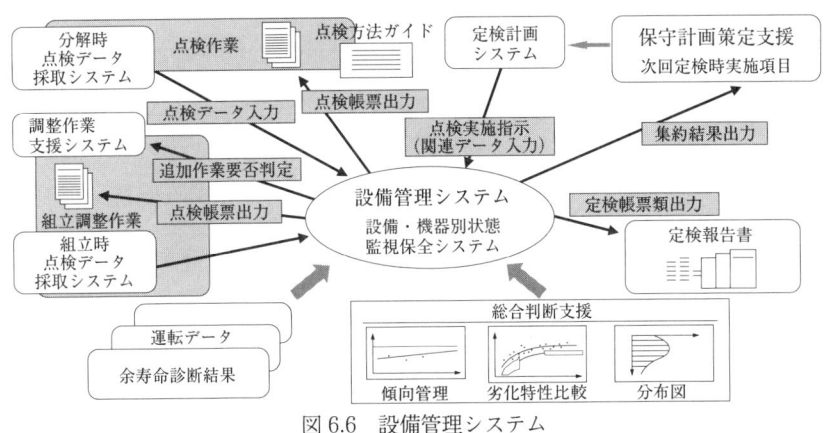

図6.6 設備管理システム

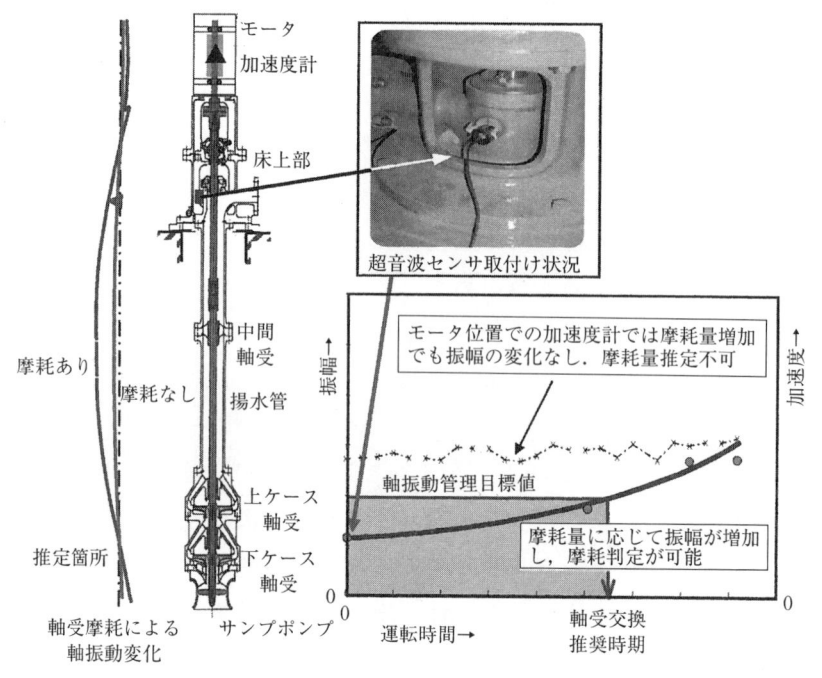

図 6.7 超音波式振動計を利用した回転機の軸受劣化診断例

　転軸からのエコー波形の時間遅れをたどることで軸振動変位量を計測する．この計測値を用いて，動解析で求めた軸受摩耗量と計測位置の振動値の関係から，摩耗量を推定する．できの悪いポンプ（残留アンバランスが大きい，軸曲がりがある）は，摩耗に伴う振動増加量が大きく，できの良いポンプは小さい．そのため，ポンプ個別に，軸受交換規準まで摩耗が進んだ場合の振動値の規準値を与えている[19]．また，余寿命評価を行うために，すべり軸受の摩耗速度を解析する手法も開発されてきている[20]．

　上記のメンテナンス技術の適用により，設備稼働率を高く維持したままで，火力では定期検査の間隔が，従来に比べて 2 倍に延びている．原子力では，定期検査の期間が半減になっている．さらに，機器個別の交換部品の余寿命推定精度が良くなれば，部品交換等のための分解点

検，運転中の監視作業を削減できると考えられているので，そのための劣化データ整備や点検/評価技術開発を活発に展開している．

6.1.3 自動車工場
(1) 自動車工場における設備の概要（トライボロジーとの関わり）

自動車生産工場では，生産目的に応じて工場全体の規模と生産設備が決定される．

A社においては，主要生産工場は本社工場を含めて12工場あり，事業内容・生産品目別になっている．本社工場は1938年に設立されており，現在はランドクルーザー，トラック，バスのシャシや鍛造部品，足まわり機械部品を生産している．そこで，生産工場の機械部品工場やプレス工場における現状の設備をとらえて設備概要と日常のトライボロジーとの関わりを紹介する．

エンジン部品や足まわり部品を生産している機械工場では汎用機械や専用機械がライン化されて運転されている．従来の生産工程は，部品工程別に加工ラインが構成されており，1台1工程の設備数十台の設備で構成されるライン全体を少数の人で生産台数，品質管理が行われていたが，最近の生産ラインは1台で複数の加工（5工程以上）ができるような設備が導入（マシニングセンタ）されてライン構成されている（図6.8）．

これらの設備は基本的に，機械系と電気系が組み合わされ潤滑装置や油圧装置によって構成されている．設備構造も複雑になっており，複数の

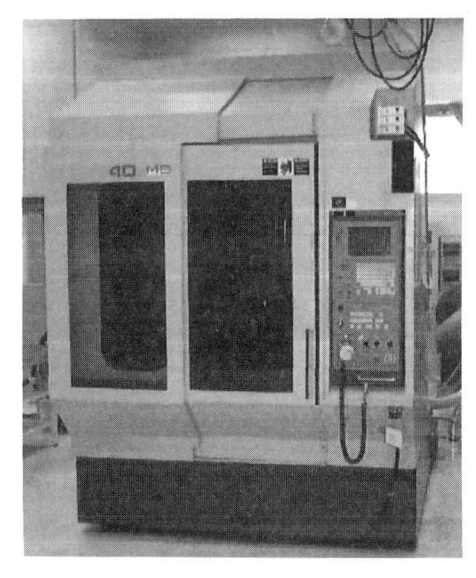

図6.8 生産加工ラインマシニングセンタ

加工ステーションをもち，回転機構と割出し機構や位置決め装置が内装されており，さらに付帯設備にオートツールチェンジ（ATC）や大形のクーラント装置などから構成され大形化されている．さらに高精度と高速化が求められるようになり，NC装置や油圧（電気）サーボ装置が多く使用されるようになった．このような設備を円滑に運転し精度および機能を維持するには機械装置と電気装置の追従性が必要である．追従性は常に100％維持させていなければならない．追従性が悪くなると位置決めや停止精度がわるくなり，設備機能が低下し大きな故障につながる．このように追従性の悪くなる要因は，機械系が異常摩耗を起すからである．異常摩耗を防止するためには設備の潤滑条件を常に良好な状態にしておかなければならない．

次に，自動車のボディ部品の生産や開発と試作現場で使用しているプレス設備の概要を紹介する．プレス工場では，自動車のボディ部品の成形やエンジン，足まわりの部品を生産している．プレス設備は号口生産の他にはプレス金型工場や開発および試作現場で使用されている（図6.9）．

生産設備の80％以上がメカ系のプレスであるが，最近では高速化された油圧プレスも増えている．プレス金型工場では，上下型のすり合わせや製品のトライ専用に特殊な油圧プレスが使用されている．本設

図6.9　機械プレス

備は上下型の精密な作業が要求され，位置決めと停止精度は0.05 mm以内維持が基本的な仕様になっているため，スライドの動作制御には油圧サーボ機構が組み込まれており，精密作業と安全確保のために，電気系と油圧装置または機械系の100 %の追従性が重要な設備である（図6.10）．

メカプレスと油圧プレスの種類とトライボロジーとの関わりを簡単にまとめたものを表6.5に紹介する．

図6.10　油圧サーボプレス

表6.5　プレス機械の種類とトライボロジーとの関わり

	設備の種類	設備の構造	設備の特徴	トライボロジーとの関わり
機械プレス	板金プレス（単動式，複動式）	モータ回転，クラッチ伝達　ギヤ，コンロッド動力伝達機構	ダイハイト調整装置　油圧式安全装置（オーバーロード）	ギヤ伝達部に多量な潤滑油を使用　摩耗粉や粉塵による影響が大きい
	鍛造プレス	モータ回転，クラッチ伝達　クランクシャフト動力伝達機構	駆動軸受はメタル　動力伝達はモータクランク直動式	メタル軸受への多量な循環潤滑方式　潤滑油不良による重大事故が発生しやすい　異種油，粉塵による潤滑油の汚染が課題
油圧プレス	一般油圧プレス	高圧ピストンポンプ他油圧装置と　サーボ制御装置＆大容量油圧タンクを内蔵	ロータースや比例電磁弁による制御装置＆電気指令と油圧装置の追従性100 %	作動油の使用量が多く粉塵汚染による影響が大きい　微粒子（異物）によるサーボ系のバルブ，ポンプの故障が発生しやすい環境
	サーボ油圧プレス			

（2）メンテナンスとしての特徴と問題点

自動車生産工場の生産設備のメンテナンスとしての特徴を紹介する．

従来の自動車生産ラインの設備は単体設備を多く導入してレイアウトされ，機械構造も簡単なため，故障しても，代替機への段取りや他ラインへの切替えで生産に対応していた．しかし，最近の設備は全自動化されて1設備で複数の工程になっていることからトラブルや重大故障が発生するとシステム全体に及ぼす影響が大きいため，生産ライン停止の危険度が高い．その大きな要因として，高速化・高精度化された設備の停止精度や位置決め精度（0.005 mm以内）を常に維持していなければならないということがある．すなわち機能的には，機械系，電気系の追従性が重要であり，追従性を大きく左右するのが，潤滑機能と油圧機能である．機械系，電気系どちらかの条件が変化しても，製品品質，設備故障に重大な影響を与えるからである．

加工機やプレス機械は，機械装置と電気装置や油圧・潤滑油装置がマッチングされて運転されており，このようなマッチングされた設備のトラブルや故障は，単体部品の材質不良や設計不良などによる疲労破壊の他，機械装置と電気装置に加え油圧や潤滑油条件が重なった形での故障が多い．したがって，このような設備故障を未然に防止するためには，設備の動作や構造を正しく認識して，設備を取り巻く周囲の

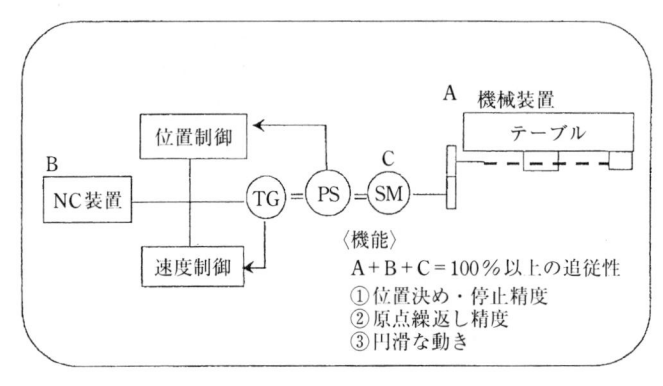

図 6.11　NC加工機のマッチングと要素

環境を十分把握しておかなければならない（図6.11）．

設備の大部分は，回転部とすべり面から構成されている．その機能劣化の多くが，摩耗により進行する．この摩耗を防ぐ役割を果たしているのが潤滑油である．設備には常にストレスがかかっており，これらストレスによって潤滑不良が発生し，異状摩耗を引き起こしているのである．

設備の故障や製品品質の低下の原因の多くは，軸受やすべり面の摩耗による設備全体の精度不良が発生するからであり，火災や環境汚染の原因は設備からの油漏れや，ムダな更油が多すぎることと，それに伴い，廃油処理（焼却）が拡大していることである．

以上のように，設備のトラブルや品質低下，また火災事故や環境汚染の多くが日常の潤滑油管理の不備に起因しているのが実態である．自動車生産工場の設備も今後ますます老朽化が進む一方，コスト低減や環境対策の声が高く，トータルに設備診断とメンテナンスを考えなければならない．

(3) メンテナンスの実際

機械加工ラインの設備の多くは，刃具の冷却と加工精度向上および切粉洗浄を目的にクーラント液を使用している．使用方法や容量は設備によって多少異なる．クーラント液には非水溶液と水溶性の2種類あるが，生産ラインでは火災防止の点で水溶性クーラント使用が主流になっている．

しかし，現状は水溶性クーラント使用設備においては使用上または保全管理上色々な問題と課題を抱えている．

水溶性は潤滑性がないことから，設備にさびが発生しやすく，異種油，異物の混入によりクーラント液の濃度低下と腐食を早めることから，更液頻度が早くなり，焼却処理や新液の交換など，年間数十億のコストがかかっている．

また，潤滑油や作動油への混入により油剤の性状変化と酸化変質物の

表6.6 管理基準値

項目	一般基準 (新油)	目標基準値（NAS 108級以下）			
		プレス機		NC機	一般設備
汚染度, mg/100 cc	0.4	0.5	0.5 (新油)	0.5	1.0
水分, %	0.1	0.1	0.1	0.1	0.1
全酸価, mgKOH/g	0.5	0.5	0.5	0.5	0.5
動粘度変化率, %	±10	10	10	10	10
使用温度, ℃	40〜50	40〜50			

発生により，潤滑機能や油圧機能の低下につながり，機器の損傷とかしゅう動面のかじりなど重大故障が発生しやすく，油に起因した故障の中で，水溶性クーラントの混入によるトラブルが全体故障の60％以上を占めており，年間数億の保全コストがかかっている．

以上のように水溶性クーラント液は，設備の寿命と環境また経済コストに与える影響が大きいので，水溶性クーラント使用設備においては，液の性状管理はもちろん，設備の仕様変更や改善を拡大してクーラントの混入防止等設備上の対策と設備環境に応じた潤滑油，作動油の日常の管理基準値を設定し徹底した潤滑分析診断管理活動を定着させている（表6.6）．

しかし，日常の管理活動は各工場の独自性に任せてあるのが現状であり，それぞれの製造部門の保全組織の中で日常の保全活動を展開しているが潤滑油管理（メンテ）としての専門組織ではないため，全社的に見ると潤滑油＆作動油他油剤関係のメンテにかかわる課題を抱えている．

(4) メンテナンスの効果

設備診断技術の手法として，油分析診断は設備の故障を未然に防止するうえで，信頼度が高く有効なもので，故障低減はもちろん，次世代

表6.7 油分析診断技術の信頼性

	分析項目	分析内容	管理項目	効果
簡易診断	性状分析 (コンタミ)	油中の異物 (粘度, 水分)	油の汚染度, 劣化	・設備診断信頼性向上 ・廃油のリサイクル化 ・保全費の低減 ・設備故障防止
	金属分析： 蛍光X線法	金属量 (Fe, Cu, Pb)	摩耗状態	
精密診断	形状分析： フェログラフィ法	金属粉の形状, 量, 質	摩耗の状態 発生箇所	

においては省エネ対策や環境汚染対策にも大きく貢献できると確信している.

自動車生産工場で使用される設備は外部からの粉塵やクーラントおよび異種油の影響を受けやすい環境であることから，潤滑油，作動油の分析により設備の異常・摩耗劣化を早期に発見することが可能であり設備故障を未然に防止して保全費の低減や使用油剤のリサイクル，さらに省エネ，省資源対策等期待される効果が大きい（表6.7）．

6.1.4 化学工場

(1) A社におけるメンテナンストライボロジーの実際

石油精製は製造業でありながら，原料搬入から製品出荷まで，ほとんどの工程でサンプルでしか品物を見ることができない点で，一般の製造業とは大きく異なっている．すなわち，タンクと精製装置，それらを結ぶ配管ならびに流体機械で構成される装置産業で，装置の計画段階で配管の抵抗を小さくする装置のレイアウトを指向したり，汚れや腐食による経年的な効率低下を適切なコーティングや材質選定で防止することも，トライボロジーという概念からすれば大切な問題である．

石油精製装置には数多くの流体機械が設置されているが，中でもガス圧縮機は特に重要な役割を果たしている機械の一つである．原料油を分解・改質したり，油中に含まれる硫黄分を除去したりする際に水素を用いるプロセスが多く，そのため製油所には水素ガス圧縮機が多く

存在する．プロセスによっては吐出圧力が20 MPaを超えるものもあり，特に遠心圧縮機については，高圧かつ高速回転のため，軸受とともに軸封（シール）装置の性能がその信頼性を左右することになる．ここでは，最近急速に活用が広まった非接触式の軸封装置について述べる．

石油精製用の回転機械は，API（American Petroleum Institute）基準により作られるものが多く，シールシステムも細かく規定されている．過去には，軸とシール環の間にある数十 μm のすきまにタービン油などのシール液を供給して，液膜を作ることでガスをシールする液膜式シールシステム（図6.12）が多く用いられてきた．しかし，シール液の供給設備としてシール液タンクやポンプ，クーラー，廃液回収装置などが必要となり，高圧になるほど設備費が高価で消費動力も大きくなる．また，付帯設備が複雑になるため，運転管理に手間がかかり，消費され

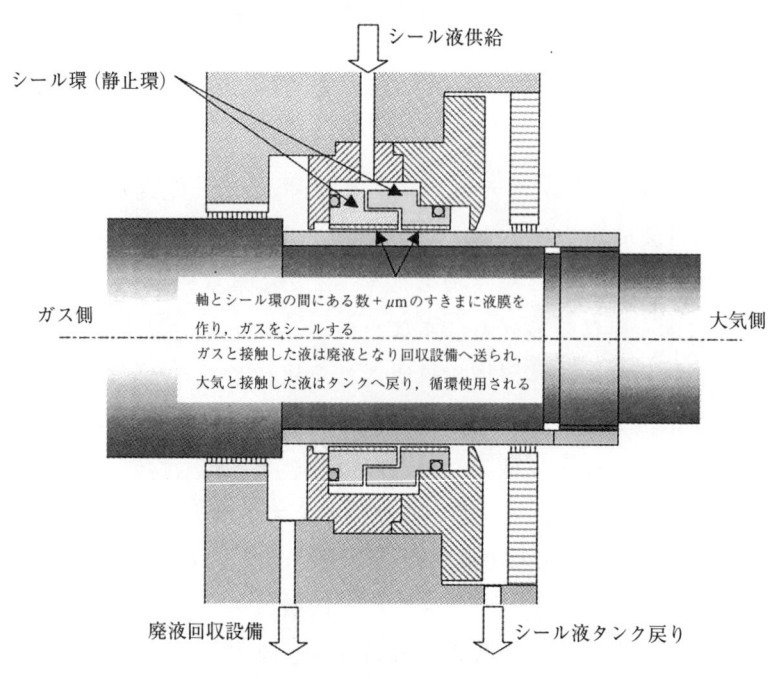

図6.12 液膜式シールの概略構造

るシール液の補充や管理は大きな負担となっていた．

そこで，近年では非接触式シール（図6.13）に取り替えるケースが増加している．非接触式シールはシール環同士をガスの動圧で浮き上がらせ，その数μmの微小隙間でシールするもので，回転環のシール面にはガスを巻き込んで動圧が発生しやすいよう，溝（グルーブ）が設けられている．非接触式シールは運転中にシール面が非接触であることから，摩擦が非常に小さく，かつシール液供給装置のような付帯設備が不要となるため，コンパクトで設備費も運転費も液膜式シールに比べて優位である．

メンテナンスはシールカートリッジを入れ替えるだけで済むため，停止期間が短く，補修費を安価に抑えることができる．ただし，非接触

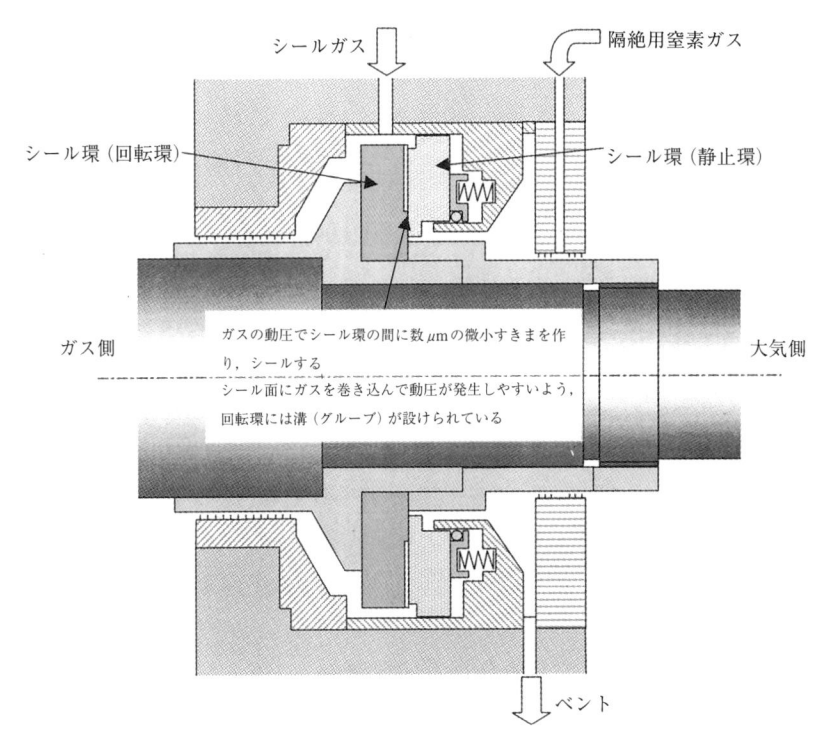

図6.13 非接触式シールの概略構造

の気体潤滑状態を適正に保持する必要があり，潤滑油の飛沫がシール面に付着したり，シールガス中に異物やドレインがあると，シール面の動作が不安定になり，シール面に局部的な熱ひずみを発生させてシール面が割れたりすることがあり，導入時にはシールガスの清浄度や潤滑油との隔絶に十分な検討がなされている．

(2) B社におけるメンテナンストライボロジーの実際

石油化学工場における装置は，塔，槽，熱交換器等の容器，ポンプ，圧縮機等の回転機械およびこれらを連絡する配管によって構成されている．特に，回転機械に関しては潤滑がつきものであり，石油化学工場においてもトライボロジーは大切な要素技術の一つとなっている．ここでは，石油化学の中でも特殊な潤滑に関する超高圧圧縮機の改良保全例を挙げる（図6.14）．

高圧法ポリエチレン装置では，往復動式の超高圧圧縮機を使用し，原料であるエチレンを約 300 MPa まで昇圧し重合を行っている．この圧縮機の最大の問題点は，シリンダ内のグランドパッキンの寿命であった．使用開始当初は1ヵ月足らずで運転不能となることが多かったが，改良保全を繰り返し，現在では2年間の連続運転まで可能となっている．以下に概要を記す．

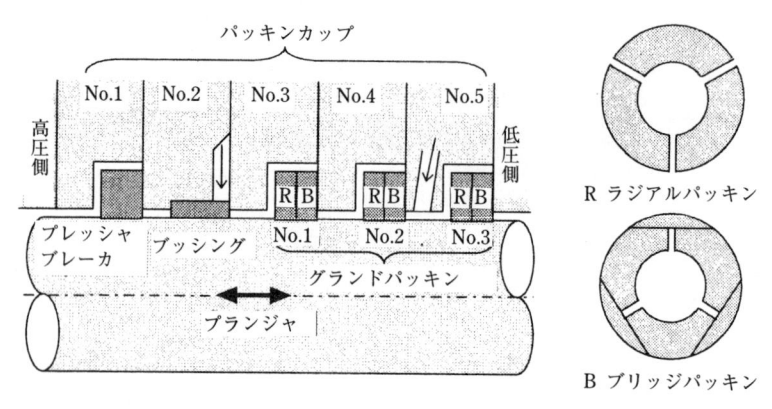

図6.14　グランド部の構成

1) グランドパッキンについて（図6.15参照）

グランドパッキンは，ラジアルカットパッキン（以下Rパッキン），ブリッジカットパッキン（以下Bパッキン）を組み合わせて1組のパッキンを構成し，ガス圧力が作用することにより面圧が発生しシールしている．シール部はA，B，C面であり，これらの面は十分に仕上げる必要がある．特にB面とC面はラップ仕上げを行い1μm以下に仕上げるべきである．さらに，Rパッキンの高圧側，Bパッキンの低圧側のエッジ部にはR加工をしてオイルによる潤滑膜を形成しやすくする必要がある．また，グランドパッキンには一般的に鉛青銅が使用されているが，注意点は，鉛がブロンズの地の上に細かく均一に分散している素材を使うことと鉛の含有量を経験的に決定することである．

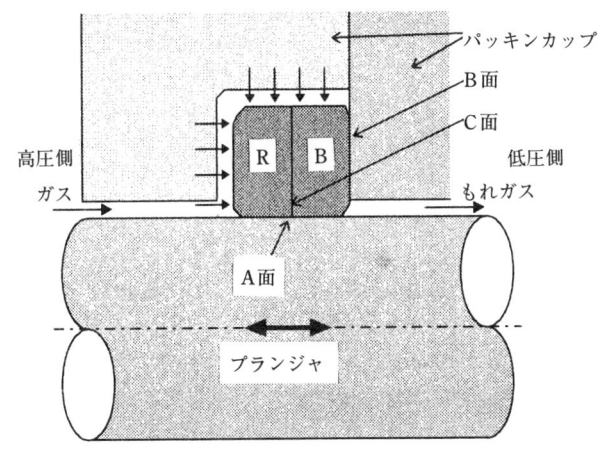

図6.15 パッキンシール

2) プランジャについて

高い面圧を受けることから，プランジャには高い硬度と高い融点をもつ材料が要求され，一般的にタングステンカーバイドが使用される．また，超高圧圧縮機のプランジャ表面は，鏡面状態にし摩擦係数を下げることが必要で，0.1μm以下の表面仕上げを要する．

3）シリンダ潤滑油について

　潤滑油の一部が製品中に入ることから，使用する潤滑油は「製品物性に悪影響を与えない」という要求を満足させる必要がある．その結果，潤滑油には無色，透明，無味，無臭のポリブテンやホワイトオイルが使用されている．運転中はプロセス流体によって潤滑油の粘度が低下し，また，摩擦熱によってプロセス流体が熱重合をする場合もあり，これも潤滑性を悪くしている．したがって，運転条件における潤滑油の粘度特性を把握しておくことと添加剤の検討が非常に重要となる．また，規定量の潤滑油が注入されているか確認することも重要である．

6.1.5　製紙工場

(1) 製紙工場における設備の概要

　わが国における近代的製紙設備の導入は，1874年（明治7年）にイギリスから輸入された長網式抄紙機にはじまり約130年が経過した．製紙工場には図6.16に示すとおりパルプ製造から抄紙機に至る工程まで数多くの装置がある．その他動力源としてのタービンや空気圧縮機械などの装置も有する．この中で，メンテナンストライボロジーの分野で製紙工場を代表するのは抄紙機である．

　まず使用環境面では大量の水を用いること，酸・アルカリ薬品の処理工程が多いこと，高温雰囲気で使用されることがその特徴として挙げられる．また設備面では抄紙技術の発達に伴う数多くの技術導入で絶えず改造が加えられ，高速化が図られている．

　設備改造は1960年前後（昭和30年代）にまずドライヤに密閉フードが設置された．これは乾燥効率の上昇，省エネルギーの目的からである．駆動方式についてもそのころまではラインシャフトドライブ方式が採用され，大馬力の原動機から一次シャフトへ，さらに二次シャフトなどからプーリ，ベルト，ギヤ等を通して駆動力をロールに伝えていた．しかし1970年前後（昭和40年代）になると抄紙機の高速化に伴い，シリンダ，ロール群ごとに駆動源をもつセクショナルドライブ方

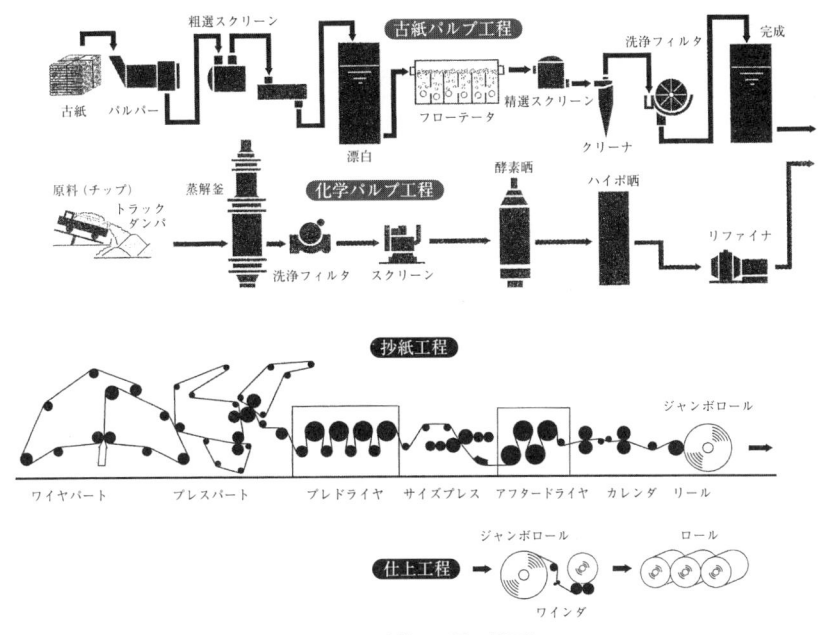

図 6.16 製紙工程の概要

式が多用されるようになった．

これらの設備改造により抄紙速度も 400 mpm から 750 mpm へ，最新機では 1 600 mpm にまで達している．その結果，潤滑油に求められる性能も変化し，製紙工場では一つのトラブルが全工程に影響しやすいためメンテナンストライボロジーが欠かせない．

(2) 潤滑上の特徴と問題点

現在稼働している装置で従来から使用されている古い設備は，省エネ，高速化などのニーズを受けて，都度改造を重ねて現在に至っている．改造マシンの潤滑面での特徴の一つ目は，密閉フードの設置により油温が上昇し，給油粘度が低下することによる摩耗の増加，および油の早期劣化がある．二つ目は速度がアップしたにもかかわらず軸受部分への給油量が減ったことである．これは軸のシールに問題があり，シールから油が漏れ紙に付着するトラブルが頻発し，給油量を減らさざる

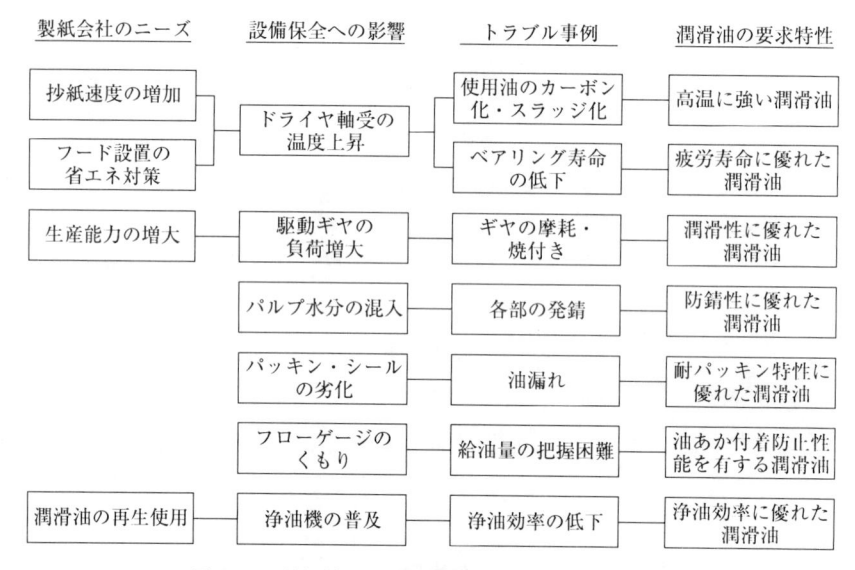

製紙会社のニーズ	設備保全への影響	トラブル事例	潤滑油の要求特性
抄紙速度の増加 / フード設置の省エネ対策	ドライヤ軸受の温度上昇	使用油のカーボン化・スラッジ化	高温に強い潤滑油
		ベアリング寿命の低下	疲労寿命に優れた潤滑油
生産能力の増大	駆動ギヤの負荷増大	ギヤの摩耗・焼付き	潤滑性に優れた潤滑油
	パルプ水分の混入	各部の発錆	防錆性に優れた潤滑油
	パッキン・シールの劣化	油漏れ	耐パッキン特性に優れた潤滑油
	フローゲージのくもり	給油量の把握困難	油あか付着防止性能を有する潤滑油
潤滑油の再生使用	浄油機の普及	浄油効率の低下	浄油効率に優れた潤滑油

図6.17 抄紙機における潤滑上の問題点と要求特性

をえなかったためである．このため，軸受部分の温度はさらに上昇し，摩耗増大，油の劣化が促進され，軸受箱内にスラッジが大量に発生したり，酷い場合にはカーボン化するなど軸受破損に繋がるトラブルが問題となっている．抄紙機が高速化してきた現在，このようなトラブルは致命的である．

さらに，最新鋭高速マシンでは自動化，遠隔操作化され，油圧制御，特にサーボバルブを使用した高度制御機構が採用されることが多くなっている．しかし，先にも述べたとおり高温雰囲気であることや，ワイヤパート，プレスパート周辺ではシール部からの水分の混入，酸による影響などから作動油の異常劣化が問題化している．抄紙機における潤滑上の問題点と潤滑油の要求特性について図6.17に示す．

(3) メンテナンストライボロジーの実際

トラブルを未然に防止するために，油の性状管理と運転記録管理を行い異常の早期発見に努めている．

油の性状管理は使用油を定期的にサンプリングし，劣化（酸価の上昇），水分の混入，コンタミ有無を傾向管理している．酸価の上昇が通常に比べて早い場合や，コンタミとして異物がある場合は原因を追求し，早めの更油やメイクアップをしている．特に異物は回路内の異常を知らせてくれる情報源なので，顕微鏡観察などにより何に起因するものかを徹底的に調査する．一方水分は製紙工場の性質上どうしても入りやすいため，定期的にドレイン抜きをする．

運転記録は電気消費量チェックをしたり，現場点検のコースを決めて，1週間に1回は全てのユニットを点検するようにしている．具体的な点検項目は油温，液面，フィルタ目詰り（差圧計，インジケータの確認），油圧圧力等で，図6.18の記録表を用い点検している．これら記録データについては整理し基準値を求め，点検時のデータと基準値を比較し異常発見に役立てている．特に潤滑に異常が発生した場合，消費電力が増大することから電気消費量が増加する．また，フィルタ詰りにつ

2001 年度　9 月 ～ 12 月　　CCR 油圧ユニット運転記録用紙　　設備管理課

No	項　目	基準値	9月		10月		11月		12月	
			5	19	10	17				
1	タンク レベル	400mm	310	305	370	350				
2	タンク　油温	40 ℃	38	38	40	39				
3	フィルター入口圧力（加圧）	62 kg/cm²	62		62					
4	フィルター出口圧力（加圧）	62 kg/cm²	60		58					
5	フィルター入口圧力（潤滑）	10 kg/cm²	9.9		10.2					
6	フィルター出口圧力（潤滑）	10 kg/cm²	8.2		9.4					
7	排油ポンプ出側圧力	1.5 kg/cm²	1.4		2.1					
8	減速機排油戻りFiT入口圧力	2.0 kg/cm²	2.0		2.5					
9	FR BRG潤滑給油量	40 L/min	35		38					
10	BK BRG潤滑給油量	40 L/min	37		38					
11	減速機潤滑給油量	40 L/min	40		38					
12	給油温度	40 ℃	41		43					
13	排油温度	60 ℃	58		62					
14	オイルクーラー入油温	60 ℃	58		62					
15	オイルクーラー出油温	40 ℃	36		37					
16	冷却水 入温度	25 ℃	26		27					
17	冷却水 出温度	30 ℃	34		33					
18	冷却水TIC　設定／実温度	40/42 ℃	40/46		40/38					
19	SHOE加圧 C/V 開度(A)	— %	2		5					
20	SHOE加圧 C/V 開度(B)	— %	30		80					
21	各フィルターインヂケーター表示		✓		✓					
22	冷却水 C/V 開度	— %	100		0					
23	オイルタンク ドレン抜き	—	✓		✓					
24										
25										
26										
27										
28										
29										
30										

	備　考
9/29	補給 600ℓ（レベル 280→380mm）
10/25	#1潤滑フィルター目詰り #2潤滑フィルターと切換え，エレメント交換（#1フィルター）
10/25	クーラー冷却水 Yストレーナー掃除

図 6.18　記録表の例

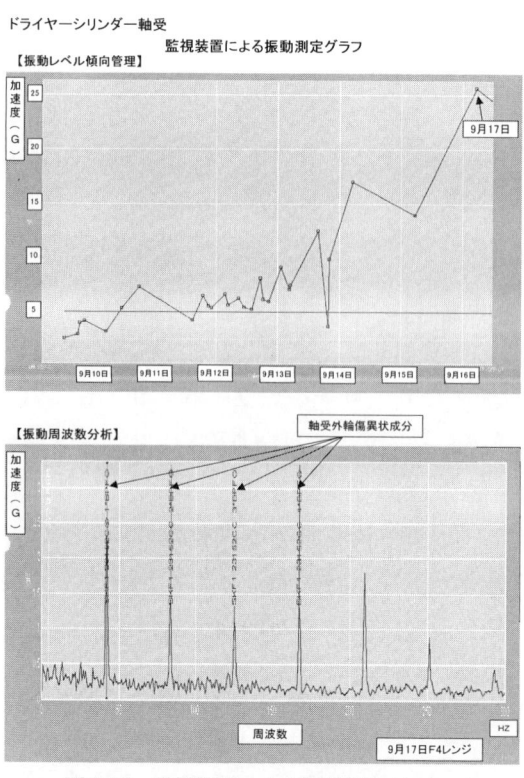

図 6.19 監視装置による振動測定グラフ

いては，回路内の異常有無を早期発見することに繋がることから交換・点検記録を残し，その周期も判断材料としている．さらに高速化が進んでいる現在，軸受の劣化管理に振動を用いている．軸受箱に振動センサを埋め込み，軸受の損傷を振動加速度で検出するもので，検出データは1箇所に集められ，コンピュータで信号処理され損傷の部位，進行度合いなどとして表示される（図 6.19）．

この振動監視装置は損傷の早期発見，振動発生原因の究明の他，ドライヤフード内の高温部など雰囲気が悪く運転中に近づけない部位の検査にも威力を発揮している．

グリースについては従来目視で観察する方法が主であったが，グリー

ス鉄粉濃度計を活用し定量化し，摩耗の状況を的確に掴むことでトラブル防止に努めている．

軸受からの油の飛散は製品汚れに繋がるが，潤滑油が少なすぎてもトラブル原因となることから，シール部についても随時改良を重ね油漏れの低減にも取り組んでいる．

(4) メンテナンスの効果

メンテナンストライボロジーの実施によりトラブル件数は確実に減ってきている．今後もメンテナンストライボロジーを確実に実施し，また継続・定着化するためにマニュアル化，定期的勉強会の実施などにも取り組んでいる．

さらに，今後の環境対応や人員削減などにも対応できるよう，潤滑油剤面でも新技術を積極的に取り入れ，ロングライフ化，ノントラブル化を推進していきたい．

6.2 輸送用機器

6.2.1 自動車

自動車におけるメンテナンスとして，ユーザーが行う定期的なメンテナンスに車検がある．最近では，ガソリンスタンドや用品販売店でも新たに車検可能な認証を取得する動きが活発化している[21]．トライボロジーに直接関わらない車検および普段のメンテナンスの主なものとしては，バッテリ交換，ウィンドウウォッシャ液やブレーキ液の補充等が挙げられる．トライボロジー的な項目としては摩耗や劣化に伴う消耗部品を対象として，エンジンオイルやオイルフィルタの交換，ブレーキ・パッド，タイヤ・トレッドやワイパーブレードの摩耗状況の確認および交換等が挙げられる．

まずは最初に，トライボ以外の故障診断機器に関わる最近の話題を紹介する．

(1) 電装系の故障診断機器

自動車用エレクトロニクス製品は,車両コントロール系に多用されるとともに,年々複雑化している.この複雑化した電子回路の故障診断は高度な専門知識が必要であるために,各メーカーが図6.20に示すような専用の故障診断ツールを設定している[22].故障診断システムは,車両に搭載し故障部位を特定する診断装置「オンボード故障診断」と,それ以上の機能をもつ専用のツールを用いた「オフボード故障診断」が用いられている.

今後は高難度の故障がリアルタイムで診断できるように,車両側の故障診断機能とサービス技術情報を統合し,電話回線等の通信技術を利用した技術支援システムが次世代の主流になると思われている.

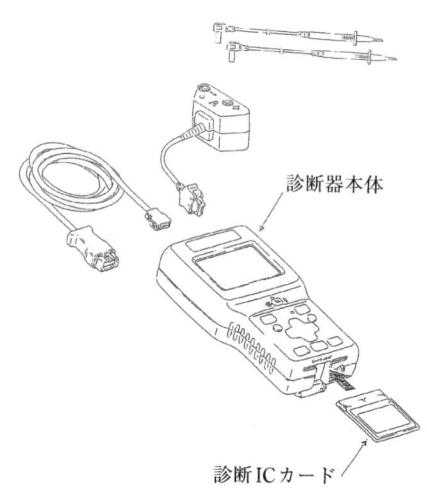

図6.20 故障診断器〔出典:文献22)〕

(2) トライボロジーに関わるメンテナンス

自動車におけるトライボロジーに関わるメンテナンスは,そのほとんどが摩耗による機能低下,異音発生や焼付きもしくは破損といった大きな不具合をいかに未然に防止するかが技術のポイントとなっている.エンジンやトランスミッションに組み込まれたしゅう動部品においては,耐摩耗材料,潤滑油や設計技術の改良によってメンテナンスフリー化が図られてきている.

これ以降はトライボロジーに関連する自動車におけるメンテナンス技術として,エンジンオイル,ブレーキ摩擦材料とエンジン動弁系カムフォロワ材料について,最近の話題を紹介していきたい.

1）エンジン油のメンテナンス

ガソリン用エンジン油においては，省燃費性能の向上，触媒への負荷低減とともにロングドレイン化に向けた開発が要求されている[23]．日本国内の一般的なガソリンエンジン油の推奨ドレイン間隔は 15 000 km であるが，その油の寿命は図 6.21 に示すように自動車の走行条件によって大きく変化する[4]．この結果は，油温が約 80 から 100 ℃ を中心として高い場合には劣化や変質といった化学反応の加速により，低い場合にはエンジン内に生成した水の混入により，エンジン油の劣化が加速するために生じている．

通常走行をシミュレートした台上エンジン試験における SG 級エンジン油の劣化挙動を図 6.22 に示す．図 (a) に示すように，エンジン油劣化の重要な尺度である不溶分（スラッジ）の生成は，塩基価が完全に失われる 30 000 km まで見られない．図 (b) に，エンジン油劣化に伴う硝酸エステルの生成挙動を示す．この図より，硝酸エステルは酸化防止剤 ZnDTP（ジアルキルジチオリン酸亜鉛）が消耗した時点で急速に生成することがわかる．不溶分は，この硝酸エステル量の増加に伴い生成してくる．この硝酸エステル濃度から判定した油寿命は 30 000 km で

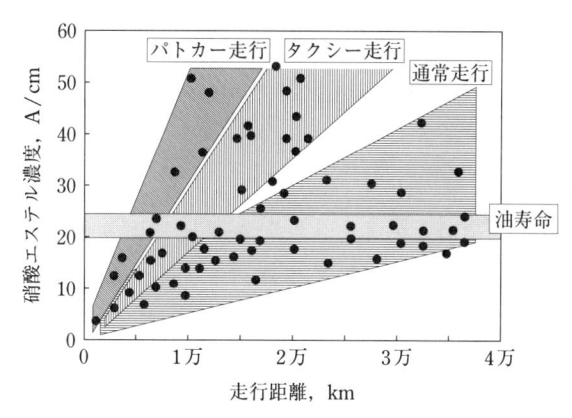

図 6.21　様々な走行条件下におけるエンジン油の劣化挙動
〔出典：文献 23)〕

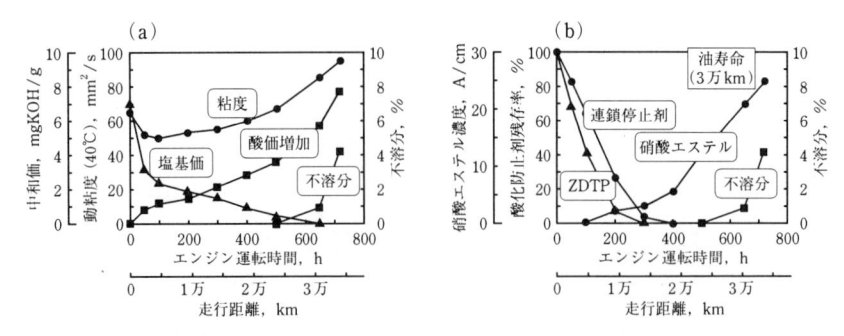

図6.22 通常走行条件下における SG 級エンジン油の劣化挙動〔出典：文献23)〕

あり，図6.21の結果と一致する．

以上の結果から，ドレイン間隔を延長するには，油の劣化をモニタしながら，不溶分が生成する約30 000 kmまでの油を使い切ることである．Mercedes-Benz社の ASSYST (Active Service System) は，走行モードとエンジン油劣化との関係から各モードの走行距離の累積から間接的に劣化をシミュレートすることで，15 000～30 000 kmまで延長できるとしている．また，近赤外2波長を用いた光センサにより油の塩基価や酸価や粘度変化を測定し，エンジン油の劣化を判定する装置の提案もなされているが [25, 26]，未だに実用化には至っていない．

さらには，油の酸化防止剤の改良や基油の高品質化によるエンジン油の高寿命化が，石油業界を中心として鋭意なされていることはいうまでもない．

2）ブレーキ摩擦材

自動車のブレーキは運動エネルギーを摩擦により熱エネルギーに変換することにより，車両を停止させる装置である．図6.23に示すように，ドラム内側より液圧でライニングを押し付けるドラムブレーキと円盤にパッドを液圧で押し付けるディスクブレーキとがあるが [27]，熱放散が良く高速走行に適しており，ペダル踏力に対して効きがリニアであるディスクブレーキが主流である．小型乗用車では普通8枚の摩擦材か

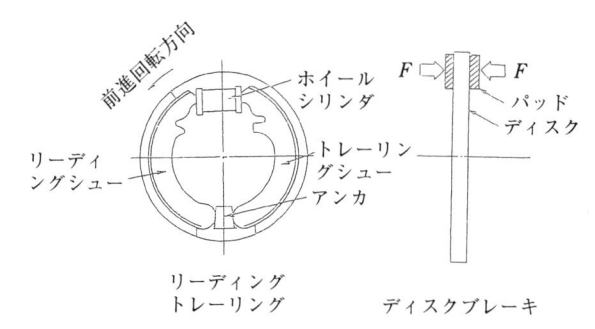

図 6.23 ドラムブレーキとディスクブレーキの基本構造
〔出典：文献 27)〕

ら成るディスクパッドやブレーキライニングが使われており，相手材の鋳鉄製のロータとしゅう動する．

　メンテナンス的には，ブレーキの基本機能である効きを保証するための摩擦摩耗性能と，ブレーキノイズやブレーキ鳴きといった性能劣化に直結する摩擦特性の維持が挙げられる．長距離にわたってこの両者の機能を維持させるために，各種のブレーキ用摩擦材料が開発されている．表 6.8 は，ディスクパッド材料の各配合材が各性能に及ぼす影響を示したものである[28]．表中の主な配合成分の役割として，カシューダストは摩擦材表面に安定したフィルムを形成して摩擦係数を安定させ，耐摩耗性を向上させるほか，摩擦材のダンピング特性を増すことにより鳴きを低減する効果がある．固体潤滑剤であるグラファイトや二硫化モリブデンは摩擦摩耗性能の調整のため配合されている．高いモース硬度を有するケイ酸ジルコニウムや酸化アルミニウムは研磨剤として摩擦係数を高めるのに有効であるが，相手の鋳鉄ディスクを攻撃する欠点もある．これらの各成分を，従来からのブレーキ材料で得られてきた種々の蓄積されたデータから適切に配合，作り上げることで，複雑に絡み合った摩擦摩耗特性を設計要求に沿った特性に見合ったものに仕上げている．

　この摩擦材が，要求特性をクリアーできるかどうかを判断するために，

表 6.8 各種原料の特性（自動車用ディスクパッドの場合）[出典：文献 28)]

配合剤			一般性能				物性		
			効き	摩耗	ノイズ	ロータ摩耗	引張強度	せん断強度	圧縮ひずみ
繊維		スチール繊維	↑	↓	↓	↓	↑	↑	
		金属ファイバ	↑	↑	→	↑	↑	↑	
		有機繊維	↓	↑	↓	↓			
		炭素繊維	↑	↓	→	→	↑	↑	
	無機繊維	ロックウール	↑	↓	→	↓			
		セラミックファイバ	↑	↑	↓	↑	↑	↑	
		ガラス繊維	↑	↑	↓	↓	↑	↑	
バインダ		フェノールレジン	→	↓	→	↑	↑	↑	←
		変性フェノールレジン	→	↑	↑	↓	↑	↑	←
ゴム類		NBR, SBR 等	↑		↑	↑			→
金属粉		銅粉等		↓		↓			
潤滑剤	有機系	カシューダスト	↑	↑		↓	→	→	→
		グラファイト	↓	↑	←	↓	→	→	
	無機系	MoS_2	→	↓		↓	→	→	
		Sb_2O_3	↑	↑					
研磨剤	硬：Al_2O_3, SiC		↑	↓	→				
	軟～中：ZrO_2, $ZrSiO_4$, SiO_2								
充てん剤		$BaSO_4$		↓		↑			
		$Ca(OH)_2$							

↑：高くなる，または性能は改善される． ↓：その逆．

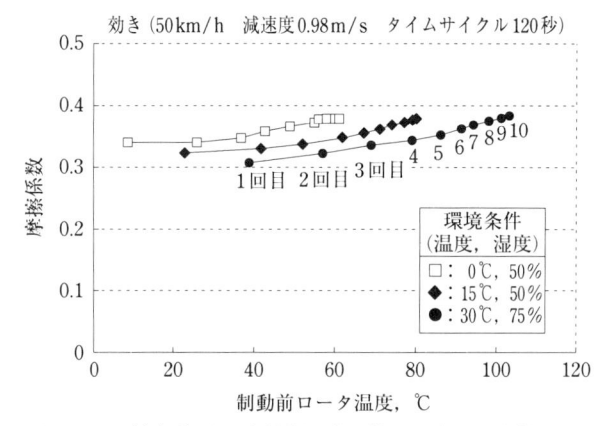

図6.24 環境条件下2時間放置後の効き〔出典：文献28)〕

種々の評価法が非常に重要となる．摩擦材の効きの最終評価は実車テストで行われるが，開発段階ではフライホイールにより車両の慣性を実現したダイナモテスタで行われている．ダイナモ評価は効きだけではなく，ブレーキ摩擦材の耐摩耗性評価も行われる．また，ブレーキの鳴き異音は環境の温湿度の影響を受ける．そこで，ブレーキアッセンブリを環境槽の中にセットし，2～6時間放置した後の特性を測定するといった評価方法が，材料開発に活かされるようになってきている．摩擦特性についてこのような評価を行った図6.24に示すような報告例もある．

このように消耗部品であるブレーキにおいても，市場のブレーキ性能を再現できる種々の評価法を駆使して，それらの要求性能を維持できるように開発された摩擦材料により，個々のユーザーによる日常的なトライボロジー特性のメンテナンスをかなり省いているといえる．

3）エンジン部品

最近の乗用車エンジン部品におけるトライボロジー上の個々のユーザーによるメンテナンスは，設計技術，エンジン油およびしゅう動材料の開発に伴う耐摩耗性や摩擦特性の向上により，ほぼ完全に省かれてい

る．例えば，以前のエンジンの動弁系においては，摩耗量の進行に伴いバルブクリアランスがある水準を越えた時には，クリアランス調整用のシム等を交換することが行われていたが，今のエンジンでは摩耗が最も厳しいカムフォロワ部位にクリアランスを自動調整する油圧アジャスタを採用したり，転がり軸受ローラロッカや後で述べるような非常に耐摩耗性の優れた鉄基焼結材，焼結材やPVD表面処理材を用いることにより，ほぼメンテナンスフリー化している．

エンジンにおいて摩擦条件が過酷な部位は，図6.25示すように，動弁系ではカム・フォロワ，バルブ・バルブシート，主運動系ではピストン・シリンダボアが挙げられる．その中で，カム・フォロワ，バルブ・バルブシートにおいては，摩耗量を抑制するために種々の耐摩耗材料が開発されてきた[29,30]．メンテナンスフリー化につなげるためのカムフォロワ用耐摩耗材料の開発について，詳しく説明していくこととする．

自動車エンジンに用いられている動弁系カム・フォロワ機構を図6.26に示す[29]．この図のロッカアーム式フォロワに見られるスカッフィン

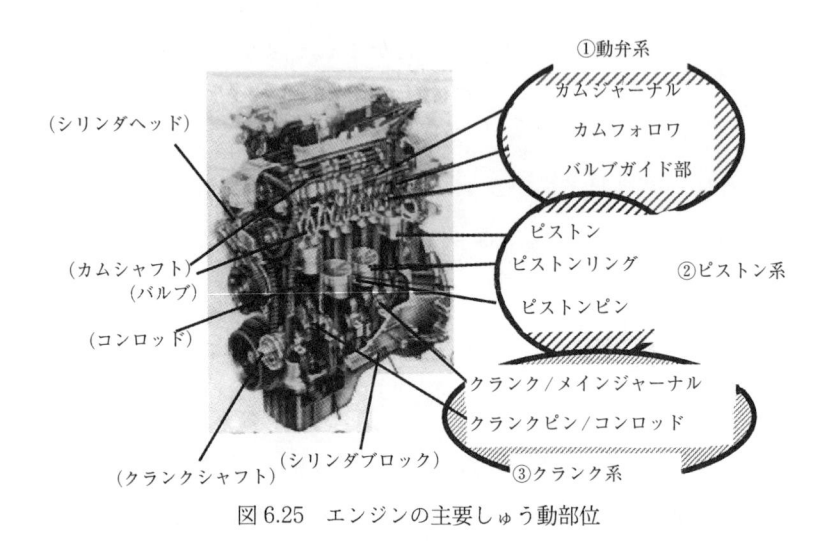

図6.25 エンジンの主要しゅう動部位

バルブ駆動方式	OHC			OHV
	直接駆動式 (D)	スイングアーム式 (S)	ロッカーアーム式 (R)	突棒式 (V)
関係図				

図6.26 カム，フォロワの機構〔出典：文献29)〕

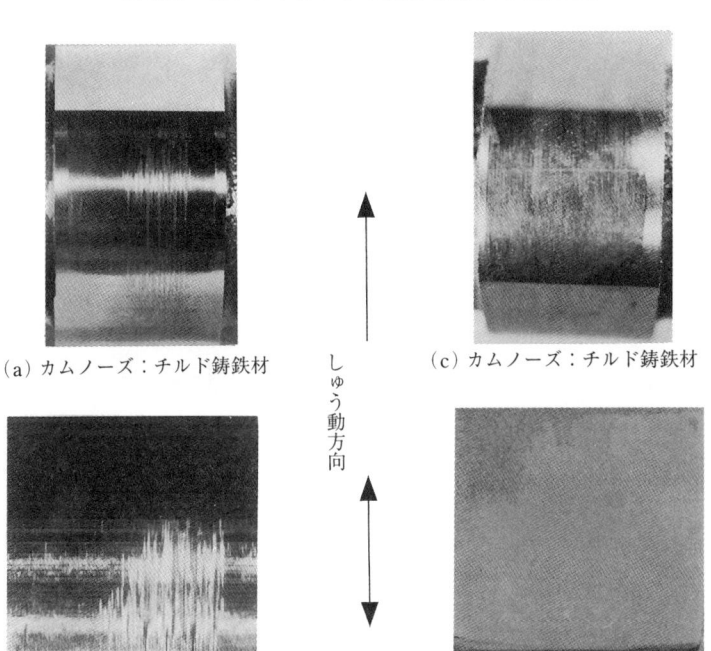

(a) カムノーズ：チルド鋳鉄材

(c) カムノーズ：チルド鋳鉄材

しゅう動方向

(b) フォロワ：鉄基焼結材

(d) フォロワ：窒化ケイ素材

図6.27 フォロワ材料による耐スカッフィング性の差異〔出典：文献29)〕

グ摩耗の事例を図6.27に示す．この写真はモータリング摩耗評価試験後のカムとフォロワのしゅう動表面であり，鉄基焼結材のフォロワを窒化ケイ素材のフォロワに置き換えることで，スカッフィング摩耗が抑制されていることがわかる．また，種々の鉄基焼結材フォロワを用

いてモータリング摩耗評価試験を行った結果, 標準材料の摩耗量を1とした時の相対的なフォロワ摩耗量と材料特性値との間に, 図6.28に示すような相関関係があることを見出した. その関係式は以下のとおり.

$$\text{フォロワ摩耗量} = 10.7 - 0.17 \times \text{MACH} + 0.51 \times \text{DD}/10 \tag{6.1}$$

ここで, MACHはマクロ硬さHRCを, DDは材料組織の炭化物の粒径μmを示す.

この結果から, 材料パラメータを上手くコントロールした高い耐摩耗性を有する鉄基焼結材料や鋳鉄材料を開発することにより, カムフォロワの摩耗におけるメンテナンスフリー化につなげている.

最近のエンジンのカムフォロワにおいては, 耐摩耗性だけではなく, 燃費向上のためにフリクション低減という機能も要求されてきており, 先に述べたローラロッカや図6.26の直動式のバルブリフタの冠面にTiNやCrNの硬質薄膜をPVDにより形成させたフォロワが採用されてきている. これらの硬質薄膜の耐摩耗性は図6.29に示すように, 鉄基焼結材料よりも優れているために, 製品時に超仕上げされた平滑な面が長期にわたり維持され, 摩耗だけではなくフリクション低減効果についてもメンテナンスフリー化も同時に図っている[31].

以上に述べたカムフォロワだけでなく, バルブ・バルブシートやピストンリング・シリンダライナの摩耗量を, 要求機能を損な

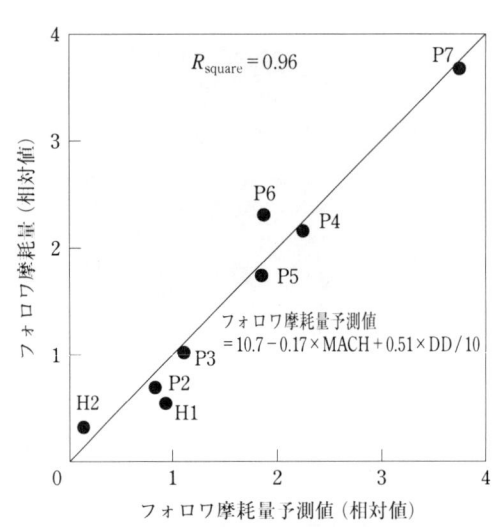

図6.28 鉄基焼結材料フォロワの実摩耗量と予測値
〔出典: 文献29〕〕

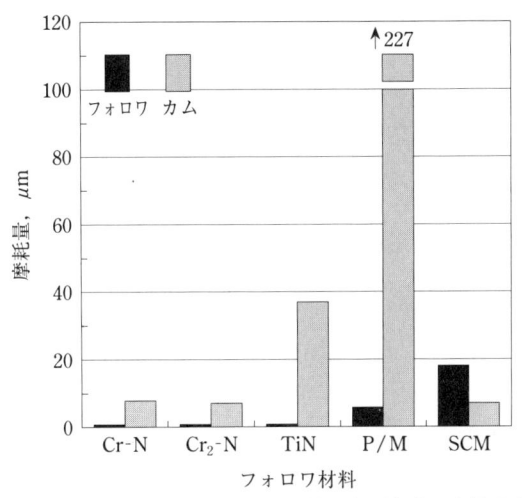

うことなくエンジンのライフ中一定水準以下に維持させるために，自動車各社では市場走行をシミュレートした，種々の単体，エンジンユニットもしくは実車を用いた摩耗評価試験を用いて，新たなユニットに適合する設計，潤滑，材料技術が開発されている．

図6.29 PVD硬質薄膜の耐摩耗性評価〔出典：文献31)〕

6.2.2 船舶

船舶のメンテナンスは，国内の船主であれば，(財)日本海事協会(NK)のルールブックに基づいて(船級検査)行われている．NKはABS(米)，ロイド(英)とともに世界のトップクラスにあり他の協会の検査にもほとんど適合する[32]．

(1) メンテナンス方式

NKの船級検査[33]には，船のどの箇所を，どのような間隔で検査せよと明記されており，船主はこれをベースに各船の保守計画を立てる．

船級検査としては，登録検査と船級維持検査があり，保守に該当する維持検査は定期的検査および臨時検査をいう．定期的な検査としては前回の検査から1年後に行う(旅客船および潜水艦)中間検査と4年ごとに実施する定期検査を行うことになっている．

検査は，船舶あるいは機関の大きさ，用途，構造，船齢，経歴，前回の検査成績および現状に応じて，検査の項目，範囲および程度を適宜変更することがある．

(2) ディーゼルエンジンのメンテナンス技術

舶用ディーゼルエンジンにおいては，従来時間基準メンテナンスが行われていたが，事故の未然防止および効率的なメンテナンスを配慮した予知保全が必要になってきた．エンジンしゅう動部の摩耗を検知する方法として，フェログラフィ，SOAP，SIPWA（Sulzer Integrated Piston ring Wear Arrangement）などがあり，SIPWAはピストンリングの摩耗を連続的に監視できる装置[34]として装備した船が増加している．結果の一例を図6.30 [35]に示す．

また，(財)日本海事協会では，船舶の定期検査時の開放点検による過大な負担の軽減（多大な労力と時間の節約，危険作業の削減）を目的に，状態診断技術の開発に取り組んでいる[36]．

表6.9 [36]に機械類別のフェログラフィ分析結果（WPC）を示す．表6.9の結果をもとに次のような状態診断ができる．

1）シリンダ部

WPCの平均値が極端に大きくなっているが，これはシリンダドレン油に金属摩耗粒子以外の成分が多数含有されると予想され，WPCだけでは摩耗状態の診断はむずかしい．摩耗粒子以外の成分は，燃焼過程で生成する未燃カーボン（すす）および硫酸中和物（硫酸カルシウムが

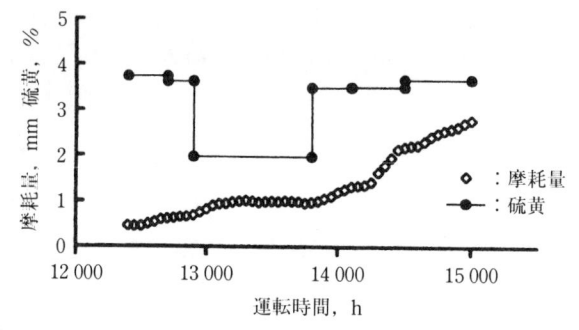

図6.30 SIPWAの実施例（燃料油中の硫黄分と摩耗量の推移）
〔出典：文献35)〕

表6.9 機械類別のフェログラフィ（WPC）〔出典：文献36）〕

機械類	ディーゼル シリンダ部	ディーゼル システム部		船尾管	蒸気 タービン
継続分析数	700件 代表的4気筒に付き	129件		49件	
		Bore 840	Bore 600		
平均WPC	275〜405	33	5	12	
（Min.）	（26〜56）	（5）	（2）	（3）	
（Max.）	（904〜22200）	（125）	（20）	（34）	
潤滑状態	（検討中）	Max. 0.5 mm 程度のざらつ き摩耗を認め る	極めて良好	開放検査12件 の内，1件の み，ややざら つき摩耗 他は全く良好	
（継続分析期間）	（両機とも約4年）	（両機とも約8年）			
ランダム分析数	0件	193件 ＊1		125件	13件
平均WPC					3
（Min.）					（1）
（Max.）					（5）
潤滑状態		＊2		＊3	全く良好

＊1 日本舶用機関学会誌 第24巻第9号（1989）P.78の図15参照．図15中の分析サンプル計205件よりブレークインのサンプル（黒塗り）12件を差引いたサンプル数．
＊2 ディーゼルシステム油のランダム分析193件の内，66件（34%）はそのWPCが9以下であり，すべてのケースでその潤滑状態は満足しうる程度であった．また21件（11%）はそのWPCが60以上であり，すべてのケースでその潤滑状態はアブノーマルと判断された．
WPC 10〜59のケースは106件（55%）であり，その内潤滑状態が満足なものは9割であった．
＊3 船尾管油のランダム分析125件の内，104件（83%）の潤滑状態は手直し作業を必要とせずにそのまま復旧しうる満足な状態であった．残りの21件は手直し作業後復旧された．
（参照，ISME 95, P. 231〜238）

多い）等で，これらの物質はフェログラムでは金属摩耗粒子と異なった位置に検出されるので，顕微鏡観察法を併用すれば診断に使える可能性がある．

2）システム部

　ランダム分析において（注2）WPCが10以下の場合，全て潤滑状態が良好であることが確認されている．また，8年に及ぶ継続分析でも平均値が5の船では開放検査で極めて良好な潤滑状態が確認されている．したがって，WPCが10以下のシステム油の系は，良好な潤滑状態と診断できる．一方，60を越えた場合には，全てに異常な潤滑状態が認められたことから，この値を警告値とし，10から59までは注意領域とすれば，十分に潤滑診断が可能である．

　上述の例から，しゅう動部の潤滑診断（設備管理）にフェログラフィ分析が適用可能であり，特にシステム部の診断には有効と推察される．

(3) 潤滑油の劣化と管理事例 [37]

　舶用大型ディーゼルエンジンは，中速4サイクルトランクピストン形と低速2サイクルクロスヘッド形に大別されるが，潤滑油の劣化は前者のトランクピストン形エンジンで顕著である．共通の潤滑油（エンジン油）がシリンダライナ部と主軸受等のシステム全体に循環給油されるので，シリンダ部から潤滑油の劣化物，すすおよび硫酸中和物等が混入してくる．中速4サイクルトランクピストン形ディーゼルエンジンは，船舶および陸上発電プラントに広く使われているもので，図6.31 [38] および図6.32 [38] に陸上発電での実機追跡例を示す．エンジン油の劣化を管理する場合，動粘度，不溶解分，全塩基価（TBN），水分等の一般性状値が通常使われる．舶用のディーゼルエンジン系では，すすや硫酸中和物を多く含むので，油の劣化によるレジンよりもトルエン不溶解分の方が多い．不溶解分の測定は，A法とB法があるが，微細なすす等の粒子も測定するためには凝集剤を用いるB法が適している．また，全塩基価は運転時間に伴い減少するが，減少の程度は過塩素酸法と塩酸法により異なるので，管理する場合，方法を混同しないように留意が必要である．これらの数値は採取する箇所により変動するので，分析する使用油は目的に合った箇所から同じ方法で採取する必要があ

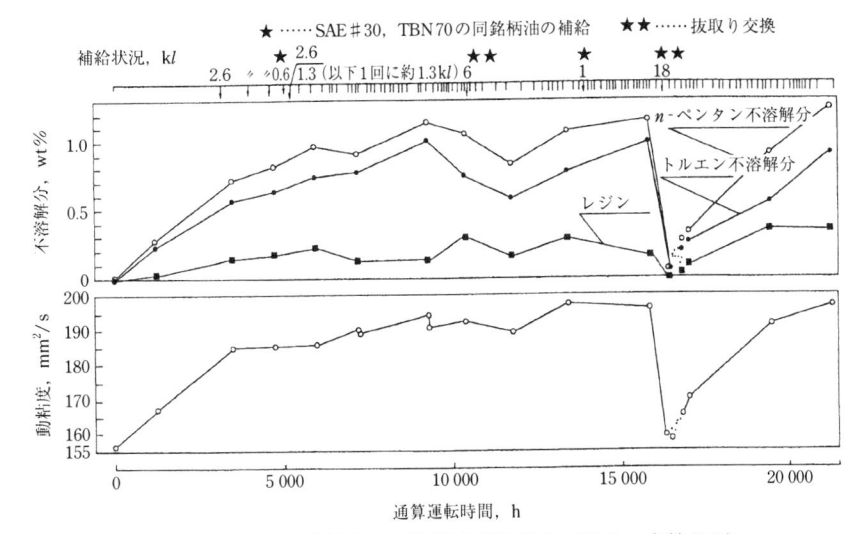

図 6.31 使用油の動粘度, 不溶解分経時変化〔出典:文献 38)〕

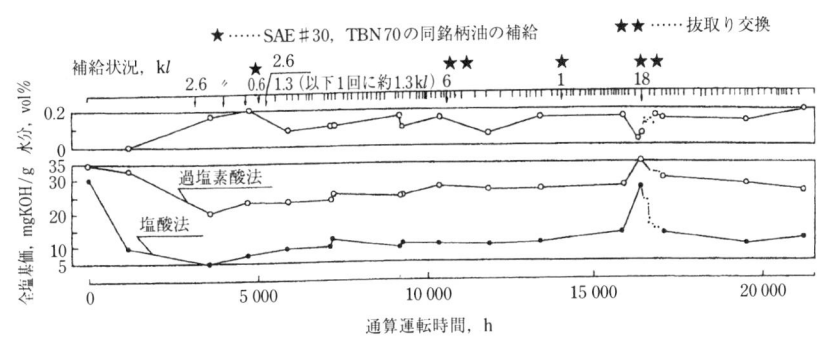

図 6.32 使用油の全塩基価, 水分の経時変化〔出典:文献 38)〕

る.本例の場合,潤滑油フィルタ通過後の主機関入口側から採取した(配管系での滞留分を除く).これら使用油の潤滑性能を評価した結果を図 6.33 [38)] に示す.潤滑性能はシェル四球摩耗試験後の試験球の摩耗痕径により耐摩耗性を評価した.耐摩耗性の低下傾向が性状の劣化に連動しており,このような関係は酸化安定性および高温清浄性にもあてはまる [38)] ことから,舶用ディーゼルエンジン油の劣化診断は,通常管理として動粘度,不溶解分,TBN,水分等の一般性状値で可能で

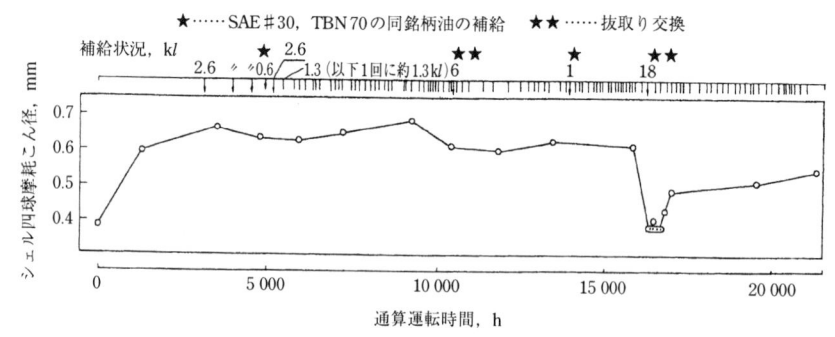

図 6.33 使用油の耐摩耗性の経時変化〔出典：文献 38)〕

ある．しかし，それらの経時変化は，シリンダライナ壁温，燃焼圧力等の運転条件，油掻きリングの数・圧力，使用燃料油の性状，補給のパターン等によって異なるので，管理する際の基準値（更油または補給のタイミング）は，エンジンメーカーとオイルメーカーで協議して決めた方がよい．

また，簡易分析法でも精度よく迅速に（2日程度）分析データ（潤滑油の性状値，摩耗金属等の成分量，添加剤等の成分量，他）を提供するシステムがオイルメーカーなどに確立されているので，主要な港であれば出港前に潤滑油の劣化およびしゅう動部の診断が可能である．

6.2.3 航空機

航空機に対しては航空エンジンの潤滑システムに，焦点を当てて述べる．航空エンジンは安全運航を維持するための重要な装備品であり，運航中のエンジンのパラメータはコックピットに表示され，エンジンに何らかの異常が発生した場合には，乗員に警告を与えるシステムが装備されている．最近の機体（B767以降）ではコックピットの中央にEI-CAS（またはECAM）Displayがあり，エンジンパラメータや不具合に関するメッセージ等が表示される．エンジンに重要な不具合が発生した場合，飛行中エンジンを停止させることも必要であり，状況に応じて引返しや，目的地以外への着陸を余儀なくされることもある．

このような事態を最小限に防ぐために航空エンジンのメンテナンスは機体装備状態で行うもの，機体から取り卸され，ショップ（エンジンオーバーホール工場）で行う内容がきめ細かく定められている．ここでは航空エンジンの潤滑システムに関する故障要因に対して航空会社が行っているメンテナンスの実際についてその概要を述べる．

(1) 航空エンジン潤滑システムの概要

エンジンの潤滑システムはベアリングや，アクセサリーギヤボックスを潤滑し，冷却するものである．

図6.34に航空エンジンの潤滑システムの例を示す．オイルはオイルポンプにより加圧されプレッシャフィルタを通って各システムに流れベアリング，ギヤ等を潤滑，冷却し，スカベンジポンプにより，オイルタンクへ戻される．オイルはタンクに戻される前にスカベンジフィルタによって不純物が取り除かれ，フュエルオイルヒートエクスチェンジャにより冷却される．フィルタが不純物で詰まるとフィルタに設けられているバイパスバルブが開き，オイルはバイパスして流れ，潤滑を確保するが，バイパス状態になる前に，ENG OIL FILT というメッセージがEICAS（またはECAM）に表示される．EICAS（Engine Indication and Crew Alerting System）はエンジンパラメータ，システムの表示を行い，乗員への警告や，システムの状況を知らせ，乗員の操作を助けるためのシステムである．ボーイング機ではEICASと呼ばれるが，エアバス機ではECAM（Electronic Centralized Aircraft Monitoring）と呼ばれる．

オイルの圧力・温度およびタンク内のオイル量はコックピットに計器表示されるが，圧力，温度が定められた値を超えると，OILPRESS，OILTEMPメッセージが表示され乗員に注意を促す．

(2) 航空エンジン潤滑システムの不具合とメンテナンス

1）ベアリング，ギヤ類の不具合

航空エンジンには，各ベアリングや，アクセサリーギヤボックスから

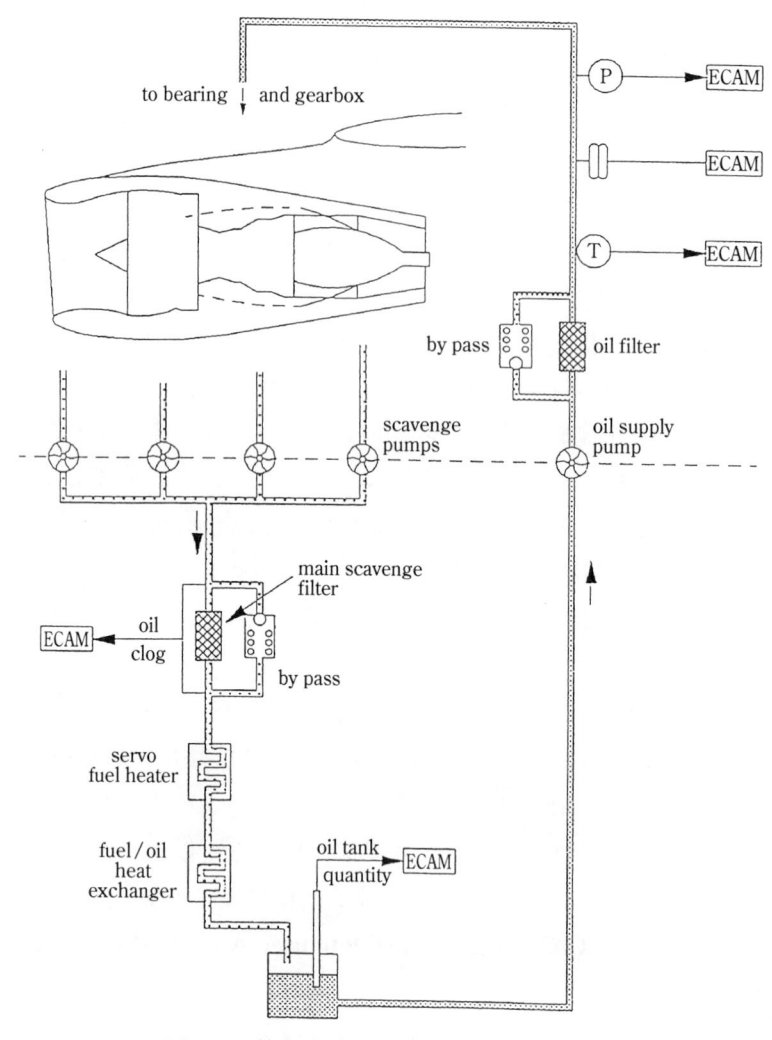

図 3.34 航空エンジンの潤滑システムの一例

戻るオイルラインの途中に MCD（Magnetic Chip Detector）と呼ばれる先端に磁石がついた栓が装備されており，ベアリング，ギヤ類等に不具合が発生した場合，破損した磁性体の破片が MCD に吸着するように設計されている（図 6.35 参照）．MCD は各ベアリングサンプから戻るオ

イルラインごとに Isolation MCD が装着されており，これらを束ねたオイルラインに Master MCD が装着されている．このため，定期的に Master MCD を点検することによりベアリング，ギヤの状況を把握することができる．通常 MCD 点検は 400〜500 時間ごとに行われるが，金屑が検出された場合，各ベアリングサンプごとの Isolation MCD 点検，フィルタ点検を行うとともに，検出した金屑の成分分析を行うことによってその不具合部位を特定し，エンジンの早期取卸しの可否，整備処置に対する緊急度，等の判断を行っている．

図 6.35 MCD（Magnetic Chip Detector）の外観

最近では金屑が検出されるとメンテナンスメッセージを表示する Debris Monitoring Sensor（DMS）が装備されているエンジンもあり，効果を上げている．

2）オイル漏れ

潤滑オイルの漏れによるオイル量の急激な減少は Oil Quantity Indicator により把握できる．オイル量の減少だけでは特別な操作をする必要はないが，過度なオイル量の減少により，オイル圧力，オイル温度に異常が生じ，メッセージが表示された場合，潤滑不良に起因するエンジンの損傷を防止するためにエンジンの推力を下げたり，その値によってはエンジンを停止するように操作手順に定められている．急激なオイル漏れは，直接運航便に影響を与えるだけでなく，エンジン空中停止につながるため，直ちに原因を明確にし，改修等の必要な対策を取ることにより，類似の不具合発生を防止するように努めている．

一方，エンジン内部のシールの劣化等により，徐々にオイル消費量が増加するような不具合はその消費量の変化をモニタし，適切な時期にエンジンを取り卸すことで対応している．オイルの消費量は毎飛行後に補充したオイル量を，飛行時間あたりのオイル消費率として算出し，時系列にグラフ化しモニタしている．

その他エンジンまわりの配管類の緩み，クランプの取付け状態，配管類の接触による摩耗の有無，等は機体の定時整備の場で点検が行われオイル漏れを予防している．

3）潤滑システムのオイルコーキング

エンジンの潤滑システムは，エンジンの高温部にさらされている部位があり，エンジンが停止しオイルの流れが止まると，オイル管内壁に付着しているオイルが，エンジンの余熱によってコーキングとして堆積することがある．特に，着陸時のスラストリバーサによるパワーアップ後，充分な冷却運転が行われないままスポットに入りエンジン停止を行った場合はコーキングが堆積しやすい．そして最後部のベアリング部位は最もコーキングが生じやすい部位である．

このようなオイルコーキングはエンジンの重大な不具合要因となる．例えば，オイルサプライラインにコーキングが生じ，その一部がエンジンの振動等によりはく離しオイルノズルを閉塞した場合，ベアリング部にオイルがいかなくなり，潤滑不足によりベアリングが破損することになる．通常ベアリングの損傷はMCD点検によって検出されるが，オイルが流れていないため，発

図6.36 オイルノズル閉塞による軸受破損

生した金屑はベアリング室にそのまま蓄積され，MCD点検では検出できずにベアリングの損傷が進行することになる．

　ベアリングが過度に損傷した場合，エンジンは振動が発生し，乗員はVibration Indicatorによっても異常を知らされ，エンジンを停止するが，エンジンは過度の損傷を受ける（図6.36）．したがって，オイルサプライラインのコーキングを防止するために次のような方法でコーキング状態をモニタしている．

　a）空気流量テスト

　オイルコーキングの発生は上述したように着陸後の運航形態に大きく依存するためその発生にはばらつきが大きいが，エンジン使用サイクルの蓄積に応じて，オイルシステムに空気を流し，その空気流量を測定することによりオイルラインの閉塞の有無を確認する方法をとっている．

　b）オイル圧力のトレンドモニタ

　オイルノズルが閉塞した場合，オイルシステム全体のオイル圧力が微妙に増加することもあり，毎便ごとのオイル圧力のトレンドモニタにより，当該部の異常を検出する．

　スカベンジライン内壁にコーキングが堆積し閉塞することもある（図6.37）．この場合はベアリング室へ供給されたオイルがタンクへ戻されなくなり，ベアリング室からエンジン外部へ溢れ出てオイルロスに至る．オイル消費率のモニタで発見される場合もあるが，急激なオイルロスとなり運航便に影響を与える．

　このような不具合を防止するためにオイルラインに断熱材を巻く等の改修を実施してきたがあまり効果は認められておら

図6.37　コーキングによるスカベンジライン閉塞

ず，オイルの性状からコーキングしにくいオイルに交換している．また，最近ではオイルラインをスタンドパイプにしてエンジン停止時でもオイル管内にオイルを溜めて熱容量を増加することによってコーキングを防止する改修型のエンジンもあり，効果を上げている．

6.2.4 エレベータ・エスカレータ

エレベータおよびエスカレータは，交通機関の一つとして今やなくてはならないものになっている．主として人間の移動を目的とした公共的性格をもつものであるから，安全確保が義務づけられている．そのため，建築基準法第34条（昇降機）[39]，建築基準法施行令第129条の4～13（エレベータ関係の構造，装置）[40] や日本エレベータ協会標準（JEAS）[41] が制定され，多くの安全装置の設置を義務づけた設計をするとともに，製作・据付け・調整を設計図書に基づいて十分管理しながら行っている．調整完了後には竣工検査を行ってメーカーから発注元に引き渡される．引渡し後は年1回の法定検査と自主的な定期的保守点検により，昇降機を正常かつ良好な運転状態を保つとともに，事故を未然に防ぐように努めている．

(1) エレベータ・エスカレータ機器の概要

エレベータは，駆動方式，速度制御方式，用途によって分類される．駆動方式別分類では，ロープ式，油圧式，リニアモータ式があり，ロープによるトラクション方式が大半を占める．ロープ式エレベータの構造の一例を図6.38に示す．この方式は，ワイヤロープを駆動装置の綱車（シーブ）の外周に巻き付け，ロープとシーブの摩擦でかごを昇降させる構造となっている．

エスカレータは，電動機に直結した減速機と駆動チェーンを介して，人が乗る踏段を一定方向に搬送する，勾配35度以下，速度50 m/分以下（勾配に応じて50 m/分以下，45 m/分以下，30 m/分以下の3ランクに分けられる）の動く歩道および移動階段で，構造の一例を図6.39に示す．

6.2 輸送用機器　217

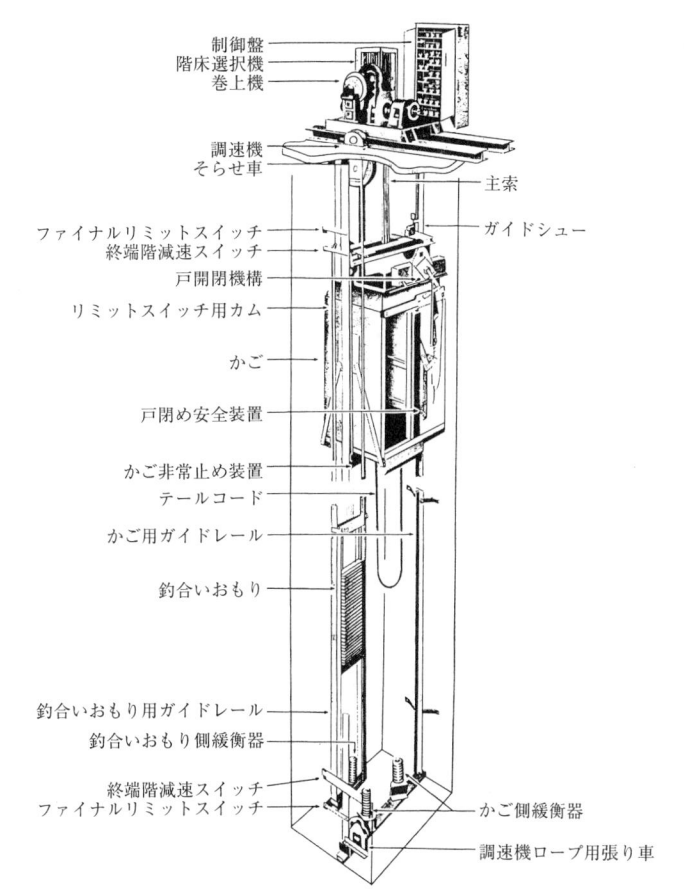

図6.38　ロープ式エレベータの構造の一例〔出典：文献42〕

(2) 検　査

　検査には，竣工検査と定期検査がある．竣工検査は，据付け・調整後所轄官庁の検査官が行うもので，設計図書（設計書，強度計算書，耐震設計書）に記載の各項目に合致しているかの検査と，「昇降機の検査基準」JIS A 4302に基づいて，その全項目について検査する．検査は，エレベータ（ロープ式エレベータ，油圧エレベータ，小荷物専用昇降機）については，機械室，かご室，かご上，乗場，ピットの全ての装置，機器について点検し，その状態をA（良好），B（要注意），C（要修理また

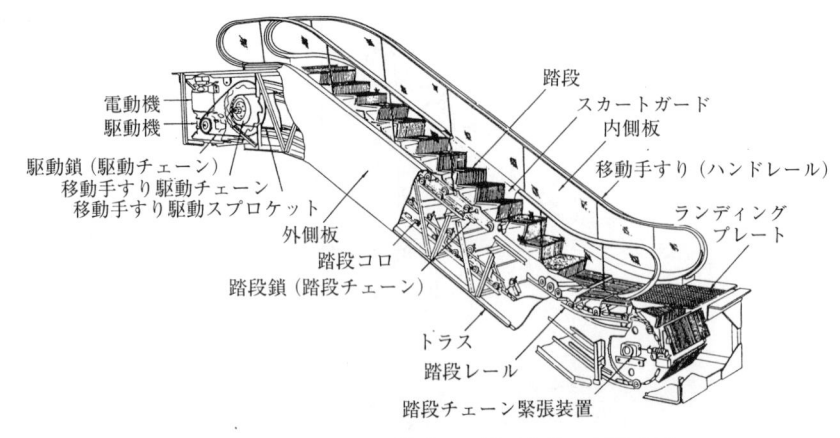

図 6.39 エスカレータの構造の一例〔出典：文献 43)〕

は緊急修理）の区分で判定する．エスカレータについても同様で，機械室，上部乗場，中間部，下部乗場，安全対策の全ての装置，機器について点検する．

定期検査は，年1回昇降機検査資格者により JIS A 4302 に基づいて，荷重試験を除く全項目について検査を実施し，所轄特定行政庁に報告することが義務づけられており，全ての装置，機器の管理状態と経時劣化，しゅう動機械要素の摩耗状態等をチェックするものである．

（3）保　守

保守には次の方法がある．
・専属技術者を雇用して，常に点検・手入れを行う方法
・サービス業者と契約して定期的に専門の技術者によって保守を行う方法

多くは後者の方法がとられ，契約により保守間隔（例えば，月1回）を決め，装置・機器の点検，給油・調整・清掃・交換などの保守作業が行われる．

エレベータの保守においてトライボロジーに関係する主な点検部分と点検項目を表 6.10 に示す．メインロープについては，JIS A 4302 にて

表6.10 エレベータの保守におけるトライボロジー関係の
主な点検部分と点検項目

点検部分	点検項目
受電盤，主開閉器，制御盤	コンタクタ，リレー等の接点の摩耗
巻上げ機	ギヤの歯当たり 綱車の摩耗 軸受の摩耗，音，過熱 ギヤケースの油量と劣化 運転中の音と振動
電磁ブレーキ	プランジャの作動，コンタクタ ブレーキシューの摩耗
そらせ車	油量，騒音発生の有無
電動機	ロータ，ステータ，軸受の温度上昇
電動発電機	コミュテータ，カーボンブラシの摩耗
調速機	ロープの摩耗
かご	運転中のかごの振動，騒音
戸の開閉装置	機構の動作点検と注油
ロープ	素線の摩耗と破断本数 グリースの滲出状態
ガイドレール	しゅう動面の摩耗，さび
ガイドシューまたは ローラガイド	しゅう動面または転動面の摩耗，変形，きず
非常止め	ロープのかかり方，くさびの位置
緩衝器	油緩衝器の油量

表6.11 メインロープの交換基準

破損状態	基準
素線の破断が平均に分布している場合	1構成より（ストランド）の1よりピッチ内での破断数4以下
破断素線の断面積が，もとの素線の断面積の70％以下となっているか，またはさびが甚だしい場合	1構成より（ストランド）の1よりピッチ内での破断数2以下
素線の破断が1箇所または特定のよりに集中している場合	素線の破断総数が1よりピッチ内で6より鋼索では12以下，8より鋼索では16以下
摩耗部分の鋼索の直径	摩耗していない部分の鋼索の直径の90％以上

表6.12 エスカレータの保守におけるトライボロジーに関係する主な点検部分と点検項目

点検部分	点検項目
受電盤,制御盤	コンタクタ,リレー等の接点の摩耗
軸受	摩耗,音,温度上昇
ギヤ	歯当たり
ブレーキ	シューの摩耗,制動特性
電動機	ロータ,ステータ,軸受の温度上昇
駆動チェーンスプロケット	摩耗,騒音,さび
てすりベルト	摩耗,圧痕
レール	摩耗,さび
踏段車輪	摩耗,変形,劣化

表6.11のように交換基準が定められている.また,エスカレータの保守においてトライボロジーに関係する主な点検部分と点検項目を表6.12に示す.

エレベータ・エスカレータは,以上のような検査・保守とともに各種センサやマイコンの発達により細部にわたって遠隔状態監視が行われるようになってきている.それらにより,予防保全が行き届いた管理および異常時の即時対応等がなされ,常時,安全な運行を保つことができるようになっている.

6.3 その他

6.3.1 工作機械

工作機械は,あらゆる機械,機器の生産に利用される機械であり,その意味で母なる機械,すなわちマザーマシンと呼ばれる.このような特質上,工作機械は高精度であり,その精度の再現性が重要視される.昨今,時代の趨勢として,工作機械にも省エネルギーや環境問題への対応が求められ,環境調和型製品ビジョンにそって推進されている.

(1) 工作機械における機器の概要

トライボロジーとの関わり深いものとして,主軸頭,ボールねじ,すべり案内面,転がり案内面,歯車箱,油圧ユニット,潤滑ユニット,噴

霧潤滑装置,切削剤ユニットなどがある.これらの要素の概要は,『絵ときマシニングセンタ』[44]において,他の基本要素も含めて,詳しく解説されているので参照願いたい.さらに,深く学びたいときには,文献[45]が参考になる.

(2) メンテナンスとしての特徴と問題点

工作機械の主軸は,工作物を加工するための工具を取り付けて回転させる機能をもつ要素機器である.トライボロジーにおいて,この要素がいちばん重要である.主軸に回転力を与えるモータには,最近では高回転・高トルク仕様のVACモータの開発が進み,ビルトインモータ駆動方式が増えている.この主軸軸受の潤滑法[46]は主軸の回転速度により選定されている.潤滑法はオイルミスト潤滑またはオイルエア潤滑が多用されている.現在,環境問題および構造のシンプル化とメンテナンスフリー化により,グリース潤滑が見直されつつある.ただし,特別なベアリング鋼と専用のグリースが必要となる.主軸の高速化が進むなかで軸受の寿命が問題となってきている.顧客の運転条件(回転速度と負荷のデューティー,ウォーミングアップ,環境)によって相当の寿命の差異が発生する.これらについて軸受メーカーも工作機械メーカーも十分なデータをもっていない.高速主軸の軸受寿命について,統計的予測を行うためには,データの蓄積が必要である.

(3) 工作機械のメンテナンス実際

工作機械製造業者は,工作機械の潤滑に関するすべての情報を,JIS B 6016-1に規定されている工作機械-潤滑指示図の表示方法に添って作成し,使用者に提供している.この指示図には,管理項目として,点検,操作,給油,清掃・交換,潤滑油名称,給油量,タンク容量があり,各々に時間,油種,容量が明記されている.これを日常点検の中に組み入れている.実施例を図6.40に示す.

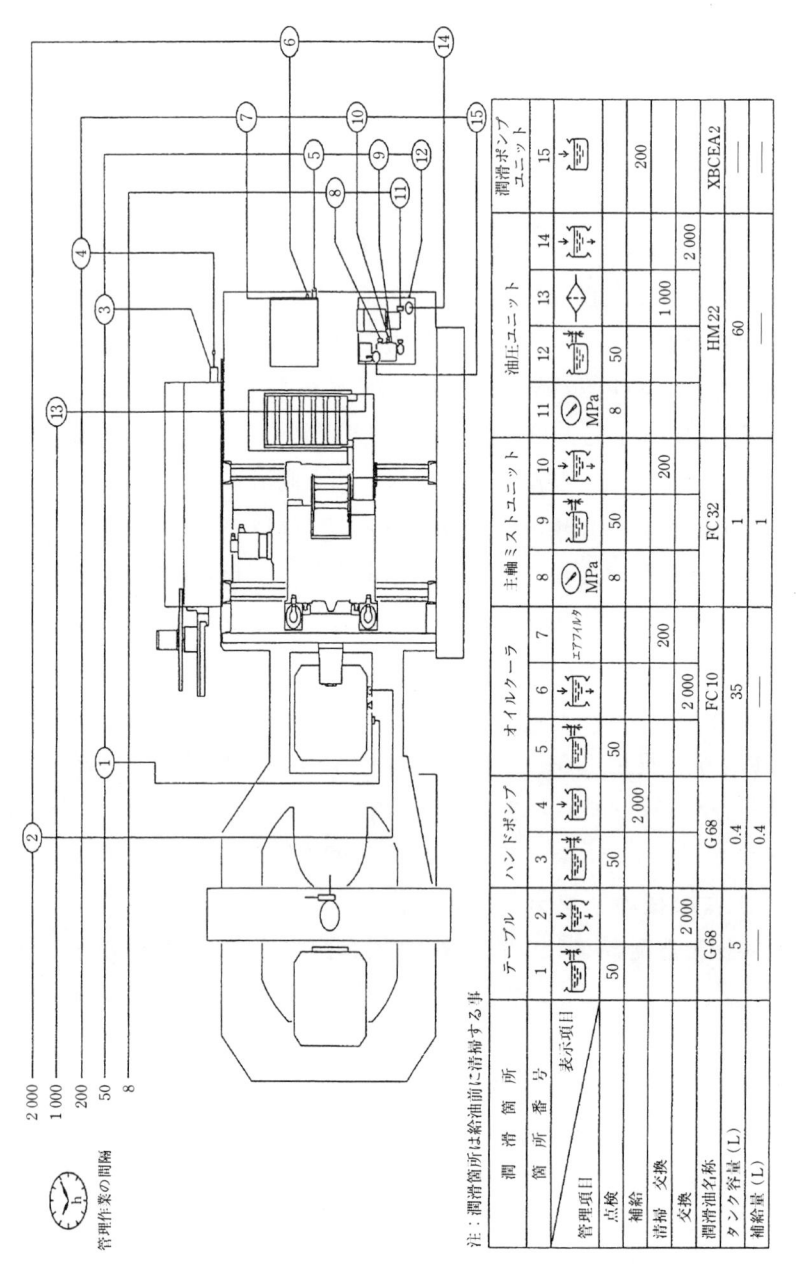

図 6.40 潤滑指示図

注：潤滑箇所は給油前に清拭する事

潤滑箇所	テーブル		ハンドポンプ		オイルケーラ			主軸ミストユニット				油圧ユニット			潤滑ポンプユニット
箇所番号	1	2	3	4	5	6	7	8	9	10	11	12	13	14	15
表示項目	時間	↓	時間	↓	時間	↓	エアパイロ	MPa	時間	↓	MPa	時間	◇	↓	↓
管理項目 点検	50		50		50			8	50		8	50			
補給		2 000		2 000		2 000	200			200			1 000	2 000	200
諸給 交換															
潤滑油名称	G68		G68			FC10			FC32			HM22			XBCEA2
タンク容量 (L)	5		0.4			35			1			60			—
補給量 (L)	—		0.4						1						—

管理作業の間隔
2 000
1 000
200
50
8

(4) メンテナンスによる効果例について

1) リニアガイドウエイ

リニアガイドウエイに水溶性クーラントが飛散するとグリースの耐水性が問題とされる．耐水性の試験方法は JIS K 2220 に規定されている．この試験は，建設機械のように屋外で使用されるケースで雨水を想定している．よって，工作機械のように屋内で使用され，かつ，水ではなく水溶性切削液となると，その結果は大きく異なるので選定に際して注意が必要である．なお，規格でのテスト時間は1時間であるが，長時間行うと顕著な差がでるので判定しやすい．表6.13に，テスト結果の一例を示す．

表 6.13 水洗耐水度試験

	試験流体	試験条件	A グリース	B グリース
水洗耐水度, mass %	切削液 10 % 液	38 ℃, 1 h 38 ℃, 7 h	1.0 22.4	0.1 4.3
	水道水液	38 ℃, 1 h 38 ℃, 7 h	2.1 2.7	0.5 0.3

2) 待機時「省エネ」油圧ユニット

油圧ユニットには可変ポンプが多く使用されている．待機時は使用圧力保持状態（吐出量ゼロ）である．省エネを考えると，待機時に高回転は無駄である．そこで，インバータを設け，待機時は 10 Hz の省エネ運転に変更した．10 Hz と高回転（50 Hz or 60 Hz）の切替えは，圧力スイッチを設け，ポンプが吐出時に圧力が 0.5～1.0 MPa 降下する特性の差を信号（on/off）として利用した．変更後，待機時は 50 Hz/1.0 kW → 10 Hz/0.3 kW となり，0.7 kW の省エネ効果が得られる．さらに二次的な効果として，10 Hz 運転により，騒音が低減し，油温の上昇が抑制され油の寿命延長に寄与する．まさに一石三鳥である．一般的に 10 ℃ 上昇すると劣化速度は約2倍となる．この方法は，機械の製造者に頼らず容易に省エネが進められるので，稼働中の設備機械の省エネに有効である．

6.3.2 メカトロニクス機器

産業・OA用のメカトロニクス機器で人の生活に関わるものとして，現金自動取引装置，複写機，郵便物自動仕分装置，自動改札機などがある．これらに共通する大きな特色に，紙幣，郵便物，切符など紙およびフィルム状の媒体を扱う点が挙げられる．よって，メンテナンスでは，内部の機械装置の健全性を監視するとともに，このような媒体を搬送するゴムローラ等の表面劣化が大きなポイントである．

現金を扱う自動取引装置（ATM，CD）（図6.41）は，紙幣，硬貨，通帳，IDカード，レシート用紙など多様なフィルム媒体を扱う．通常，数ヶ月に一度の定期点検を行うが，チェック項目の主なものに(1)塵埃，異物の進入度，(2)紙粉の発生度，(3)部品への異物付着具合がある．よって，メンテナンス作業の大半は機構部のクリーニングであるが，所定期間が経過すれば，ゴムローラなどの劣化部品を交換する．紙幣を扱ううえで特徴的なのは，新札・旧札が混在し，紙の質にばらつきの大きいことが挙げられる．紙幣の搬送ミスは許されないので，ゴムローラ表面の摩擦係数を十分に大きく設定する．しかしながら，上記のような異物が表面に付着し，それが堆積していくと，摩擦係数は低下し，すべりが発生して搬送ミスを起こしかねない．よって，ゴムローラの表面は常に清浄な状態を維持しておく必要がある．

複写機の給紙機構（図6.42）も同様に，紙と紙，紙とゴムローラの摩擦係数の差を利用して紙を1枚ごとに分離して搬送するが，紙の摩擦係数は用紙の種類により異なる．さらに，温度・湿度などの環境によっても変化し，四季のはっきりした日本では，その影響が大きい．それでも，ゴムローラとの摩擦係数は経時変化・環境に対して一定であることが要求される．通紙を繰り返すことにより，ゴム表面に印字原料であるトナー，紙粉，油脂等が付着し，摩擦係数はしだいに低下していく．特に，再生紙を使用したり，両面コピーを行うときはその傾向が著しい．なお，ゴム自体が劣化すると，表面が硬化して摩擦係数は

6.3 その他　225

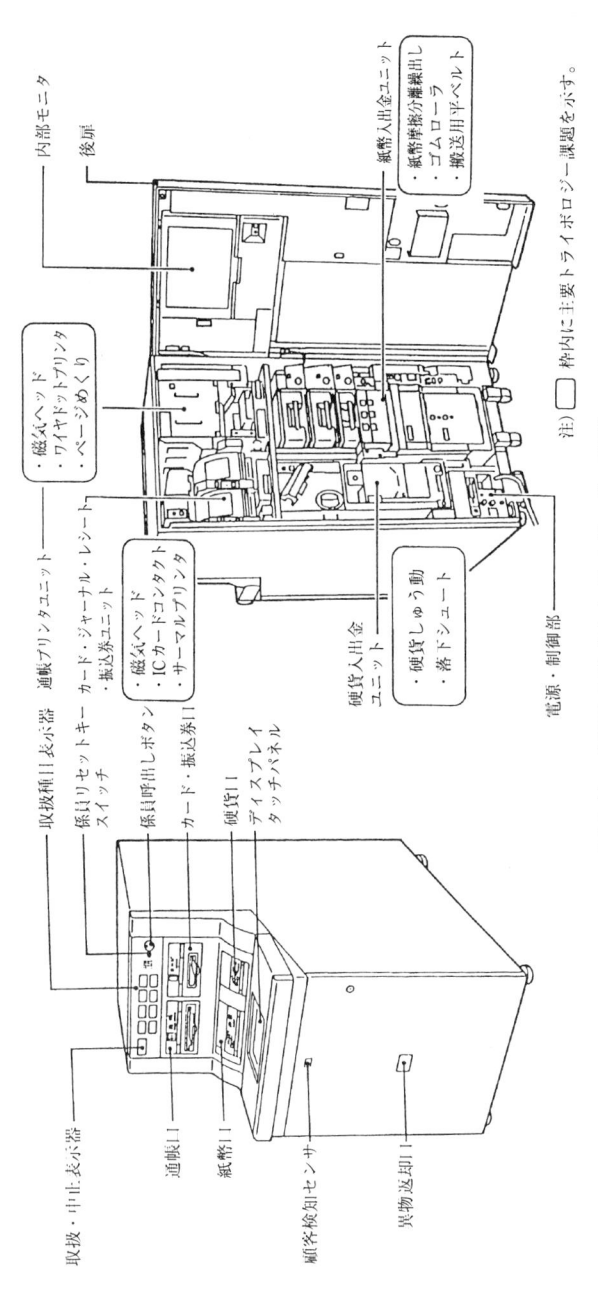

図 6.41　ATM の構成とトライボロジー課題

・取扱・中止表示器
・取扱銘柄 11 表示器
・係員リセットキー/スイッチ
・係員呼出しボタン
・カード・振込券 11
・通帳 11
・紙幣 11
・ディスプレイ タッチパネル
・硬貨 11
・顧客検知センサ
・異物返却口

・通帳プリンタユニット
・カード・ジャーナル・レシート・振込券ユニット
・磁気ヘッド/ICカードコンタクト/サーマルプリンタ

・磁気ヘッド
・ワイヤドットプリンタ
・ページめくり

・内部モニタ
・後扉

・紙幣入出金ユニット
・紙幣幣搬送分離繰出し
・ゴムローラ
・搬送用平ベルト

・硬貨入出金ユニット
・硬貨しゅう動
・落下シュート

・電源・制御部

注) ☐ 枠内に主要トライボロジー課題を示す。

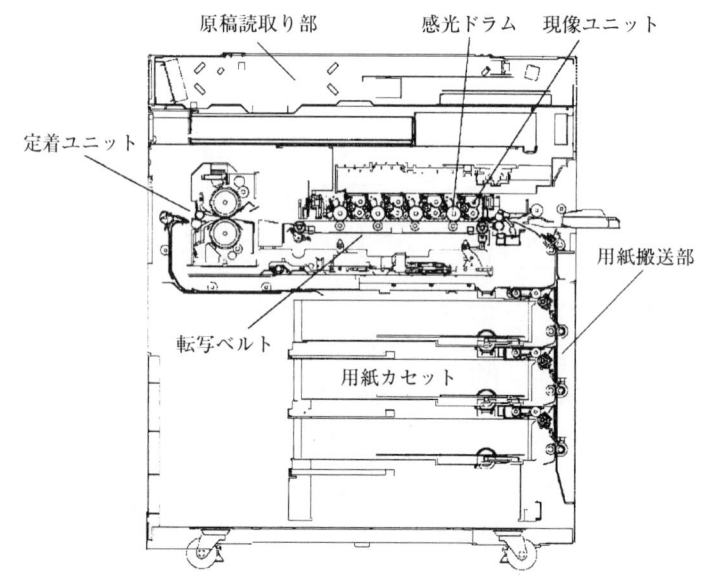

図中ラベル: 原稿読取り部／感光ドラム／現像ユニット／定着ユニット／転写ベルト／用紙カセット／用紙搬送部

図6.42 ディジタルカラー複写機の構造

低下する．また，摩耗が進行し，ローラの直径が小さくなると，ローラの周速とともに紙送り速度が遅くなる．このような場合は寿命と判断し，定期点検時に部品交換を実施する．

　複写機では，トナーのクリーニングが通常の動作時にも，定期点検時にも欠かせない作業である．トナーは電荷により，感光体の表面に強く拘束され，その状態で用紙に転写される．しかし，完全には転写できず，その後に多少のトナーが感光体表面に残る．クリーニングブレードは残留したトナーを掻き落す部品であり，感光体に強く接触し摩擦する．このブレードエッジの摩耗が顕著に現れると，黒筋，カブリ画像が発生するなど画質が低下する．そのような場合，定期点検においてクリーニングブレードの交換を実施する．

　また，転写したトナーを定着させるため，用紙は高温下で定着ローラで強く圧接される．定着ローラは金属表面にフッ素樹脂をコーティングしたものが一般的であるが，カラー複写機ではシリコンゴム製のソ

フトローラを用いる．定着ローラの表面が劣化すると，熱により溶融したトナーが表面に付着し，次に搬送されてきた用紙に転写してしまう．さらには，搬送機能も低下し，紙詰まりの原因となる．よって，定期点検時の表面のクリーニングが不可欠であり，寿命と判断したものは定着ローラそのものを新しく交換することになっている．

表面が汚れにくく，安定した摩擦係数を長時間維持するような紙の搬送機構の改良は，現金自動取引装置，複写機に限らず，材料開発を含めて常に努力が払われている．そこでは，上述のように紙とゴムに係わるトライボロジーが重要である．特に紙幣の場合，前述の新札と旧札とでは表面性状，しわの程度などが異なり，ゴムローラとの摩擦特性に相違が生じる．また，郵便物では寸法・厚みに様々なものがあり，さらには，紙だけでなくプラスチックフィルムの封筒も同時に扱う．自動改札機では，乗車券と特急券などを重ねて投入する場合があるが，それらを機械内部で分離し，それぞれを個別にチェックする．このように，多種多様なフィルム媒体の多岐にわたる操作において，ゴムの安定したトライボロジー特性が要求される．そのため，ゴムの硬度，負荷荷重，ローラ周速度，ローラ形状などの影響を幅広く調べ，その実験データ[47]を積み重ねて設計基準を決めている．さらには，紙の柔軟性[48]を考慮したうえで，弾性接触[49]に基づく理論的なシミュレーションの研究もさかんに行われている．

6.3.3 空調機用圧縮機

(1) 空調機とは

空調機とは，圧縮機，凝縮器，膨張弁，蒸発器の四つの機器を配管によって一つの閉じた冷凍サイクルにまとめ，用途に応じた冷却や過熱を行うものである〔図6.43 [50]〕．この中で，圧縮機は冷媒の昇圧と搬送の仕事を担い，空調機のなかで最も過酷な条件にさらされる．

(2) 圧縮機の種類

空調機用圧縮機には，家庭用電気冷蔵庫に使用される数十Wの小さ

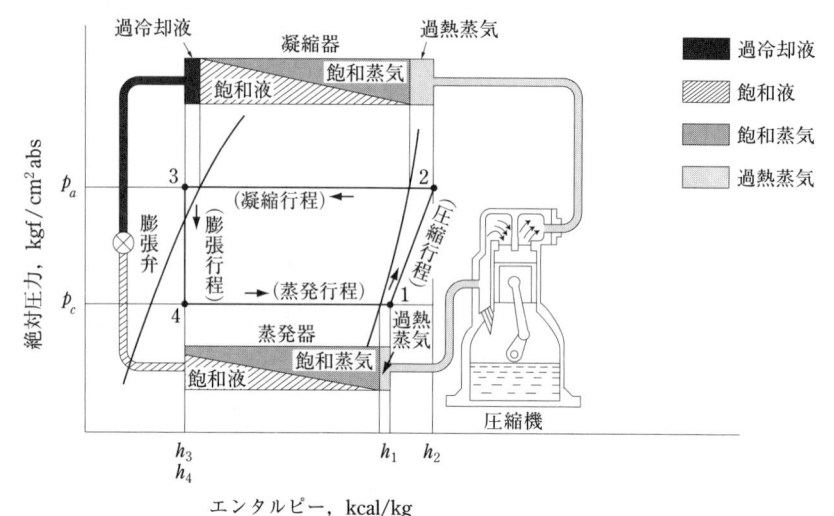

図 6.43 冷凍サイクル〔出典：文献 50)〕

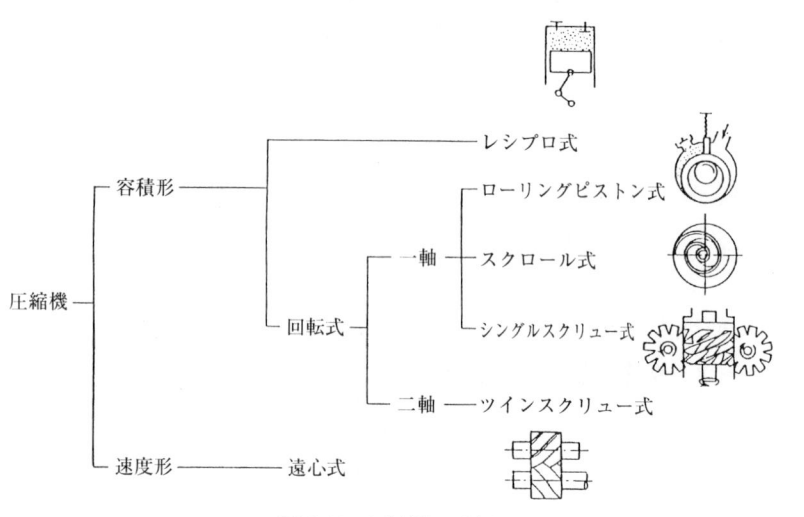

図 6.44 圧縮機の分類

いものから，地域冷暖房に供される数千 kW の大きいものまであり，その種類も多い．ここでは，商業用として店舗，オフィス，ビル等の一般空調に用いられる 1〜100 kW クラスの圧縮機を対象に，そのメンテ

ナンス法を説明する．

　圧縮機の種類をその圧縮機構によって分類すると図6.44のようになり，容積型と速度型に大別される．容積型は，圧縮室の空間容積を順次小さくすることにより，その容積と反比例して圧力を上昇させるものである．また速度型は，インペラの回転によって生じる運動エネルギーを冷媒に与えて昇圧させるものであり，その代表は100 kWを超える遠心式圧縮機である．

　本項では，容積型圧縮機の中でもポピュラーなレシプロ式とスクリュー式に絞り，そのメンテナンスの現状について述べる．

(3) 圧縮機のメンテナンスの実際

　どのような圧縮機でもそうであるが，それぞれの製品で決められている使用条件を守った運転をすることが，空調装置すべてを含めた保守管理においていちばん重要なことである．圧縮機が機能低下すると，空調不能の状態を強いられるのみならず，損失費用も大きなものとなる．これらを考えると，使用条件の遵守は少ない保守費用で空調システムを運用するためにも重要な事項である．

1) レシプロ圧縮機

　半密閉型レシプロ圧縮機の構造を図6.45に示す．モータは軸受メタルで支えられたクランク軸を回転させることにより，コネクティングロッド，ピストンピンを介して，ピストンを往復動させる．冷媒ガスは吸入弁と吐出弁の自動開閉によりシリンダに吸入され，圧縮工程を経て吐出される．したがって，クランク軸は軸受メタルおよびコネクティングロッドと回転しゅう動を，ピストンピンはコネクティングロッドの小端部およびピストンと相対的に揺動運動を，そしてピストンおよびピストンリングはシリンダ内を往復しゅう動する．また吸込弁と吐出弁は，冷媒ガスの流出入に伴う開閉のたびに弁座へ衝突を繰り返すことになる．

　このような運動形態においては，各部品の損耗形態は摩耗と破損が一

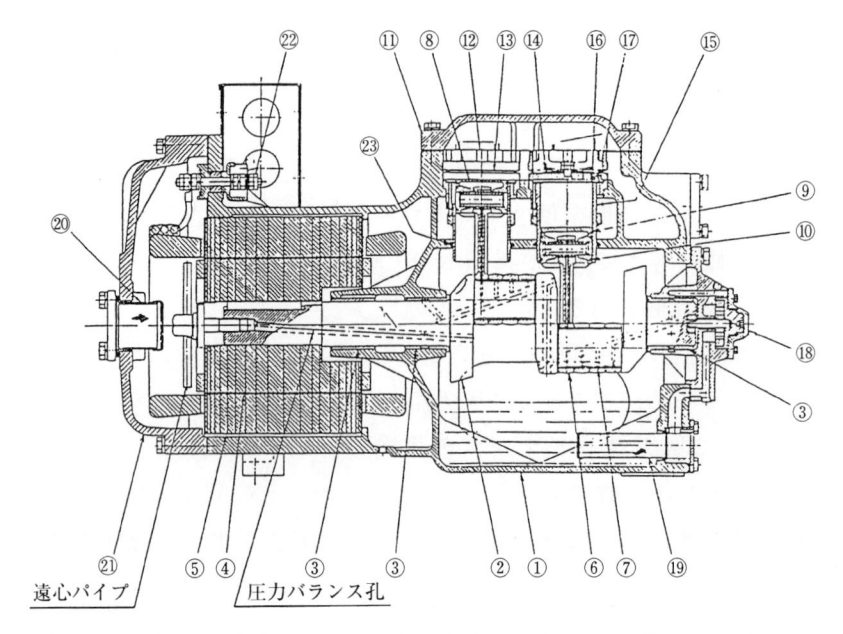

①クランクケース，②クランクシャフト，③ベアリングメタル，④ロータ，⑤ステータ，⑥コネクティングロッド，⑦クランクメタル，⑧ピストン，⑨ピストンリング，⑩オイルスクレーパリング，⑪ヘッドカバー，⑫ばね押え，⑬板ばね，⑭DVバルブ組品，⑮シリンダライナ，⑯SVプレート，⑰SVスプリング，⑱ギヤポンプ組品，⑲オイルストレーナ，⑳ガスストレーナ，㉑モータカバー，㉒ターミナル，㉓Oリング（低段側のみ）

図 6.45　半密封レシプロ圧縮機構造図

般的であるが，しゅう動面の摩耗以外にかじりや焼付きの現象を生じることもある．これは，しゅう動面への給油不良と過大面圧が主因であることが多い．通常，このクラスの圧縮機は軸受等への給油のためにギヤポンプを内蔵することが多く，油があれば確実に給油される構造になっている．しかし，低温環境下で長時間停止しているような時，クランクケース内の冷凍機油に冷媒が多量に溶解する（これを冷媒の寝込み現象と呼ぶ）．この状態で圧縮機を再起動すると，クランクケース内圧の低下に伴う冷媒の蒸発によるフォーミング現象や，ギヤポンプ吸込口でのキャビテーションが発生し，油ポンプは給油不能となる．そ

の結果，軸受メタルやロッドメタルにかじりや焼付きが生ずることになる．これを防止するには，クランクケースにオイルヒータを内蔵し，停止中に冷凍機油へ冷媒が寝込まないようにすることが重要である．

以上のような損耗形態がレシプロ圧縮機の特徴であるので，オーバーホールの際には，軸受メタル，ピストンリング，吸込弁，吐出弁等の摩耗しやすい部品の交換が主な作業である．これらの作業に際しては，各メーカーにて部品ごとの交換推奨時間（年数）が提示されており，これらを参考に実施すると良い．

2）スクリュー圧縮機

半密閉型スクリュー圧縮機の構造を図6.46に示す．モータと圧縮機構部を同一ケース内に配置するのはレシプロ圧縮機と同じであるが，部品点数に大きな差がある．一例として，主要部品の比較を図6.47に示す．スクリュー圧縮機の方がレシプロ圧縮機に比べて，同じガス圧縮を行うのに部品点数が少ない．レシプロ圧縮機では，圧縮容量を増や

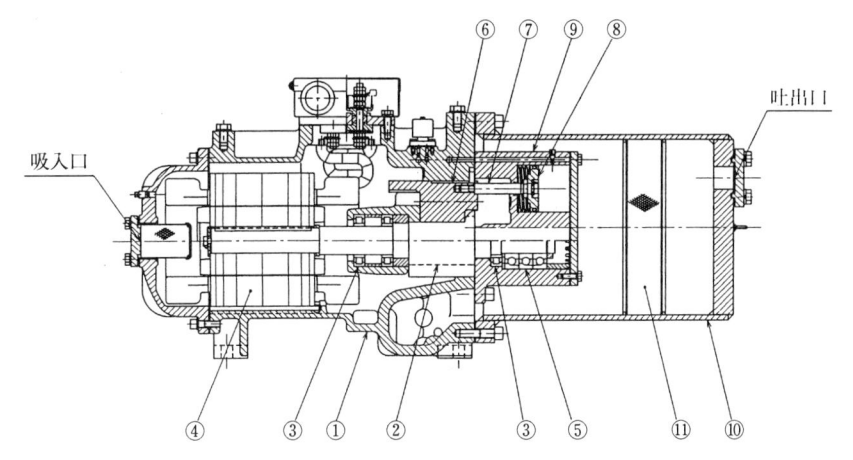

① メインケーシング，② ロータ，③ 軸受，④ モータ，⑤ 軸受，⑥ スライドバルブ，⑦ ロッド，⑧ ピストン，⑨ Dカバー，⑩ 吐出容器，⑪ デミスタ

図6.46 密閉型スクリュー圧縮機構造図

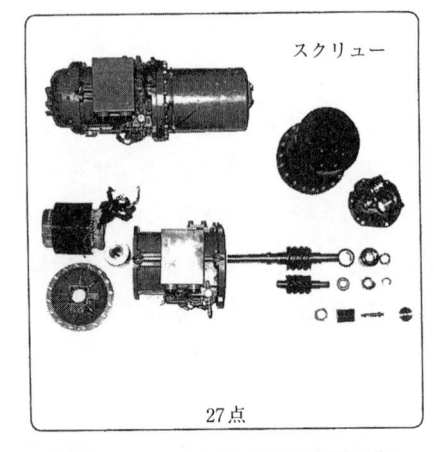

部位 \ 区分	スクリュー	レシプロ
ケーシング, カバー	9	11
圧縮機構	2	189
容量制御機構	5	24
軸受機構	8	13
主要部品 合計	27	268

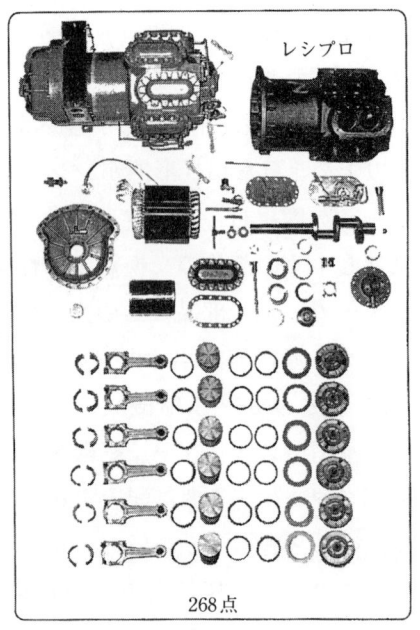

図 6.47 部品点数の比較

すためにシリンダ数を増やす方法が一般的であるため，シリンダ数を増やせば部品点数も増えることになる．それに対し，スクリュー圧縮機はガスを圧縮する要素は雄ロータと雌ロータの二つのみである．したがって，スクリュー圧縮機の故障率は，部品点数やしゅう動箇所の多いレシプロ圧縮機に比べて低くなる．

　スクリュー圧縮機では，潤滑を必要とする回転しゅう動部は上記の雄・雌ロータを支持する軸受のみであるので故障が少ない反面，軸受が保守管理のキー要素となる．スクリュー圧縮機における軸受の役割は，圧縮反力であるラジアル荷重とスラスト荷重を支持することのほか，ケース内での位置決めがある．この点はレシプロ圧縮機の軸受と異なる点である．したがって，荷重支持と位置決めの両方の働きを必要とするため，円筒ころ軸受やアンギュラ玉軸受のような転がり軸受が使用されることが多い．

これらの理由により，スクリュー圧縮機においては，軸受の保守を第一に考えなければならない．転がり軸受においては，軸受に作用する荷重の大きさから定格寿命時間を計算により求めることができる．この計算の際に用いる荷重は，圧縮機の運転条件，例えば外気温度や冷却水温度によって大きく変化するので，ある標準的な運転パターンを想定して決定する．外気温度が高い運転や冷却水温度が高い場合には，負荷が増大することによって軸受への荷重も増えるので，定格寿命時間が短くなる．

また，転がり軸受の潤滑油膜の形成状態も，寿命に影響を与える．運転時間以外に停止時間の長短，スタート・ストップの頻度も転がり軸受の寿命に影響を与えるし，冷凍機油への水や異物等の不純物の混入によっても影響される．したがって，以上の点を総合してオーバーホールの時期を設定する必要がある．

スクリュー圧縮機においては，冷凍機油は高圧側に貯溜され，給油ポンプを使わずに，圧縮機内の高圧と低圧部の圧力差を利用して潤滑が供給される．したがって，高圧部の圧力が低くなりすぎると，機械要素部への潤滑供給量が不十分となるので，注意を要する．

(4) まとめ

圧縮機を1日でも長く使用するには，人間の健康管理と同様，日々の運転状況をつぶさに見て変化に応じたきめの細かな対応が重要となる．過度の労働を担っていないか（吐出圧力のチェック），体温はどうか（吸込・吐出温度のチェック），脈拍はどうか（音，振動のチェック）を毎日続けることにより，異常を早く検知でき，適切な対処が可能となる．この点が圧縮機の保守管理の基本といえる．

参考文献

1) 四阿佳昭：製鉄設備のメンテナンストライボロジー，月刊トライボロジ，**13**, 12 (1999) 14.

2) 市川雪則・四阿佳昭：トライボロジーの経済効果および製鉄業における実例, トライボロジスト, **46**, 12 (2001) 907.
3) 瀧本高史・小笠原信夫・法領田宏ら：機械設備の保全技術特集号, 川崎製鉄技報, **33**, 1 (2001).
4) 藤井 彰：徹底した潤滑管理活動でコスト低減と信頼性向上を実現, プラントエンジニア, **29**, 8 (1997) 6.
5) 四阿佳昭：鉄鋼業における油圧装置メンテナンス, 機械設計, **41**, 11 (1997) 43.
6) 川島浩治：流体機器のメンテナンスフリー化で信頼性を向上, プラントエンジニア, **32**, 5 (2000) 10.
7) 大堀潤二・佐藤信治ほか：製鉄所における溶射技術の応用, ふぇらむ, **1**, 9 (1996) 715.
8) 安藤克己・加藤康司：ロール摩擦面の三次元表面形状のその場計測技術の開発, トライボロジスト, **44**, 11 (1999) 882.
9) K. Ando, K. Kato & Y. Kurisu : Friction and wear properties of peak cut WC thermal sprayed rolls against stainless steel sheets, Proc. Int. Tribology Conf. Nagasaki (2000) 1025.
10) 緑川 悟：製鉄所の表面改質技術, プラントエンジニア, **28**, 10 (1996) 51.
11) 木村元比古ほか：電力設備用点検ロボット, 日本機械学会講演論文集, **940**, 21 (1994) 449-450.
12) 兼本 茂：統計解析による診断技術, 日本原子力学会誌, **40**, 9 (1998) 654-659.
13) 渡部幸夫・田中千枝人：回転機における最近の診断技術, 機械の研究, **51**, 3 (1999) 341-349.
14) 大塚 智ほか：運転・保守の高度化, 火力原子力発電, **52**, 10 (2001) 1367-1380.
15) 仙波隆英ほか：浜岡原子力発電所における点検記録管理業務のシステム化, 火力原子力発電, **52**, 4 (2001) 408-414.
16) 久保克己ほか：発電所内現場点検における画像処理技術の応用, 日本原子力学会春の年会要旨集 (1998) 242.
17) 木原重光ほか：リスク基準による火力発電ボイラ保全手法の開発と実施例, 火力原子力発電, **52**, 4 (2001) 415-422.
18) 北川理一郎ほか：事業用既設火力の改良保全技術への取組み, 東芝レビュー, **56**, 6 (2001) 30-36.

19) 渡部幸夫ほか：縦型ポンプの監視診断装置の開発, 日本機械学会 D & D 2002 CD-ROM 論文集 (2002) 210.
20) 渡部幸夫ほか：回転機の劣化予測技術の開発, 日本機械学会 D & D 2000 CD-ROM 論文集 (2000) 441.
21) 下　勉：整備・サービス, 自動車技術, **54**, 8 (2000) 156-160.
22) 河脇道春：整備・サービス, 自動車技術, **55**, 8 (2001) 145-149.
23) 中村英幸・鎌野秀樹・高倉　豊・藤浪行敏・武田　博・飯塚　正・森久浩樹：燃料・潤滑油・グリース, 自動車技術, **55**, 8 (2001) 117-121.
24) 五十嵐仁一：エンジン油の長寿命化技術, 自技会シンポジウム, No.08-00.
25) 竹澤由高・菅野正義・片桐純一・伊藤雄三：劣化エンジンオイルの光診断技術, 自動車技術会学術講演会前刷り集 No.96-99, 9941007, 9-12.
26) 竹澤由高・菅野正義・伊藤雄三：劣化エンジンオイルの光センサ技術, 自動車技術会学術講演会前刷り集 No.74-00, 20005010, 1-4.
27) 社団法人自動車技術会：自動車便覧, 第5編, (1982) 第2章 2.7〜2.14.
28) 阿部聖彦：自動車ブレーキの摩擦材料, トライボロジスト, **41** (1996) 287-292.
29) 加納　眞：自動車エンジン・カムフォロワー用耐摩耗材料の設計, 東京大学博士論文 (1996).
30) 谷本一郎・加納　眞・阿部　真：動弁系耐摩耗材料の動向, 自動車技術, **42**, 6 (1988) 711-718.
31) 加納　眞・坂根時夫・松浦正晴：イオンプレーティング表面処理したカムフォロワの耐摩耗性, トライボロジスト, **42**, 8 (1997) 673-679.
32) （社）日本機械工業連合会・（財）製造科学技術センター：平成9年度人工物環境の機能維持対応技術に関する調査研究報告書 (1998) 107.
33) （財）日本海事協会：鋼船規則—B編, 船級検査.
34) 林　潤一・井上　清・松本信幸：トライボロジスト, **42**, 1 (1997) 17.
35) Mar. Propul. Int. (1982) 32.
36) 橋本高明・青木秀男・馬場宣裕：日本舶用機関学会誌, **32**, 3 (1997) 253.
37) （社）日本トライボロジー学会編：トライボロジーハンドブック (2001) 816.
38) 君島孝尚・羽石　正・岡部平八郎：トライボロジスト, **39**, 3 (1994) 277.
39) 建築基準法（昭和25年法律第201号）：最終改正 平成11年12月8日法律第151号 (1999).
40) 建築基準法施行令（昭和25年法律第338号）：最終改正 平成12年4月26日政令第211号 (2000).
41) 日本エレベータ協会標準集：（社）日本エレベータ協会 (1996).

42) 建築基準法及び同法施行令―昇降機の技術基準の解説：(社)日本エレベータ協会発行(1994) 16.
43) 建築基準法及び同法施行令―昇降機の技術基準の解説：(社)日本エレベータ協会発行(1994) 62.
44) 絵ときマシニングセンタ，日刊工業新聞社.
45) 工作機械の設計学(基礎編)―マザーマシンを知るために―，(社)日本工作機械工業会.
46) (社)日本トライボロジー学会編：トライボロジーハンドブック，養賢堂(2001).
47) 小林佑子：ゴムローラによる柔軟媒体の搬送速度特性，トライボロジスト，**42**, 5 (1997) 375.
48) 鈴木雅弘：ゴムローラのトライボロジー，トライボロジスト，**42**, 5 (1997) 327.
49) 吉田和司：柔軟媒体の摩擦接触案内における運動解析，トライボロジスト，**42**, 5 (1997) 345.
50) (社)日本冷凍協会編：初級標準テキスト―冷凍空調技術―，(社)日本冷凍協会(1991) 27.

索　引

あ 行

圧縮機油……………………………… 93
圧送性………………………………… 98
圧力損失……………………………… 75
油性状劣化診断……………………… 171
油分離………………………………… 98
アブレシブ摩耗………………11,132,174
　　　二元——………………………… 12
　　　三元——………………………… 12
アベイラビリティ…………………… 60
　　　平均——………………………… 60
　　　瞬間——……………………… 60,62
アモントン・クーロンの法則……… 10
アレニウスの式……………………… 37
安定期間……………………………… 163
案内面………………………………… 72
異音…………………………………… 196
異種油………………………………… 121
異常摩耗……………………………… 183
異常摩耗係数………………………… 156
異物…………………………………… 193
　　　——混入……………………… 128
引火点………………………………… 122
ウェーラ（Wöhler）曲線…………… 17
浮上がり現象………………………… 92
エアブリーザ………………………… 75
エアレーション……………………… 136
影響解析……………………………… 64
エロージョン………………………… 174
塩基価………………………………… 197
延性‐脆性遷移温度………………… 30

延性破壊……………………………… 28
オイルエア潤滑……………………… 221
オイルシール………………………… 137
オイルマネジメント………………… 113
オイルミスト………………………… 106
　　　——潤滑……………………… 221
応力拡大係数………………………… 32
応力腐食割れ………………………… 31
オーバーホール……………………… 43
遅れ破壊……………………………… 31
汚染管理……………………………… 131
汚染診断……………………………… 171
汚染度………………………………… 132
汚染物質……………………………… 131
汚損…………………………………… 116
オフラインフィルタ………………… 80
音響…………………………………… 161
　　　——インピーダンス………… 26
温度…………………………………… 161

か 行

カーボン化…………………………… 192
回収式給油方法……………………… 107
回転電極式発光分析法……………… 159
回転ボンベ式酸化安定度試験…… 89,117
改良保全……………………………… 44
化学発光分析法……………………… 124
火災…………………………………… 183
カシューダスト……………………… 199
かじり………………………………… 230
ガス圧縮機…………………………… 185
ガスクロマトグラフィ……………… 124

索 引

過大面圧 …………………………… 230
活性経路腐食型 SCC ……………… 32
カラー ……………………………… 107
ガルバニック腐食 ………………… 37
環境汚染 …………………………… 183
含水ロール安定度試験 …………… 97
乾燥摩擦 …………………………… 10
機械的せん断安定性 ……………… 97
機械要素 …………………………… 65
気泡除去装置 ……………………… 136
キャビテーション …………… 26,230
　　　　　吸入── ………………… 27
　　　　　吐出── ………………… 27
　　　　　流れ── ………………… 28
　　　　　衝撃── ………………… 28
キャビテーションエロージョン・26,120
基油 ……………………………… 84,95
給脂 ………………………………… 98
　　　　　──システム ………… 110
　　　　　──システムの種類 … 112
　　　　　──法 ………………… 74
給油不良 …………………………… 230
給油法 ……………………………… 74
給油方法 …………………………… 103
境界潤滑 ………………………… 10,13
強制潤滑給油 ……………………… 108
凝着摩耗 ……………………… 11,12,21
凝着力 ……………………………… 10
極圧剤 ……………………………… 85
極圧添加剤 ………………………… 98
機力給油 …………………………… 103
緊急事後保全 ……………………… 44
金属加工油 ………………………… 94
金属触媒 …………………………… 118
金属不活性化剤 …………………… 85

空調機用圧縮機 …………………… 227
偶発故障期 ………………………… 163
偶発故障期間 ……………………… 51
グラファイト ……………………… 199
グランドパッキン ………………… 189
グリース …………………………… 95
　　　　──基油の種類 ………… 101
　　　　──劣化の判定基準 …… 130
　　　　──の劣化度評価法 …… 130
　　　　──カップ ……………… 110
　　　　──ガン ………………… 111
　　　　──寿命 ………………… 126
　　　　──鉄粉濃度計 ………… 194
クリーニング ……………………… 224
黒錆粒子 …………………………… 158
蛍光 X 線 ………………………… 161
傾向管理 …………………………… 162
経時保全 …………………………… 43
計数値管理 ………………………… 163
計量値管理 ………………………… 163
ケースクラッシング …………… 21,23
欠陥抽出 …………………………… 176
ゲルパーエミッションクロマトグラフィ
　……………………………………… 124
限界応力振幅 ……………………… 17
研削割れ …………………………… 35
原子吸光法 ………………………… 159
健全気 ……………………………… 165
工業用ギヤ油 ……………………… 91
高サイクル疲労 …………………… 33
硬質薄膜 …………………………… 204
孔食 ………………………………… 37
高速液体クロマトグラフィ ……… 124
高速四球試験 ……………………… 98
高粘度軸受油 ……………………… 92

索引 239

コーキング ………………………… 214
ゴーリング ………………………… 14
固形異物 …………………………… 121
故障 ………………………………… 165
　──のメカニズム ………………… 7
　──物理 ………………………… 7,8
　──密度関数 …………………… 49
　──モード …………………… 8,59,64
　──率 ………………………… 50,54
固体潤滑 …………………………… 14
　──法 …………………………… 74
ごみ ………………………………… 77
転がり軸受 ………………………… 70
　──の種類 ……………………… 71
ころ軸受 …………………………… 70
混合潤滑 …………………………… 14
コンタミナント …………………… 131
混和安定度試験 …………………… 97

さ 行

最弱リンクモデル ………………… 17
サイホン給油器 …………………… 105
サクションストレーナ …………… 79
さび止め剤 ………………………… 85
酸価 ………………………………… 193
酸化安定性 ………………………… 97
酸化安定度試験 …………………… 97
酸化防止剤 ………………………… 85
酸化劣化残油 ……………………… 121
酸化劣化触媒 ……………………… 128
残存寿命 …………………………… 164
残留応力 …………………………… 18
ジアルキルジチオリン酸亜鉛 …… 197
シール …………………………… 24,186
　　液膜式── …………………… 186

　　非接触式── ………………… 187
シェル四球摩耗試験 ……………… 209
時間計画保全 ……………………… 42
しきい値 …………………………… 152
色相 ………………………………… 122
軸受寿命 ………………………… 19,71
軸受特性数 ………………………… 13
軸受破損 …………………………… 192
軸受油 ……………………………… 92
事後保全 …………………………… 44
システム油 ………………………… 88
自動車用ギヤ油 …………………… 88
自動変速機油 ……………………… 88
シビヤ摩耗 ………………………… 13
シビヤ粒子 ………………………… 158
ジャーナル軸受 …………………… 68
集中給脂 …………………………… 111
充てん量 …………………………… 128
周波数解析法 ……………………… 153
修復時間 …………………………… 65
潤滑油 ……………………………… 84
　──の酸化劣化 ………………… 116
　──の酸化反応メカニズム …… 117
　──の性状変化 ………………… 122
　──の性状管理基準値 ………… 123
　──系 …………………………… 103
循環式 ……………………………… 92
省エネ運転 ………………………… 223
生涯費用 …………………………… 41
硝酸エステル ……………………… 197
状態監視保全 …………………… 42,43
冗長系 ……………………………… 56
消泡剤 ……………………………… 85
消泡性 ……………………………… 122
初期故障期間 ……………………… 51

シリンダ油 88
診断周期 163
振動 165,194
　——診断 150
　——法 152
信頼度 53,54,57
　——関数 49,51
水素侵害 31
水素脆性 30
水素ふくれ 31
水溶性クーラント 183
水溶性切削油 121
スカッフィング 14,21,203
すきま腐食 37
スコーリング 14
スティックスリップ現象 73
スティックスリップ 92
ストライエーション 32
ストレス 7
　——増幅係数 148
すべり案内面油 92
すべり軸受 68
すべり面分離破壊 29
スポーリング 19,21,23
スミアリング 14
スラスト軸受 68,70
スラッジ 121,192,197
スラッジ分散剤 89
静圧軸受 69
　——の形式 70
性状管理 122
清浄剤 85
清浄度コード 133
脆性破壊 29
静電浄油機 135

生分解性油圧作動油 90
赤外分光分析 124
絶対値検波 152
全塩基価 208
船級検査 205
センサ 151
全酸価 122
全損式 92
　——給油方法 103
全摩耗量 156
全面腐食 37
総合生産保全活動 114
増ちょう剤 95,99
　——の種類 100
塑性流動 15
損傷モデル 148

た 行

タービン油 89
　——酸化安定度試験 89
耐荷重能 98
耐久限度 17
耐水性 97
滞留時間 75
玉軸受 70
タングステンカーバイド 189
チェーン 107
チムケン試験 98
中粘度軸受油 92
超音波パルス 177
超音波法 161
兆候期 165
超寿命化技術 172
ちょう度 96,99
　　不混和—— 96

混和——	96
直列系	51
追従性	180
通常事後保全	44
突き出し	17
低温脆性	30
定格寿命	71
定期保全	43
低サイクル疲労	33
定性的解析	58
低粘度軸受油	92
定量的解析	58
定量フェログラフィ	156
滴下給油	104
滴点	96
手差し	110
添加剤	84, 95
——の消耗・変質	116
点検ロボット	174
電食	36
動圧軸受	69
——の形式	69, 70
動作可能時間	60
動作不可能時間	60
灯心給油器	105
動粘度	84, 208
トライボ化学	38
トライボ要素	66
トライボロジー	3
トランクピストンエンジン油	89

な 行

内燃機関用潤滑剤	86
内部起点型	20
なじみ現象	148
鉛青銅	189
日常保全	43
日本エレベータ協会標準	216
二硫化モリブデン	199
寝込み現象	230
粘度	122
——指数向上剤	85
——分類	84
ノイズ	151

は 行

ハイパスフィルタ	151
入り込み	17
破壊靱性値	32
歯車	71
——の種類	72
波形解析法	153
バスタブ曲線	51
バターワース型	152
歯面疲労	21
バンドエルミネーションフィルタ	152
バンドパスフィルタ	152
万能グリース	99
ヒートスクラッチ	14
ピーリング	20
比重	122
非修復系	50
ピッチング	19, 21, 72
飛沫給油法	107
表面起点型	20
表面劣化	224
疲労	16
——曲線	17
——き裂	17
——限度	17

――損傷 …………………………… 16
――破壊 …………………………… 16,32
――摩耗 …………………………… 11
びん形給油器 ……………………………… 105
フィルタ …………………………………… 135
――処理 …………………………… 151
フィルトレーションシステム ……… 77
フィルトレーション装置 ……… 75
フェログラフィ … 124,149,156,166,206
フォーミング ……………………………… 230
フォールトツリー解析 ……………… 58
フォロワ摩耗量 ………………………… 204
複視差カメラ …………………………… 176
腐食 ………………………………………… 37
――摩耗 …………………………… 11
――面積記録 …………………… 176
不信頼度関数 …………………………… 49
付着物対策 ……………………………… 174
不溶分 …………………………………… 197
不溶解分 ………………………………… 208
プランジャ ……………………………… 189
プリアンプ ……………………………… 151
ブレーキ鳴き …………………………… 199
フレーキング …………………………… 19
フレーキング寿命 …………………… 19
フレッチング …………………………… 175
フロスティング ………………………… 22
分散剤 ………………………………… 85,87
分析フェログラフ …………………… 157
噴霧給油 ………………………………… 105
平均故障間時間 ………………………… 50
平均故障時間 …………………………… 50
並列系 …………………………………… 53
ベッセル型 ……………………………… 152
包絡線検波処理 ………………………… 152

保持器 ……………………………………… 71
保全 ………………………………………… 59
――性 ……………………………… 59
――度 ……………………………… 59
――活動 …………………………… 60
――予防 …………………………… 44
掘り起こし力 …………………………… 10
ポンプ ……………………………………… 75

ま 行

マイクロピッチング …………………… 22
マイナー（Minor）則 ………………… 18
マイルド摩耗 …………………………… 13
膜厚比 …………………………………… 13
マグネット ……………………………… 80
――セパレータ ………………… 135
摩擦 …………………………………… 10,11
――係数 …………………………… 10
――損失 …………………………… 67
――調整剤 ……………………… 91
マシニングセンタ …………………… 179
摩耗 ……………………………………… 12
――期間 ………………………… 163
――係数 …………………………… 13
――故障期間 …………………… 51
――速度 ………………………… 167
――粉診断 ……………………166,171
――防止剤 ……………………… 85
マルコフグラフ ………………………… 62
マンソン・コフィン（Manson‐Coffin）則
……………………………………… 18
マンホール ……………………………… 75
水分離性 ……………………………… 122
密封装置 ………………………………… 24
未燃カーボン ………………………… 206

索引　243

メカニカルシール ……………… 139
面圧強度 ………………………… 72
メンテナンス ………………… 1,41,65
　　──コスト …………………… 2
　　──工学 …………………… 3
メンテナンスフリー ………… 196,202
目視観察 ………………………… 122
漏れ ……………………………… 24
　　──損失 …………………… 67

や 行

焼付き ……………………… 14,196,230
焼割れ …………………………… 35
油圧作動油 ……………………… 90
誘電泳動現象 …………………… 135
油温管理 ………………………… 124
油種管理 ………………………… 124
油種統一 ………………………… 140
油性剤 …………………………… 85
油浴給油 ………………………… 107
油量管理 ………………………… 124
余寿命 …………………………… 162
　　──評価 ………………… 178
　　──予測 ………………… 164
予防保全 ………………………… 42

ら 行

ラインフィルタ ………………… 79
ラジアル軸受 …………………… 70
リガメント ……………………… 32
離しょう ………………………… 98
リスク …………………………… 177
リターンフィルタ ……………… 79
リッジマーク …………………… 36
リバーパターン ………………… 29

離油 ………………………… 98,127
粒界腐食 ………………………… 37
硫酸中和物 ……………………… 206
流体潤滑 ……………………… 10,13
流動点降下剤 …………………… 85
リング …………………………… 107
冷凍機油 ………………………… 94
劣化診断 ………………………… 122
劣化の三要素 …………………… 116
漏洩管理 ………………………… 124
ローパスフィルタ ……………… 151
ロール安定度試験 ……………… 97
ドングドレイン化 ……………… 197
論理木解析 ……………………… 48
ワイブル分布 …………………… 17

英　数

2倍/10℃則 …………………… 118
AE …………………………… 154,165
　　──事象率 ……………… 155
　　──診断 ………………… 150
　　──センサ ……………… 154
ANSI/AGMA …………………… 91
API …………………………… 87,186
ATF ……………………………… 88
A法 ……………………………… 208
BEF ……………………………… 152
BM ……………………………… 44
BPF ……………………………… 152
B法 ……………………………… 208
CBM ………………………… 43,149,159
CM ……………………………… 44
CrN ……………………………… 204
DEXRON ………………………… 88
DMS …………………………… 213

Down Time	60
FMEA	64
FZG歯車試験	119
GC	124
GPC	124
HFC冷媒	94
HFI	140
HPF	151
HPLC	124
ICP式発光分析法	160
ILSAC	87
IR	43,124
ISO粘度分類	84
JEAS	216
JIS標準ダスト	121
LCC	41
LCCM	41,45
LPF	151
LTA	48
MCD	212
MERCON	88
MP設計	41
MTBF	50,60,164
MTTF	50,51,52,53
MTTR	62
NAS等級	132
NK	205
OREDA	59
PMA	85

pV値	15
PVD表面処理	202
R&A型作動油	90
RBI/M	176
RBOT	89,117
RBOT値	117,119,122
RCM	48
RI法	161
r-out-of-n並列系	57
SAE	84
SIPWA	206
S-N曲線	17
SOAP	124,149,158,166,167,206
——の分析元素	159
TBM	42,149
TBN	208
TiN	204
TOST	89
TPM活動	114
Up Time	60
Wayの仮説	23
WCP	206
weakest link model	17
XPS	161
X線回折	161
X線光電子分光	161
ZDTP(ZnDTP)	85,90,197
β値	79,134

R	〈学術著作権協会委託〉	
2006	2006年11月17日 第1版発行	

メンテナンストライボロジー

学会との申し合せにより検印省略

	編 集 者	社団法人 日本トライボロジー学会
ⓒ 著作権所有	発 行 者	株式会社 養賢堂 代 表 者 及川 清
定価 4200円 (本体 4000円) 税 5%	印 刷 者	星野精版印刷株式会社 責 任 者 星野恭一郎
発行所	〒113-0033 東京都文京区本郷5丁目30番15号 株式 会社 養賢堂　TEL 東京(03) 3814-0911 振替00120 　　　　　　　　　FAX 東京(03) 3812-2615 7-25700 　　　　　　　　　URL http://www.yokendo.com/	

ISBN4-8425-0390-4　C3053

PRINTED IN JAPAN　　　　　　製本所　株式会社三水舎

本書の無断複写は、著作権法上での例外を除き、禁じられています。
本書からの複写許諾は、学術著作権協会(〒107-0052 東京都港区赤坂9-6-41乃木坂ビル、電話03-3475-5618・FAX03-3475-5619)から得てください。